导电媒质中涡流分析的
解析理论

马西奎 陈 锋 董天宇 康 祯 编著

科学出版社

北 京

内 容 简 介

本书系统深入地介绍了导电媒质中涡流分析的解析理论，以一系列典型问题和实际问题为例阐述了其应用。书中不仅收录了国内外有关涡流问题解析解法的重要研究成果，同时也包括了作者近年来所取得的研究成果。全书共7章：涡流的基本概念和数学分析准备；饱和对涡流的影响；瞬变涡流分析；正弦稳态涡流分析；变压器线圈涡流损耗近似计算；导体平板的电磁屏蔽；导体薄圆管的电磁屏蔽。

本书可供从事电气工程、电子工程、电磁场与微波技术、计算电磁学及相关专业领域研究和开发工作的科技人员参考，也可作为高等学校相关专业高年级本科生和研究生的教学参考书。

图书在版编目(CIP)数据

导电媒质中涡流分析的解析理论／马西奎等编著. —北京：科学出版社，2019.6

ISBN 978-7-03-061384-4

Ⅰ.①导… Ⅱ.①马… Ⅲ.①导体-涡旋流动 Ⅳ.①TM154.2

中国版本图书馆CIP数据核字(2019)第104995号

责任编辑：刘翠娜 崔慧娴／责任校对：王 瑞
责任印制：赵 博／封面设计：蓝正设计

科学出版社 出版
北京东黄城根北街16号
邮政编码：100717
http://www.sciencep.com

北京科印技术咨询服务有限公司数码印刷分部印刷
科学出版社发行 各地新华书店经销

*

2019年6月第 一 版　开本：720×1000 1/16
2025年5月第二次印刷　印张：15 3/4
字数：318 000

定价：128.00元
（如有印装质量问题，我社负责调换）

前　言

在许多电工、电子设备中都存在着大块导体(如发电机的端盖、变压器的铁心、感应电机的鼠笼及波导的管壁)。当这些大块导体处于变化的磁场中时，其内部都会感应出电流。这些电流的特点是在大块导体内自成闭合回路，呈旋涡状流动。因此，把这种电流称为涡旋电流，简称涡流。

变化磁场在大块导体中产生的涡流，不但损耗了很多能量，而且有时会使设备严重发热而不能正常运转，甚至把设备烧坏。因此，在电工、电子设备中，减小导体的涡流损耗是一个极为重要的问题。相反地，在某些情况下，却是希望能够有效利用涡流的热效应。例如，利用涡流的热效应制成的感应电炉，可用于真空提纯金属或加热处在真空中的金属，甚至用于金属熔炼。

涡流还会产生反应磁场，反应磁场与外施的变化磁场相互作用会产生力。因此，涡流除了热效应外，还有机械效应。利用涡流的机械效应，可以制成电磁阻尼装置。此外，反应磁场也会使在变压器、电机等设备的铁心中磁通分布出现集肤效应现象，导致铁心能通过的磁通量减少。减少反应磁场的主要途径是增加铁心的电阻，例如，增大铁心材料的电阻率就是一种有效的方法，以硅钢块做铁心就是一例。增加铁心电阻的另一个方法是用彼此绝缘的硅钢片叠成的铁心代替整块硅钢，从而使通过涡流的导体截面积减少。硅钢片安装时必须使绝缘层和涡流流动的路径垂直。

实际上，在电工、电子设备设计和运行控制中，涡流分析已经成为不可缺少的过程，不论是有利还是有害，都必须预先估计涡流的影响。与静电场和恒定磁场相比较，涡流分析要复杂得多，特别是，三维涡流问题被认为是最为复杂和繁琐的问题之一。涡流分析方法分为两大类：解析法和数值法。

在电磁场教科书中，对涡流这个题目论述得很少，这就使得一个工程师在面临设备效率低或者温升高的课题，或者寻求有效利用涡流的方法时，可能会感到缺乏有关涡流的基本知识和分析方法。因此，本书试图通过一些典型的一维和二维涡流问题的分析和计算，尽量使读者能够很容易地理解涡流的基本理论和分析方法，以便为开展复杂三维涡流问题的研究工作做一些基础准备，为相关研究人员搭起一座通向阅读所感兴趣领域中的专门论文的桥梁。值得指出，三维涡流问题的分析和计算是最受重视的电磁场问题之一，与一维和二维问题相比，它具有许多不同的特点。例如，仅电磁位函数的配对选择就有十多种方案，但由于篇幅的限制，本书不涉及与此相关的内容。

本书只介绍解析法，着重介绍实际例子的解析结果。解析法的优点是问题的参数是作为变量出现在解答中，当改变某一个参数时，能够比较容易地判断出它对涡流分布的影响。但是，能够用解析法求解的实际涡流问题并不多，以致对于稍微复杂的问题，不得不改用数值法求解。但是数值法也有缺点，即参数是隐含在由一组给定数据所计算出的数值结果中。若要判断出各种参数作为变量对涡流分布影响的全貌，必须运用数值法对参数的各组数据分别进行计算，显然，其缺点是需要花费巨大的计算工作量。

　　本书的大部分内容不是我自己的研究成果，而是全世界涡流问题研究人员共同努力的结果。虽然我一直在怀疑，写这样一本书的最佳人选是否是我，但我还是十分愿意花费大量时间和精力去准备书稿的写作工作。在 36 年前读研究生期间，我就在我国著名电磁理论专家冯慈璋教授指导下从事涡流分析的研究工作。毕业留校之后，不忘初心，牢记使命，一直以来保持着对涡流问题研究的兴趣，很早就萌生出写一本关于涡流问题的书的念头。虽然由于种种原因，未能及时成稿，但这个念头却在我心中发了芽、生了根，经过长时间学习和积累，慢慢地发酵，今天终于最后定稿。本书是在假定读者已经掌握电磁场基本原理的前提下编写的。

　　本书的出版与我所在单位同事及朋友多年来的支持和帮助是密不可分的，在此感谢所有对我的教学与科研工作给予支持和帮助的人们。特别是，我要感谢我的父母、我的妻子丁西亚教授和我的女儿马丁，感谢他们在我多年的教学和科研工作中给予的不懈支持、鼓励和理解。

　　最后，谨以此书表示对已故去的我的导师、我国著名电磁理论专家冯慈璋教授的深切怀念。

　　限于作者的水平，书中可能会有不足和疏漏之处，希望读者不吝指正。

马西奎

2018 年 12 月

于西安交通大学

目 录

前言

第1章 涡流的基本概念和数学分析准备 ································· 1
1.1 材料的基本电磁特性 ·· 1
1.2 电磁场基本方程 ·· 2
1.3 电阻限制性涡流和电感限制性涡流 ······························ 4
1.3.1 电阻限制性涡流 ·· 5
1.3.2 电感限制性涡流 ·· 9
1.3.3 介于电阻限制性涡流和电感限制性涡流 ················· 11
1.4 反射阻抗和复数磁导率 ·· 12
1.5 涡流屏蔽 ··· 13
1.6 正交函数与函数的级数展开 ······································ 16
1.6.1 正交函数 ··· 16
1.6.2 函数的级数展开 ·· 17
1.6.3 常用的完备正交函数族 ······································ 19
1.7 傅里叶级数展开 ·· 20
1.7.1 周期函数的傅里叶级数 ······································ 20
1.7.2 函数的周期性延拓 ·· 24
1.7.3 傅里叶级数的若干性质 ······································ 25
1.7.4 从最小二乘意义上来看傅里叶级数展开 ················ 27
1.8 贝塞尔函数简介 ·· 28
1.8.1 贝塞尔方程及其通解 ·· 28
1.8.2 贝塞尔函数的递推公式 ······································ 29
1.8.3 贝塞尔函数的根 ·· 30
1.8.4 贝塞尔函数的正交性 ·· 31
1.8.5 贝塞尔函数的其他类型 ······································ 32
1.8.6 贝塞尔函数的渐近公式 ······································ 33
1.8.7 贝塞尔函数的微分和积分公式 ····························· 34
1.9 分离变量方法——直角坐标系 ··································· 35
1.10 分离变量方法——圆柱坐标系 ································· 38
1.10.1 平行平面场 ··· 38
1.10.2 轴对称场 ·· 40

1.11　傅里叶级数收敛性改进方法 ··· 41

第2章　饱和对涡流的影响 ·· 47
2.1　阶跃函数逼近 ·· 47
2.2　半无限大铁磁性导电媒质 ·· 48
2.3　铁磁性圆柱导体 ··· 54

第3章　瞬变涡流分析 ··· 58
3.1　电磁扩散过程 ·· 58
3.2　正弦变化磁场在半无限导体中的扩散 ·· 61
3.3　薄导体板中磁场的消失和建立 ··· 65
3.4　矩形截面柱体铁心内磁场的消失和建立 ······································ 68
3.5　圆柱铁心内磁场的消失和建立 ··· 72
　　3.5.1　分离变量法解 ··· 73
　　3.5.2　拉普拉斯变换法解 ·· 76
3.6　铁磁球体内磁场的消失和建立 ··· 80
3.7　磁场消失和建立的一般规律 ·· 84
3.8　瞬变涡流分析的时域有限差分法 ·· 85
　　3.8.1　计算格式 ·· 86
　　3.8.2　在非线性问题中的应用 ··· 90
3.9　轴向磁场通过薄导体管的扩散——薄壁壳模型 ···························· 91
3.10　横向磁场通过薄导体管的扩散——薄壁壳模型 ·························· 95

第4章　正弦稳态涡流分析 ·· 101
4.1　薄导体平板 ·· 101
4.2　叠片铁心线圈 ·· 104
4.3　同轴圆柱导体 ·· 107
4.4　长直圆管导体 ·· 112
4.5　电机槽内的多层导体 ·· 116
4.6　电机槽内的T形导体 ·· 119
4.7　电机槽内的L形导体 ·· 125
4.8　矩形截面镯环形铁心线圈 ·· 129
　　4.8.1　边值问题和计算方法 ··· 129
　　4.8.2　损耗功率 ··· 131
　　4.8.3　数值结果举例 ··· 135
4.9　线电流作用于厚导体平板 ·· 136
4.10　行波磁场作用于扁平导体板 ·· 138
4.11　铁磁球体 ·· 145

4.12 集肤效应和邻近效应的近似计算方法 …………………………… 148
4.13 钢的磁滞和非线性的近似计算 ………………………………… 151
4.14 用集肤效应法计算导体中的损耗 ……………………………… 153
4.15 实心转子感应电机的损耗 ……………………………………… 157
4.16 直线感应电机的损耗 …………………………………………… 161
4.17 电磁阀铁心中的损耗 …………………………………………… 164
    4.17.1 涡流计算模型 …………………………………………… 165
    4.17.2 铁心中涡流的解析解 …………………………………… 166
    4.17.3 铁心中磁场均匀分布时涡流的近似解 ………………… 168
    4.17.4 实例设计 ………………………………………………… 170

第5章 变压器线圈涡流损耗近似计算

5.1 变压器漏磁场及其引起的损耗 ………………………………… 171
    5.1.1 漏磁场 …………………………………………………… 171
    5.1.2 漏磁场引起的涡流损耗 ………………………………… 172
5.2 同心式线圈的涡流损耗 ………………………………………… 173
    5.2.1 单匝导线的涡流损耗 …………………………………… 173
    5.2.2 整个线圈导线的涡流损耗 ……………………………… 176
    5.2.3 横向漏磁场引起的涡流损耗 …………………………… 177
5.3 多层线圈的涡流损耗 …………………………………………… 178
5.4 三线圈变压器线圈的涡流损耗 ………………………………… 180
    5.4.1 单匝导线的涡流损耗 …………………………………… 180
    5.4.2 整个线圈导线的涡流损耗 ……………………………… 182
5.5 交错式线圈中的涡流损耗 ……………………………………… 183
5.6 涡流去磁效应对导线损耗的影响 ……………………………… 185
5.7 有效减小涡流损耗 ……………………………………………… 189

第6章 导体平板的电磁屏蔽

6.1 非磁性导体平板的屏蔽——正入射 …………………………… 191
6.2 非磁性导体平板的屏蔽——斜入射(垂直极化) ……………… 194
6.3 非磁性导体平板的屏蔽——斜入射(平行极化) ……………… 198
6.4 两层非磁性导体平板的屏蔽——正入射 ……………………… 202

第7章 导体薄圆管的电磁屏蔽

7.1 非磁性导体薄圆管的屏蔽作用——对 z 纵向偏振 …………… 208
7.2 非磁性导体薄圆管的屏蔽作用——对 z 横向偏振 …………… 213
7.3 非磁性导体薄圆管的屏蔽作用——与线电流相平行 ………… 218

附录 ··· 224
  附录1 高斯误差函数 ··· 224
  附录2 杜阿密尔积分 ··· 225
  附录3 无穷级数的收敛 ·· 226
  附录4 若干傅里叶级数的和 ·· 229
  附录5 若干常用不定积分和定积分公式 ·· 230
  附录6 本征值及本征函数 ··· 232
  附录7 勒让德方程和勒让德函数 ·· 233
  附录8 曲线坐标系中的矢量微分公式 ·· 238

参考文献 ··· 242

第1章 涡流的基本概念和数学分析准备

处在时变电磁场中的导体内会感应出电流来。由于这种电流在导体中自行闭合,所以称之为涡流。涡流的出现会使导体发热、产生反应磁场及存在由感应场和反应场相互作用所引起的电磁力。发热、反应磁场和电磁力这三种现象既有有害的一面又有有利的一面。例如,在电磁感应加热设备中,就是利用导电媒质中的涡流损耗所产生的热来加热导电媒质自身的。当然,涡流在导电媒质中的流动愈充分,加热的效果就愈好。相反地,为了减小变压器和电机铁心中的涡流损耗,人们不得不限制涡流在铁心中的流动,通常采用叠片铁心,这样不仅能够显著地降低铁心中的涡流损耗,同时也能够有效地削弱反应磁场的作用,保证了在铁心中能通过所需要的磁通量。

不论是有利还是有害,在设计任何一台电力设备或电子设备时,都应该预先估计涡流的影响,以便达到充分发挥涡流作用或有效避免涡流效应的目的。与静电场和恒定磁场相比,涡流是一个比较复杂的电磁场问题,其分析和计算比较困难。本章将介绍涡流的基本概念和数学分析准备。在这里罗列涡流的基本概念和数学基础知识的目的是,方便读者以后的阅读。

1.1 材料的基本电磁特性

在涡流分析中,经常会遇到铁磁材料,它会对激励磁场产生非线性的反应磁场和磁滞现象。因此,求解包含铁磁材料在内的涡流问题是比较复杂的。其关键之一是,选用恰当的数学函数来表示磁感应强度 $\boldsymbol{B}$ 与磁场强度 $\boldsymbol{H}$ 之间的关系。

一般来说,大多数普通磁性材料都近似为各向同性,其中 $\boldsymbol{B}$ 和 $\boldsymbol{H}$ 之间的关系可以表示成

$$\boldsymbol{B} = \mu_0(\boldsymbol{H} + \boldsymbol{M}) \tag{1.1.1}$$

式中,$\boldsymbol{M}$ 为磁化强度。通常 $\boldsymbol{M}$ 是 $\boldsymbol{H}$ 的函数。

对于线性材料,$\boldsymbol{M}$ 与 $\boldsymbol{H}$ 之间为线性关系

$$\boldsymbol{M} = \chi_\mathrm{m} \boldsymbol{H} \tag{1.1.2}$$

式中,χ_m 为磁化率。将式(1.1.2)代入式(1.1.1)中,得到

$$\boldsymbol{B} = \mu_0(1+\chi_\mathrm{m})\boldsymbol{H} = \mu_0\mu_\mathrm{r}\boldsymbol{H} \tag{1.1.3}$$

然而，对于非线性材料，表达 $\boldsymbol{B}$ 与 $\boldsymbol{H}$ 之间关系的数学式要复杂很多。例如，如下的有理分式近似[1]：

$$\boldsymbol{B} = \frac{\sum_{k=1}^{n}a_k H^k}{\sum_{k=1}^{n}b_k H^k}\boldsymbol{H} \tag{1.1.4}$$

式中，a_k 和 b_k ($k=1, 2, \cdots, n$) 为常数，由给定材料的磁化特性决定。通常，取 $n=2$ 就能够获得满意的结果。应当指出，由于不同批次钢片样品的磁化特性可能会有高达 10%的差异，所以没有必要采用过高的逼近精度。

当用解析方法求解涡流问题时，显然采用式(1.1.4)是过于复杂了。事实上，只有很少数的几个函数适用于解析解。例如，如下的阶跃函数：

$$\boldsymbol{B} = (H\text{的符号})\boldsymbol{B}_\mathrm{s} \tag{1.1.5}$$

可用于求一维问题的解析解[2]。式中，$\boldsymbol{B}_\mathrm{s}$ 为饱和磁感应强度。

1.2　电磁场基本方程

当不考虑位移电流时，电磁场的基本方程为

$$\nabla \times \boldsymbol{E} = -\frac{\partial \boldsymbol{B}}{\partial t} = -\frac{\mathrm{d}\boldsymbol{B}}{\mathrm{d}\boldsymbol{H}}\frac{\partial \boldsymbol{H}}{\partial t} \tag{1.2.1}$$

$$\nabla \times \boldsymbol{H} = \boldsymbol{J} \tag{1.2.2}$$

$$\nabla \cdot \boldsymbol{B} = 0 \tag{1.2.3}$$

$$\nabla \cdot \boldsymbol{D} = 0 \tag{1.2.4}$$

在导体中，电流密度 $\boldsymbol{J}$ 与电场强度 $\boldsymbol{E}$ 之间的关系是

$$\boldsymbol{J} = \gamma\boldsymbol{E} \tag{1.2.5}$$

式中，γ 为电导率。

在线性材料中，不难得到 $\boldsymbol{E}$、$\boldsymbol{H}$ 和 $\boldsymbol{J}$ 分别满足的微分方程为[3]

$$\nabla^2 \boldsymbol{E} = \mu\gamma\frac{\partial \boldsymbol{E}}{\partial t} \tag{1.2.6}$$

$$\nabla^2 \boldsymbol{H} = \mu\gamma \frac{\partial \boldsymbol{H}}{\partial t} \tag{1.2.7}$$

$$\nabla^2 \boldsymbol{J} = \mu\gamma \frac{\partial \boldsymbol{J}}{\partial t} \tag{1.2.8}$$

另外,如果引入矢量位 $\boldsymbol{A}$ 和标量位 φ,即

$$\boldsymbol{B} = \nabla \times \boldsymbol{A} \tag{1.2.9}$$

$$\boldsymbol{E} = -\frac{\partial \boldsymbol{A}}{\partial t} - \nabla \varphi \tag{1.2.10}$$

则不难得出

$$\nabla^2 \boldsymbol{A} = \mu\gamma \left(\frac{\partial \boldsymbol{A}}{\partial t} + \nabla \varphi \right) \tag{1.2.11}$$

或者

$$\nabla^2 \boldsymbol{A} = -\mu \boldsymbol{J} \tag{1.2.12}$$

式中

$$\boldsymbol{J} = -\gamma \left(\frac{\partial \boldsymbol{A}}{\partial t} + \nabla \varphi \right) \tag{1.2.13}$$

不难得到,矢量位 $\boldsymbol{A}$ 具有如下形式的解答:

$$\boldsymbol{A}(\boldsymbol{r}) = \int_V \frac{\mu \boldsymbol{J}(\boldsymbol{r}')}{4\pi R} \mathrm{d}V' \tag{1.2.14}$$

式中,R 为位于 $\boldsymbol{r}'$ 点的体积元 $\mathrm{d}V'$ 与场点 $\boldsymbol{r}$ 之间的距离。

在正弦稳态情况下,上述各个方程的复数形式分别为

$$\nabla^2 \dot{\boldsymbol{E}} = k^2 \dot{\boldsymbol{E}} \tag{1.2.15}$$

$$\nabla^2 \dot{\boldsymbol{H}} = k^2 \dot{\boldsymbol{H}} \tag{1.2.16}$$

$$\nabla^2 \dot{\boldsymbol{J}} = k^2 \dot{\boldsymbol{J}} \tag{1.2.17}$$

$$\dot{\boldsymbol{B}} = \nabla \times \dot{\boldsymbol{A}} \tag{1.2.18}$$

$$\dot{\boldsymbol{E}} = -\mathrm{j}\omega \dot{\boldsymbol{A}} - \nabla \dot{\varphi} \tag{1.2.19}$$

式中，$k^2 = j\omega\mu\gamma$，ω 为正弦电磁场随时间变化的角频率。以及

$$\nabla^2 \dot{A} = \mu\gamma(j\omega\dot{A} + \nabla\dot{\varphi}) \quad (1.2.20)$$

或者

$$\nabla^2 \dot{A} = -\mu\dot{J} \quad (1.2.21)$$

式中

$$\dot{J} = -\gamma(j\omega\dot{A} + \nabla\dot{\varphi}) \quad (1.2.22)$$

1.3 电阻限制性涡流和电感限制性涡流

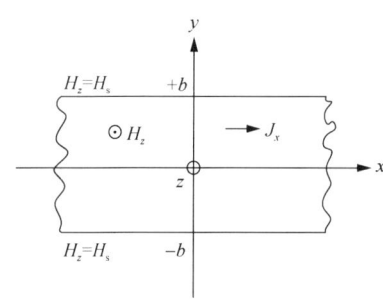

图 1.3.1 无限大导体平板的截面

不失一般性，我们以均匀外加正弦磁场作用下的非磁性导体平板为例，来说明电阻限制性涡流和电感限制性涡流。设外加于导体板两表面的磁场（其有效值为 H_s）大小相等（图 1.3.1），且均匀外加正弦变化磁场只有 z 向分量。设无限大导体平板的截面厚度为 $2b$，在实际中变压器和电机铁心中所用的硅钢片，就可以简化成这种典型的例子。这是由于它们的长度 l 和宽度 a 都远比厚度 $2b$ 大得多。

不难得到，导体平板中的磁场强度为

$$\dot{H} = H_s \frac{\text{ch}\alpha y}{\text{ch}\alpha b} \quad (1.3.1)$$

式中，$\alpha = \dfrac{1}{d}(1+j)$，$d\left(=\sqrt{\dfrac{2}{\omega\mu\gamma}}\right)$ 为透入深度。相应的电流密度为

$$\dot{J} = \frac{d\dot{H}}{dy} = \alpha H_s \frac{\text{sh}\alpha y}{\text{ch}\alpha b} \quad (1.3.2)$$

可见，$\dot{J}$ 为 y 的奇函数。这是由于流过导体平板截面的净电流等于零，所以涡流在导体平板的截面内一去一回。

现在，计算导体平板中的涡流损耗。在导体平板体积 V 中消耗的平均功率就是涡流损耗 P。根据焦耳定律，有

$$P = \int_V \frac{|\dot{j}|^2}{\gamma} dV \qquad (1.3.3)$$

由于 $\dot{j}$ 与坐标 x 和坐标 z 无关，所以上式简化为

$$P = \frac{al}{\gamma} \int_{-b}^{b} |\dot{j}|^2 dy = alP_e$$

式中

$$P_e = \frac{1}{\gamma} \int_{-b}^{b} \frac{2H_s^2}{d^2} \frac{\operatorname{ch}\dfrac{2y}{d} - \cos\dfrac{2y}{d}}{\operatorname{ch}\dfrac{2b}{d} + \cos\dfrac{2b}{d}} dy$$

它是与导体平板两侧表面每单位面积相应的体积中的涡流损耗。

积分之，不难得到

$$P_e = \frac{2H_s^2}{\gamma d} \frac{\operatorname{sh}\delta - \sin\delta}{\operatorname{ch}\delta + \cos\delta} \qquad (1.3.4)$$

式中，$\delta = \dfrac{2b}{d}$。

当 $2b \gg d$ 时，式(1.3.4)可近似为

$$P_e \approx \frac{2H_s^2}{\gamma d} \qquad (1.3.5)$$

当 $2b \ll d$ 时，式(1.3.4)可近似为

$$P_e \approx \frac{\delta^3}{3\gamma d} H_s^2 = \frac{2\omega^2 \mu^2 \gamma b^3}{3} H_s^2 \qquad (1.3.6)$$

1.3.1 电阻限制性涡流

式(1.3.6)是导体平板很薄时的损耗计算公式，与不计涡流所产生的反应磁场时所导出的公式一致。把受空间尺寸限制或高电阻率限制时的涡流称为电阻限制性涡流。显然，这是一种在电机和变压器叠片铁心中所希望的情况。从工程观点看，如果 $2b < d$，即可达到这一点；当 $2b = d$ 时，涡流损耗的实际值要比用式(1.3.6)计算出的近似值低 4%。

例如，有一个半径为 a 的长直螺线管，长度为 l，单位长度有 n 匝线圈，螺管线圈的铁心的磁导率为 μ，电导率为 γ。假设线圈中通过电流 $i = I_m \sin\omega t$，现在来计算铁心内的涡流损耗。

当频率 f 很低时,可以忽略涡流所产生的反应磁场的贡献。为简化计算,当 $l \gg a$ 时,可以认为在螺管线圈中为均匀场,且有

$$B = \mu n i$$

在横截面上半径为 r 的任一闭合路径 C 中,感应电场 E 的积分为

$$\oint_C \boldsymbol{E} \cdot \mathrm{d}\boldsymbol{l} = -\iint_S \frac{\partial \boldsymbol{B}}{\partial t} \cdot \mathrm{d}\boldsymbol{S}$$

由此得铁心中的电场强度为

$$E = -\frac{1}{2}\mu n I_\mathrm{m} \omega r \cos(\omega t)$$

于是,涡流损耗的瞬时值为

$$\begin{aligned}
P &= \iiint_V \boldsymbol{J} \cdot \boldsymbol{E} \mathrm{d}V \\
&= \frac{\gamma}{4}[\mu n I_\mathrm{m}\omega\cos(\omega t)]^2 \int_0^{2\pi}\mathrm{d}\phi \int_0^l \mathrm{d}l \int_0^a r^3 \mathrm{d}r \\
&= \frac{\gamma}{8}(\mu n I_\mathrm{m}\omega a^2)^2 \pi l \cos^2\omega t
\end{aligned}$$

涡流损耗的平均值为

$$P_\mathrm{av} = \frac{1}{T}\int_0^T P\mathrm{d}t = \frac{\pi\gamma l}{16}(\mu n I_\mathrm{m}\omega a^2)^2$$

应该注意到,当忽略由涡流所引起的反应磁场的贡献时,涡流损耗的计算值与从涡流方程出发得到的严格计算值是有差别的。

在这里我们来看另外一个例子。一块长为 a、宽为 b 和厚为 D 的硅钢块,如图 1.3.2(a) 所示,有 $B(t)\boldsymbol{e}_z$ 穿过,试求材料的涡流损耗公式。如果把整块硅钢分成片状,尺寸不变,如图 1.3.2(b) 所示,问涡流损耗公式又如何?

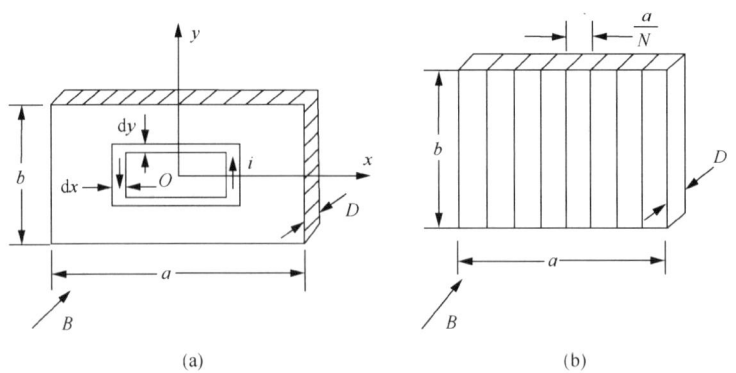

图 1.3.2 整块硅钢(a)和片状硅钢(b)

当忽略反应磁场的贡献时,可以设穿过硅钢块的磁通是均匀的,如图 1.3.2(a) 所示。在硅钢块中取一面积为 $4xy$ 的矩形,则穿过该面积的磁通为 $\varPhi_m = -4xyB(t)$,负号表示与 $B(t)$ 的方向相反。显然,这里忽略了涡流所引起的反应磁场。沿该矩形面积的边缘回路的电阻为

$$R = \frac{4}{\gamma D}\left(\frac{y}{\mathrm{d}x} + \frac{x}{\mathrm{d}y}\right) = \frac{4}{\gamma D}\frac{b}{a}\frac{x}{\mathrm{d}x}\left[1 + \left(\frac{a}{b}\right)^2\right]$$

式中,γ 为硅钢的电导率。由电磁感应定律,对矩形面积的边缘回路有

$$\oint_C \boldsymbol{E} \cdot \mathrm{d}\boldsymbol{l} = iR = -\frac{\mathrm{d}\varPhi_m}{\mathrm{d}t} = 4xy\frac{\mathrm{d}B}{\mathrm{d}t} = \frac{4b}{a}x^2\frac{\mathrm{d}B}{\mathrm{d}t}$$

在上式中用到了 $\frac{x}{y} = \frac{a}{b}$ 的关系。该回路中涡流损耗的瞬时值为

$$\mathrm{d}P = i^2 R = \frac{4Dx^3\gamma b}{a\left[1 + \left(\frac{a}{b}\right)^2\right]}\left(\frac{\mathrm{d}B}{\mathrm{d}t}\right)^2 \mathrm{d}x$$

整个硅钢块涡流损耗的瞬时值为

$$P = \int_0^{\frac{a}{2}} \mathrm{d}P = \frac{bDa^3\gamma}{16\left[1 + \left(\frac{a}{b}\right)^2\right]}\left(\frac{\mathrm{d}B}{\mathrm{d}t}\right)^2$$

设将硅钢块分成 N 片,各片间绝缘,每片中涡流损耗的瞬时值仍为上式,但 a 应换成 $\frac{a}{N}$。全部涡流损耗的瞬时值应是一片的 N 倍,即

$$P = \frac{bDa^3\gamma}{16N^2\left[1 + \left(\frac{a}{Nb}\right)^2\right]}\left(\frac{\mathrm{d}B}{\mathrm{d}t}\right)^2$$

显然,当采用硅钢片后,涡流损耗的瞬时值与整块硅钢中涡流损耗的瞬时值的比为

$$\eta = \frac{1 + \left(\frac{a}{b}\right)^2}{N^2\left[1 + \left(\frac{a}{Nb}\right)^2\right]}$$

特别地，如果铁心的截面为正方形，即 $a=b$，那么得到

$$\eta = \frac{2}{N^2+1}$$

这一结果说明，采用硅钢片后，铁心的涡流损耗只有原来的 $\frac{2}{N^2+1}$。

若把截面为矩形或圆形的长直导体置于均匀分布的横向正弦磁场 $\dot{B}_0$ 内，当忽略反应磁场的贡献时，利用同样的方法可以求得沿轴线方向单位长度的涡流损耗。

对于矩形截面导体，如图 1.3.3 所示，沿轴线方向单位长度的涡流损耗为

$$P = \frac{1}{12}\gamma\omega^2 bh^3 B_0^2 = \frac{1}{12}\gamma\omega^2 h^2 B_0^2 S \tag{1.3.7}$$

式中，h 为导体截面的高度；b 为导体截面的宽度；$S=bh$ 为导体的截面积。应该注意的是，均匀分布的横向磁场 $\dot{B}_0$ 与导体的高度 h 垂直，它的有效值是 B_0。

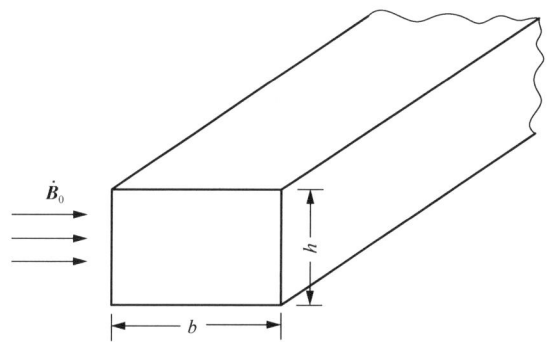

图 1.3.3　矩形截面导体放置在横向正弦磁场中

对于圆形截面导体，沿轴线方向单位长度的涡流损耗为

$$P = \frac{\pi}{4}\gamma\omega^2 a^4 B_0^2 = \frac{1}{4\pi}\gamma(\omega B_0 S)^2 \tag{1.3.8}$$

式中，$S=\pi a^2$，a 为圆形截面导体的半径。

利用 $P = \frac{1}{12}\gamma\omega^2 h^2 B_0^2 S$ 可以近似计算两根导线间的邻近效应。设有一单相平行线路，导线间的中心距离为 D，则由邻近效应所产生的涡流损耗近似为

$$P \approx \frac{1}{12}\gamma\omega^2 h^2 S\left(\frac{\mu_0 I}{2\pi D}\right)^2$$

式中，$\dfrac{\mu_0 I}{2\pi D}$ 为导线 1 在导线 2 处所产生的磁感应强度的有效值 B_0；S 为导线的截面积。由邻近效应所引起的电阻增大系数为

$$\frac{R_a}{R_d} = 1 + \frac{P}{\dfrac{1}{\gamma S} I^2} = 1 + \frac{\mu_0^2}{48\pi^2} \gamma^2 \omega^2 \frac{h^2 S^2}{D^2} \tag{1.3.9}$$

考虑到 $d = \sqrt{\dfrac{2}{\omega \mu_0 \gamma}}$，所以对矩形导线

$$\frac{R_a}{R_d} \approx 1 + \frac{1}{12\pi^2} \frac{b^2 h^4}{D^2 d^4} \tag{1.3.10}$$

而对圆形导线

$$\frac{R_a}{R_d} \approx 1 + \frac{1}{4} \frac{a^6}{D^2 d^4} \tag{1.3.11}$$

一般来说，当同时考虑导线内的集肤效应和邻近效应时，可以把集肤效应的电阻增大系数和邻近效应的电阻增大系数相乘，来近似地估计两者的影响。

1.3.2 电感限制性涡流

式(1.3.5)是导体平板比较厚时的涡流损耗计算公式。可以看出，当 $2b \gg d$ 时，涡流损耗趋于一定值。此时，电流分布很明显地受到涡流所引起的反应磁场影响的限制，这种涡流称为电感限制性涡流。

例如，有一交流电机铁心中的导线槽，如图 1.3.4 所示。槽内导线为铜，电导率为 $\gamma = 5.8 \times 10^7$ S/m。已知 $h = 1.5 \times 10^{-2}$ m，$b = 0.5 \times 10^{-2}$ m，$\mu_{\mathrm{Fe}} = \infty$，$I = 100$A，$f = 50$Hz。

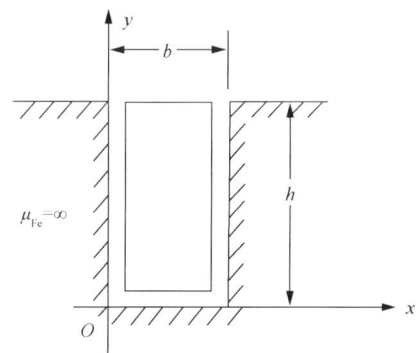

图 1.3.4 交流电机铁心中的导线槽

如果交流电机铁心中导线槽内的涡流属于电感限制性涡流，那么就要考虑反应磁场的贡献。因此，应该从涡流方程出发，求出导线中的电流密度 $\dot{\boldsymbol{J}}$。槽内导体中的电流密度 $\dot{\boldsymbol{J}}$ 只有 $\dot{J}_z$ 分量，从而电场强度 $\dot{\boldsymbol{E}}$ 只有 $\dot{E}_z$ 分量。而磁场强度 $\dot{\boldsymbol{H}}$ 只

有 $\dot{H}_x$ 分量，这是因为假定铁心的磁导率 μ_{Fe} 无限大，导体中电流产生的槽漏磁通垂直地从槽侧面穿出，平行地跨过槽口而在铁心内闭合。又因槽宽 b 很小，所以可假设磁场 $\dot{H}_x$ 只随 y 方向变化。此时，将 $\dot{\boldsymbol{H}} = \dot{H}_x \boldsymbol{e}_x$ 代入式(1.2.16)中，得到

$$\frac{\mathrm{d}^2 \dot{H}_x}{\mathrm{d}y^2} = k^2 \dot{H}_x \tag{1.3.12}$$

式中，$k^2 = \mathrm{j}\omega\mu\gamma$。这个微分方程的解为

$$\dot{H}_x = C_1 \mathrm{e}^{-ky} + C_2 \mathrm{e}^{ky} \tag{1.3.13}$$

由于认为铁心的磁导率 $\mu_{\text{Fe}} = \infty$，所以铁心中的 $\dot{\boldsymbol{H}} = 0$。因此，有边界条件：当 $y = h$ 时，$\dot{H}_x = \dfrac{\dot{I}}{b}$；当 $y = 0$ 时，$\dot{H}_x = 0$。其中，$\dot{I}$ 为导体中电流的复有效值。利用这一边界条件，可求得

$$C_2 = -C_1 = \frac{\dot{I}}{2b\,\mathrm{sh}\,kh}$$

因此，得到磁场强度为

$$\dot{H}_x = \frac{\dot{I}}{b} \frac{\mathrm{sh}\,ky}{\mathrm{sh}\,kh} \tag{1.3.14}$$

由 $\dot{\boldsymbol{J}} = \nabla \times \dot{\boldsymbol{H}}$，得电流密度为

$$\dot{J}_z = -\frac{\dot{I}k}{b} \frac{\mathrm{ch}\,ky}{\mathrm{sh}\,kh} \tag{1.3.15}$$

现在，代入给出的数据：$\omega = 100\pi\,\mathrm{rad/s}$，$\mu = \mu_0 = 4\pi \times 10^{-7}\,\mathrm{H/m}$，$\gamma = 5.8 \times 10^7\,\mathrm{S/m}$，$h = 1.5 \times 10^{-2}\,\mathrm{m}$，$b = 0.5 \times 10^{-2}\,\mathrm{m}$ 及 $I = 100\mathrm{A}$，得到

$$\dot{J}_z = 1169 \mathrm{e}^{\mathrm{j}46.8^\circ} \mathrm{ch}\left[(107 + \mathrm{j}107)y\right] \quad (\mathrm{kA/m^2})$$

单位长度上的涡流损耗为

$$P = \int_0^h \frac{|\dot{J}_z|^2}{\gamma} b\,\mathrm{d}y = 3.385 \quad (\mathrm{W/m})$$

对于槽内导体的交流内阻抗 Z 的计算，先求出导体中的电场强度和磁场强度，分别为

$$\dot{E}_z = \frac{\dot{J}_z}{\gamma} = -\frac{\dot{I}k}{\gamma b}\frac{\operatorname{ch}ky}{\operatorname{sh}kh} \quad \text{和} \quad \dot{H}_x = \frac{\dot{I}}{b}\frac{\operatorname{sh}ky}{\operatorname{sh}kh}$$

在现在的情况下，坡印亭矢量的方向沿 y 轴，并且其通量只在导体顶部面 ($y = h$) 才不为零。不难得到

$$Z = R + jX = \frac{-(\dot{E}_z \dot{H}_x^*)\big|_{y=h} \times b}{|\dot{I}|^2} = \frac{k}{\gamma b}\frac{\operatorname{ch}kh}{\operatorname{sh}kh}$$

代入上面给定的数据，得到

$$Z = R + jX = 3.83 \times 10^{-4}(1+j) \quad (\Omega/\text{m})$$

同时，我们知道，矩形导体单位长度的直流电阻是

$$R_d = \frac{1}{\gamma ha} = 2.3 \times 10^{-4} \quad (\Omega/\text{m})$$

因此，交流电阻与直流电阻的比值是

$$\frac{R}{R_d} = 1.67$$

1.3.3 介于电阻限制性涡流和电感限制性涡流

如果导体平板厚度 d 介于上述两种极限之间，单位表面的涡流损耗值将会出现极值。当式 (1.3.4) 对 δ 的导数等于零时，涡流损耗达到极大值或极小值的条件为

$$\delta = n\pi \quad (n \text{ 为整数}) \tag{1.3.16}$$

例如，当 $n=1$ 时，可得第一个最大的极大值，此时导体平板厚度 $2b=\pi d$。这时，涡流损耗 P_{emax} 为

$$P_{\text{emax}} = 1.09\frac{H_s^2}{\gamma d} \tag{1.3.17}$$

这个值要比电感限制性涡流的涡流损耗值大 9%。因此，当 $\delta=\pi$ 时，不加考虑地用式 (1.3.6) 计算涡流损耗，将会造成很大的误差，由式 (1.3.17) 计算出的结果要比电阻限制性涡流大 5 倍之多。这已经足以说明不计涡流的反应磁场的贡献是很危

险的。

在解决某一个具体问题时,应该首先确认它是电阻限制性涡流还是电感限制性涡流,这样对问题的求解是十分有帮助的。若导体或激励绕组的尺寸与集肤深度 d(对非线性的磁性导体,d 可取最大值)可以相比,则为电阻限制性涡流,并且其反应磁场的贡献较弱,在不需要很高的计算精度时,解答可以简化;反之,若电流分布被涡流磁场的去磁效应所限制,则将产生显著的集肤效应,并且 d 将比导体的尺寸小得多,此时有可能把问题简化为一维问题。但是,如果问题处于这两种极限情况之间,就没有更简便的方法了[1]。

1.4 反射阻抗和复数磁导率

电力设备的铁心叠片中涡流的存在,将改变激励绕组的阻抗。首先,涡流损耗会使绕组的电阻增加;其次涡流所引起的反应磁场会使铁心中的磁通通过能力降低,从而使绕组的电感减少。通常,把绕组阻抗的这种变化称为反射阻抗[1]。

绕组总阻抗为

$$Z = R + \mathrm{j}\omega\frac{\dot{\Psi}}{\dot{I}} \tag{1.4.1}$$

式中,磁链 $\dot{\Psi}$ 为复数,使得式(1.4.1)右端第二项不是一个纯虚数,其实部为反射电阻,虚部为考虑涡流所引起的反应磁场的去磁效应后的电抗。

从电磁场观点来看,出现这种现象是由于反应磁场引起了铁心磁导率的变化。如果把叠片铁心看成一个整体,可以把其视在磁导率 $\dot{\mu}_\mathrm{e}$ 定义为磁感应强度的空间平均值 $\dot{B}_\mathrm{a}$ 与表面磁场 $\dot{H}_\mathrm{s}$ 的比值,即

$$\dot{\mu}_\mathrm{e} = \frac{\dot{B}_\mathrm{a}}{\dot{H}_\mathrm{s}} = \frac{\dot{\Phi}_\mathrm{m}}{2b\dot{H}_\mathrm{s}} = \frac{\mu \mathrm{sh}\alpha b}{\alpha b \mathrm{ch}\alpha b} \tag{1.4.2}$$

不难看出,$\dot{\mu}_\mathrm{e}$ 是一个复数,可以写成 $\dot{\mu}_\mathrm{e} = \mu_\mathrm{e}\angle\phi$。其中

$$\mu_\mathrm{e} = \mu\frac{\sqrt{2}}{\delta}\left(\frac{\mathrm{ch}\delta - \cos\delta}{\mathrm{ch}\delta + \cos\delta}\right)^{1/2} \tag{1.4.3}$$

和

$$\tan\phi = -\frac{\mathrm{sh}\delta - \sin\delta}{\mathrm{sh}\delta + \sin\delta} \tag{1.4.4}$$

式(1.4.3)是判断所设计叠片的工作"效率"的一个很好的尺度条件。当叠片厚度等于 d 时，即 $2b=d$，视在磁导率与实际磁导率之比为 0.977，这表明涡流的去磁效应使叠片中通过磁通的能力仅减少了约 2%。

当 $2b<d$ 时，有

$$\mu_e \approx \mu \left(1 - \frac{7}{180}\delta^4\right)^{1/2} \tag{1.4.5}$$

这是一个很有用的近似计算公式。

另一种极端情况是涡流为电感限制性的，即铁心叠片很厚。此时，有

$$\mu_e \approx \mu \frac{\sqrt{2}}{\delta}$$

特别地，当 δ 趋于无穷大时，会出现一种"零磁导率"的现象。这意味着涡流的去磁作用将把磁场完全排挤出铁心叠片。

1.5 涡流屏蔽

导体内的涡流所产生的磁场，将对导体内的外加磁场起到抵制作用。涡流的这种作用可以用作对给定区域进行磁屏蔽，称为电磁屏蔽。它是抑制邻近效应的一种常用措施。例如，如果在长螺线管内插入一根导电的管子，则轴向磁场将被削弱。在绝大多数情况下，电磁屏蔽由金属(如铜、铝、钢)制成。例如，在收音机中，以空心的铝壳罩在中周变压器线圈外面，使它不受外界高频电磁场的干扰；电子设备的金属外壳可以使其内部产生的高频电磁场不透出外壳去干扰其他设备。

电磁屏蔽利用了导体内的涡流所产生的电磁场，将对外加电磁场起抵制作用，对给定区域进行屏蔽，因此又称为涡流屏蔽。为了达到有效的屏蔽作用，屏蔽罩的厚度 h 必须接近于屏蔽材料透入深度的 3~6 倍，即

$$h \approx 2\pi d \tag{1.5.1}$$

这样，电磁场实际上不能透过，从而起到了屏蔽作用。例如，当 $f=1\text{MHz}$ 时，铝的透入深度为 82μm 左右，所以外界射频电磁场将不影响罩内装置。在中高频时，一般不用铁磁材料制作屏蔽罩，因为铁磁材料在中高频时涡流损耗较大，发热厉害，对被屏蔽装置的工作有不利影响。

电磁屏蔽的效能，可以用不存在屏蔽体时空间防护区的场强(E_0 或 H_0)与存在屏蔽体时该区的场强(E 或 H)的比值来表征，有

$$S = \frac{E}{E_0} \text{ 或 } S = \frac{H}{H_0} \tag{1.5.2}$$

称 S 为屏蔽系数。

如图 1.5.1 所示,有一电导率和壁厚都均匀的长直导体圆管。若外激磁电流源在 $t=0$ 时突然在圆管外部空间建立起一均匀轴向磁场 $\boldsymbol{H} = H_0 \boldsymbol{e}_z$,则可以利用一个同轴的螺管线圈电流来施加。现在,我们来确定在导体圆管中环行的电流密度 J_s 及圆管内部的轴向磁场强度 H_i。

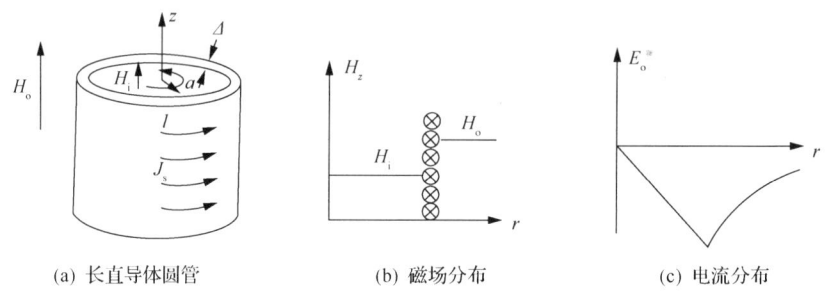

(a) 长直导体圆管　　(b) 磁场分布　　(c) 电流分布

图 1.5.1　长直导体圆管受轴向外磁场 $H_0(t)$ 的作用

起初 $t=0_+$ 时,由于导体圆管中涡流电流的去磁作用,圆管所围内部空间中的磁场 H_i 不会突变,仍保持原值为零。在随后的 $t>0$,场不断地向内部透入,但随着涡流电流的衰减,H_i 逐渐增长,最后形成均匀分布,这就是磁扩散过程。

如果导体圆管的壁厚比较薄,那么可以将在导体圆管中环行的涡流电流 J_s 近似成一层面电流 K 流动。这样,根据连续性条件,在磁扩散过程中,有

$$H_i - H_0 = K \tag{1.5.3}$$

式中,K 为薄导体圆管中等效的面电流的线密度,如图 1.5.1(a) 所示。若薄导体圆管的厚度记作 Δ,则

$$K = J_s \Delta = \gamma E \Delta \tag{1.5.4}$$

在薄导体圆管中取一条回路 l,如图 1.5.1(a) 所示,根据电磁感应定律,得

$$\oint_l \boldsymbol{E} \cdot \mathrm{d}\boldsymbol{l} = -\frac{\partial}{\partial t} \iint_S \boldsymbol{B} \cdot \mathrm{d}\boldsymbol{S}$$

将式(1.5.4)代入上式中,并假定在薄导体圆管所围空间内 H_i 分布均匀,则得

$$K\oint_l \frac{\mathrm{d}l}{\gamma\Delta} = -\mu_0 \frac{\mathrm{d}H_i}{\mathrm{d}t}\pi a^2$$

再将式(1.5.3)代入上式中,并整理之,得

$$\tau_m \frac{\mathrm{d}H_i}{\mathrm{d}t} + H_i = H_o \tag{1.5.5}$$

式中,$\tau_m = \frac{1}{2}\mu_0 \gamma a\Delta$。这就是描述薄导体圆管内部电磁场透入的磁扩散方程,τ_m称为磁扩散时间。

利用$t=0_+$时的初始条件,$H_i(0_+)=0$,可以求得式(1.5.5)的解为

$$H_i(t) = H_o\left(1 - \mathrm{e}^{-t/\tau_m}\right) \tag{1.5.6}$$

相应地,在薄导体圆管中面电流的线密度为

$$K(t) = -H_o \mathrm{e}^{-t/\tau_m} \tag{1.5.7}$$

磁场和电流的分布分别如图1.5.1(b)和(c)所示。

若外施激励电流源为正弦交流,且采用复数分析其稳态,那么方程(1.5.5)成为

$$\mathrm{j}\omega\tau_m \dot{H}_i + \dot{H}_i = \dot{H}_o \tag{1.5.8}$$

由此解得

$$\dot{H}_i = \frac{1}{1+\mathrm{j}\omega\tau_m}\dot{H}_o \tag{1.5.9}$$

当$\omega \gg \frac{1}{\tau_m} = \frac{2}{\mu_0 \gamma a\Delta}$时,$|\dot{H}_i|$必定远小于$|\dot{H}_o|$,可见薄壁导体圆管中涡流的作用是去磁的。若管内又套有管,则内导体管内的磁场将极弱。

这个例子表明,如在长螺线管内插入一根导电的管子,则轴向磁场将被削弱。屏蔽系数S与频率之间的关系曲线如图1.5.2所示。这里,铜管的内半径为100mm,厚度t分别为2mm、3mm、4mm和5mm。对于这种形式的屏蔽,难于找出一个简单的规律来表达;但对所研究的特定频率,屏蔽厚度等于透入深度时,涡流屏蔽将使磁场减少到原值的百分之几[1]。

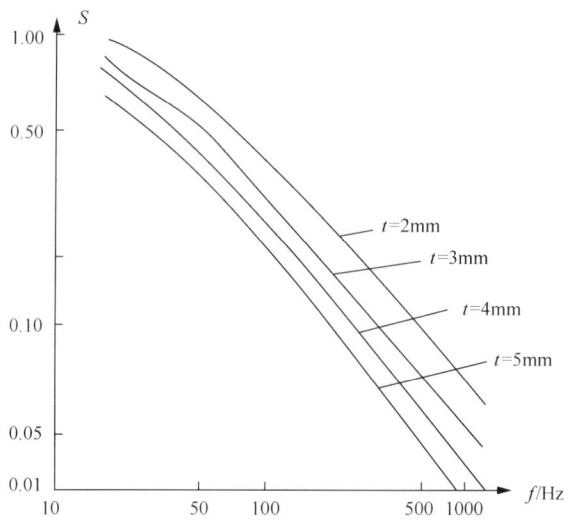

图 1.5.2　厚度为 t 的铜管的屏蔽系数 S 与频率 f 之间的关系曲线

最后，有必要介绍一下屏蔽时的谐振现象。当需要减弱的电磁场的频率接近或等于屏蔽体的某一固有频率时，屏蔽效能会急剧降低。由结构不当造成谐振现象的屏蔽，不仅不能使防护区的电磁场减弱，反而会加强，这是设计电磁屏蔽结构时特别应该注意的。正确选用屏蔽材料、尺寸和结构，将能把削弱屏蔽效能的不利作用降至允许值。

1.6　正交函数与函数的级数展开

1.6.1　正交函数

正交是垂直在数学上的一种抽象化和一般化。例如，在三维欧氏空间中，互相垂直的向量之间是正交的。从数学意义上来说，两个不同向量正交是指它们的内积为零，这意味着这两个向量之间没有任何相关性。更一般地说，一组 n 个互相正交的向量必然是线性无关的，所以必然可以张成一个 n 维空间，那么，空间中的任何一个向量可以用它们来线性表示。

函数的正交是向量正交的推广，函数可以看成无穷维向量。对于两个函数 $f(x)$ 和 $g(x)$，可以定义如下的内积：

$$\langle f(x), g(x) \rangle_{w(x)} = \int_a^b f(x)g(x)w(x)\mathrm{d}x \tag{1.6.1}$$

式中，$w(x)$ 为权函数，它是一个非负的函数。这个内积叫作带权 $w(x)$ 的内积。如果两个函数带权 $w(x)$ 的内积为零，就称这两个函数带权 $w(x)$ 正交，即

$$\int_a^b f(x)g(x)w(x)\mathrm{d}x = 0 \tag{1.6.2}$$

如果一个函数系列 $\{f_i(x):i=1,2,3,\cdots\}$ 满足：

$$\begin{aligned}\langle f_i(x), f_j(x)\rangle_{w(x)} &= \int_a^b f_i(x)f_j(x)w(x)\mathrm{d}x \\ &= \|f_i(x)\|^2 \delta_{ij} = \|f_j(x)\|^2 \delta_{ij}\end{aligned} \tag{1.6.3}$$

就称这个函数系列为带权 $w(x)$ 的正交函数族。式中，δ_{ij} 为克罗内克函数；而 $\|f_i(x)\|$ 或 $\|f_j(x)\|$ 称为函数 $f_i(x)$ 或 $f_j(x)$ 的带权 $w(x)$ 的模值 $N(f_i(x))$，有

$$N(f_i(x)) = \|f_i(x)\|_{w(x)} = \sqrt{\langle f_i(x), f_i(x)\rangle_{w(x)}} \tag{1.6.4}$$

例如，三角函数族就是最常用到的正交函数族，它们的正交性用公式表示出来就是

$$\int_0^{2\pi} \sin nx \sin mx \mathrm{d}x = \pi \delta_{nm} \tag{1.6.5}$$

$$\int_0^{2\pi} \cos nx \cos mx \mathrm{d}x = \pi \delta_{nm} \tag{1.6.6}$$

$$\int_0^{2\pi} \sin nx \cos mx \mathrm{d}x = 0 \tag{1.6.7}$$

1.6.2 函数的级数展开

如果有一个函数 $u(x)$，定义在区间 (a,b) 上，则可以把它近似展开成如下的一个正交函数族 $\{f_i(x):i=1,2,3,\cdots\}$ 的线性组合：

$$S_n(x) = \sum_{i=1}^n c_i f_i(x) \tag{1.6.8}$$

实际上，这里用 $S_n(x)$ 来近似表示定义在区间 (a,b) 上的函数 $u(x)$。式中，c_i 为未知系数，所要解决的问题是如何选择这些未知系数 c_i。为了解决这个问题，定义一个误差项：

$$\Delta_n(x) = u(x) - S_n(x) \tag{1.6.9}$$

并考虑带权 $w(x)$ 的均方差

$$M = \frac{1}{b-a}\int_a^b \Delta_n^2(x) w(x) \mathrm{d}x \tag{1.6.10}$$

的最小值,即取

$$\frac{\mathrm{d}M}{\mathrm{d}c_i} = 0 \quad (i=1,2,3,\cdots,n) \tag{1.6.11}$$

就可以得到系数 c_i:

$$c_i = \frac{\int_a^b u(x)f_i(x)w(x)\mathrm{d}x}{\int_a^b f_i(x)f_i(x)w(x)\mathrm{d}x} = \frac{\langle u(x), f_i(x)\rangle_{w(x)}}{N^2(f_i(x))} \tag{1.6.12}$$

当 $n \to \infty$ 时,误差项等于零,即 $\lim\limits_{n\to\infty} M = 0$,则称正交函数族 $\{f_i(x): i=1,2,3,\cdots\}$ 为完备正交函数族。这时,对于任意函数 $u(x)$,都可以用一个无穷级数表示:

$$u(x) = \sum_{i=1}^{\infty} c_i f_i(x) \tag{1.6.13}$$

也就是说,把式 (1.6.8) 的求和扩展到无限大的整数,它就能收敛于 $u(x)$。式 (1.6.13) 就是函数 $u(x)$ 的正交级数展开或正交分解。其中,未知系数 c_i 由式 (1.6.12) 确定。

例如,函数 $u(x)$ 的傅里叶级数展开。我们先看由下列 $2n+1$ 个正弦、余弦项之和近似表示定义在区间 $(-\pi, \pi)$ 上的函数 $u(x)$:

$$S_n(x) = \sum_{k=0}^{n} A_k \cos kx + \sum_{k=1}^{n} B_k \sin kx \tag{1.6.14}$$

这里的正弦函数 $\sin kx$ 和余弦函数 $\cos kx$ 都是正交函数。为了选择系数 A_k 和 B_k,定义一个误差项:

$$\Delta_n(x) = u(x) - S_n(x)$$

并让均方差

$$M = \frac{1}{2\pi}\int_{-\pi}^{\pi} \Delta_n^2(x)\mathrm{d}x$$

取最小值,由此得到

$$\begin{cases} A_k = \dfrac{\varepsilon_k}{2\pi}\int_{-\pi}^{\pi} u(x)\cos kx\,\mathrm{d}x \\ B_k = \dfrac{1}{\pi}\int_{-\pi}^{\pi} u(x)\sin kx\,\mathrm{d}x \end{cases} \qquad (1.6.15)$$

式中，$\varepsilon_k\left(=\begin{cases}1, k=0\\2, k>0\end{cases}\right)$ 为诺依曼数。如果考虑误差项 $\Delta_n(x)$ 和式(1.6.15)，则可以看出，当 $n\to\infty$ 时，误差项 $\Delta_n(x)$ 等于零，所以有

$$u(x)=\sum_{k=0}^{\infty}(A_k\cos kx+B_k\sin kx) \qquad (1.6.16)$$

式(1.6.16)就是函数 $u(x)$ 的傅里叶级数展开。

从上述例子中可看出，一个函数进行通常的正交函数展开，见式(1.6.13)，类似于进行熟知的傅里叶级数展开。

1.6.3 常用的完备正交函数族

在解决电磁场工程中大多数问题时，都会遇到把一个任意函数展开成一个任意正交函数族的级数。因此，必须解决的首要问题是如何确定一族函数是否正交。通过研究施图姆-刘维尔方程的解，可以得到用来确定一族正交函数的一般理论，此方程将在附录 6 中讨论。下面先简要介绍电磁波理论中经常用到的几个正交函数族。

1. 三角函数族

三角函数族 $\{1,\cos x,\cos 2x,\cdots,\cos kx,\cdots,\sin x,\sin 2x,\cdots,\sin kx,\cdots\}$，当所取函数个数为无限多时，在区间 $[-\pi,\pi]$ 内组成完备正交函数族。

复变函数族 $\{e^{jnx}:0,\pm 1,\pm 2,\cdots\}$ 在区间 $[-\pi,\pi]$ 内，也是一个完备正交函数族。

2. 贝塞尔函数

无论是静电场、恒定磁场、涡流场，还是电磁波问题，只要是在圆柱坐标系下求其分离变量解，都会遇到贝塞尔函数。这些问题的共同特点是，函数的空间关系都能够用拉普拉斯算子表示。在圆柱坐标系下，拉普拉斯算子能够分离成三个常微分方程，其中之一就是如下的 n 阶贝塞尔方程：

$$\frac{\mathrm{d}}{\mathrm{d}x}\left(x\frac{\mathrm{d}u}{\mathrm{d}x}\right)+\left(x-\frac{n^2}{x}\right)u=0 \qquad (1.6.17)$$

其中的一个解就是 n 阶第一类贝塞尔函数 $J_n(x)$，而另一个解称为 n 阶第二类贝塞尔函数 $Y_n(x)$，也称为诺依曼函数。

贝塞尔函数族 $\{J_n(x):n=0,1,2,\cdots\}$ 或 $\{Y_n(x):n=0,1,2,\cdots\}$ 都是在电磁波理论中经常出现的一类正交函数族。

3. 勒让德函数

当在球面坐标系下对拉普拉斯算子进行变量分离时，会出现如下的 n 阶勒让德方程：

$$\left(1-x^2\right)\frac{\mathrm{d}^2 u}{\mathrm{d} x^2} - 2x\frac{\mathrm{d} u}{\mathrm{d} x} + n(n+1)u = 0 \tag{1.6.18}$$

勒让德方程(1.6.18)的一个解就是 n 阶第一类勒让德函数 $P_n(x)$，而另一个解称为 n 阶第二类勒让德函数 $Q_n(x)$。

勒让德函数族 $\{P_n(x):n=0,1,2,\cdots\}$ 或 $\{Q_n(x):n=0,1,2,\cdots\}$ 也都是在电磁场理论中经常出现的一类正交函数族。

4. 田谐函数

田谐函数(Tesseral Harmonics)又称为球谐函数，记作 $T_{mn}^e(\theta,\phi)$ (偶田谐函数)或 $T_{mn}^o(\theta,\phi)$ (奇田谐函数)，在这里省略其具体形式。它们都是二维函数，可以把定义在一个球面上任意区域的函数 $u(\theta,\phi)$ 展开为二重傅里叶级数，有

$$u(\theta,\phi) = \sum_{m=0}^{n}\sum_{n=0}^{\infty}\left[a_{mn}T_{mn}^e(\theta,\phi) + b_{mn}T_{mn}^o(\theta,\phi)\right] \tag{1.6.19}$$

式中，系数 a_{mn} 和 b_{mn} 能够由 $T_{mn}^i(\theta,\phi)$ ($i=e$ 或 o)的正交性条件确定出。

1.7　傅里叶级数展开

1.7.1　周期函数的傅里叶级数

设 $f(x)$ 是以 T 为周期的周期函数，假定它可以展开成三角级数的形式：

$$f(x) = \frac{a_0}{2} + \sum_{n=1}^{\infty}(a_n\cos n\omega x + b_n\sin n\omega x) \tag{1.7.1}$$

利用三角函数系的正交性,容易确定 a_0、a_n 和 b_n。它们分别为

$$\begin{cases} a_0 = \dfrac{2}{T}\int_{-\frac{T}{2}}^{\frac{T}{2}} f(x)\,\mathrm{d}x \\ a_n = \dfrac{2}{T}\int_{-\frac{T}{2}}^{\frac{T}{2}} f(x)\cos n\omega x \mathrm{d}x \\ b_n = \dfrac{2}{T}\int_{-\frac{T}{2}}^{\frac{T}{2}} f(x)\sin n\omega x \mathrm{d}x \end{cases} \quad (1.7.2)$$

式(1.7.2)就是在假定 $f(x)$ 可以展开为三角级数的前提下获得的傅里叶系数计算公式。式中,$\omega = \dfrac{2\pi}{T}$。

应该注意到,任何一个周期函数 $f(x)$,只要利用式(1.7.2)能计算出 a_0、a_n 和 b_n,就能写出它的傅里叶级数。但是,这个级数是否收敛,以及收敛时是否恰好等于 $f(x)$ 自身,都是下面的定理将要回答的问题。

定理 1.7.1 设 $f(x)$ 是一个以 T 为周期的周期函数,满足如下的狄利克雷条件:

(1) 在区间 $\left[-\dfrac{T}{2},\dfrac{T}{2}\right]$ 上或者连续,或者只有有限个间断点,在间断点处函数的左、右极限存在(这样的间断点称为第一类间断点);

(2) 在区间 $\left[-\dfrac{T}{2},\dfrac{T}{2}\right]$ 上函数只有有限个极大值点与极小值点;

(3) $f\left(\dfrac{T}{2}-0\right)$ 与 $f\left(\dfrac{T}{2}+0\right)$ 都存在。

则 $f(x)$ 的傅里叶级数在区间 $[-\infty,+\infty]$ 内处处收敛,并且该级数的和:

(1) 在 $f(x)$ 的连续点处等于 $f(x)$;

(2) 在所有间断点处等于 $\dfrac{1}{2}\left[f\left(\dfrac{T}{2}+0\right)+f\left(\dfrac{T}{2}-0\right)\right]$。

按照上述定理,如果一个周期函数 $f(x)$ 满足狄利克雷条件,那么它的傅里叶级数就是它的傅里叶展开式(在间断点处可能不等于 $f(x)$ 自身)。

以严格的数学观点来说,狄利克雷条件是充分条件而不是必要条件。然而,代表物理问题的解的大多数函数都满足这些条件。

例 1.7.1 把函数

$$f(x) = \begin{cases} -1 & (-\pi < x < 0) \\ 1 & (0 < x < \pi) \\ 0 & (x = 0, \pm\pi) \end{cases}$$

展开为傅里叶级数。

解 通过积分,得到

$$a_0 = 0, \quad a_n = 0$$

$$b_n = \begin{cases} 0 & (n = 2, 4, \cdots) \\ \dfrac{4}{n\pi} & (n = 1, 3, \cdots) \end{cases}$$

这样,该函数的傅里叶级数为

$$f(x) = \frac{4}{\pi}\left(\frac{\sin x}{1} + \frac{\sin 3x}{3} + \frac{\sin 5x}{5} + \cdots\right)$$

例 1.7.2 把周期为 2π 的函数 $f(x) = x^2 (-\pi \leqslant x \leqslant \pi)$ 展开为傅里叶级数。

解 通过积分,得到

$$b_n = 0$$

$$a_0 = \frac{2\pi^2}{3}$$

$$a_n = \begin{cases} \dfrac{4}{n^2} & (n = 2, 4, \cdots) \\ -\dfrac{4}{n^2} & (n = 1, 3, \cdots) \end{cases}$$

这样,该函数的傅里叶级数为

$$f(x) = \frac{\pi^2}{3} + 4\left(-\frac{\cos x}{1^2} + \frac{\cos 2x}{2^2} - \frac{\cos 3x}{3^2} + \frac{\cos 4x}{4^2} - \cdots\right)$$

例 1.7.3 把函数

$$f(x) = x \quad (-\pi < x < \pi)$$

展开为傅里叶级数。

解 通过积分,得到

$$a_0 = 0, \quad a_n = 0, \quad b_n = (-1)^{n+1}\frac{2}{n}$$

所以,有如下展开式:

$$f(x) = 2\left(\frac{\sin x}{1} - \frac{\sin 2x}{2} + \frac{\sin 3x}{3} - \cdots\right)$$

例 1.7.4 把一个以 T 为周期的奇周期函数 $f(x)$ 展开为傅里叶级数。

解 因为在区间 $\left[-\frac{T}{2}, \frac{T}{2}\right]$ 上，$f(x)\cos n\omega x$ 为奇函数，所以有

$$a_0 = \frac{2}{T}\int_{-\frac{T}{2}}^{\frac{T}{2}} f(x)\,dx = 0 \text{ 和 } a_n = \frac{2}{T}\int_{-\frac{T}{2}}^{\frac{T}{2}} f(x)\cos n\omega x\,dx = 0$$

而 $f(x)\sin n\omega x$ 为偶函数，所以有

$$b_n = \frac{2}{T}\int_{-\frac{T}{2}}^{\frac{T}{2}} f(x)\sin n\omega x\,dx = \frac{4}{T}\int_{0}^{\frac{T}{2}} f(x)\sin n\omega x\,dx$$

最后，得到 $f(x)$ 的傅里叶级数为

$$f(x) = \sum_{n=1}^{\infty} b_n \sin n\omega x \tag{1.7.3}$$

这个级数是一个正弦级数。

例 1.7.5 把一个以 T 为周期的偶周期函数 $f(x)$ 展开为傅里叶级数。

解 因为在区间 $\left[-\frac{T}{2}, \frac{T}{2}\right]$ 上 $f(x)\cos n\omega x$ 为偶函数，所以有

$$a_0 = \frac{2}{T}\int_{-\frac{T}{2}}^{\frac{T}{2}} f(x)\,dx = \frac{4}{T}\int_{0}^{\frac{T}{2}} f(x)\,dx \text{ 和 } a_n = \frac{4}{T}\int_{0}^{\frac{T}{2}} f(x)\cos n\omega x\,dx$$

而 $f(x)\sin n\omega x$ 为奇函数，所以有

$$b_n = \frac{2}{T}\int_{-\frac{T}{2}}^{\frac{T}{2}} f(x)\sin n\omega x\,dx = 0$$

最后，得到 $f(x)$ 的傅里叶级数为

$$f(x) = \frac{a_0}{2} + \sum_{n=1}^{\infty} a_n \cos n\omega x \tag{1.7.4}$$

这是一个余弦级数。

1.7.2 函数的周期性延拓

设 $g(x)$ 是一个任意函数,现在来研究如何将 $g(x)$ 在区间 $[0,l]$ 内展开成傅里叶级数的问题。采用的方法是：找一个周期函数 $f(x)$，使对区间 $[0,l]$ 内任一点 x，都有 $g(x)=f(x)$。如果 $f(x)$ 可以展开成傅里叶级数,那么,将它限制在区间 $[0,l]$ 内时,就是 $g(x)$ 的傅里叶展开式。具有这种性质的函数 $f(x)$ 称为函数 $g(x)$ 关于区间 $[0,l]$ 的周期延拓。

对于函数 $g(x)$ 进行周期性延拓的方法很多,下面介绍两种常用的方法：函数的奇延拓和函数的偶延拓。

1. 函数的奇延拓

第一步,将 $g(x)$ 延拓为区间 $[-l,l]$ 内的奇函数,即定义：

$$f(x)=\begin{cases} g(x) & (0 \leqslant x < l) \\ -g(x) & (-l \leqslant x < 0) \end{cases} \quad (1.7.5)$$

第二步,再将 $f(x)$ 延拓为区间 $(-\infty,\infty)$ 内的周期函数,即对任意整数 n 定义：

$$f(2nl+x)=f(x) \quad (-l \leqslant x \leqslant l) \quad (1.7.6)$$

这样,$f(x)$ 就是区间 $(-\infty,\infty)$ 内的一个奇周期函数,周期 $T=2l$。如果它满足狄利克雷条件,那么它可以展开成傅里叶级数,从而 $g(x)$ 在区间 $(-\infty,\infty)$ 内也被展开成傅里叶级数。

2. 函数的偶延拓

第一步,将 $g(x)$ 延拓为区间 $[-l,l]$ 内的偶函数,即定义：

$$f(x)=\begin{cases} g(x) & (0 \leqslant x < l) \\ g(-x) & (-l \leqslant x < 0) \end{cases} \quad (1.7.7)$$

第二步,再将 $f(x)$ 延拓为区间 $(-\infty,\infty)$ 内的周期函数,即对任意整数 n 定义：

$$f(2nl+x)=f(x) \quad (-l \leqslant x \leqslant l)$$

这样,$f(x)$ 就是一个以 $T=2l$ 为周期的偶周期函数。如果它满足狄利克雷条件,那么它可以展开成傅里叶级数,从而 $g(x)$ 在区间 $(-\infty,\infty)$ 内也被展开成傅里叶级数。

1.7.3 傅里叶级数的若干性质

(1) 傅里叶级数可用来表示其各阶导数不一定存在的那些不连续函数(泰勒展开式就不是这样)。

(2) 如果一个周期函数的 $p-1$ 阶导数是连续的,而它的 p 阶导数是不连续的,则它的傅里叶级数的系数将是 $n^{-(p+1)}$ 阶的。

(3) 一个收敛的傅里叶级数可以逐项积分,并且积分后的级数是一致收敛的,而且即使该级数不收敛也可能是正确的。然而,傅里叶级数的逐项求导必须就该级数加以具体研究,在许多情况下,逐项求导是不正确的。

这一条性质表明,若函数 $f(x)$ 可展开成傅里叶级数,则 $f(x)$ 的积分的傅里叶级数可由 $f(x)$ 的傅里叶级数的逐项积分得到。相反地,导函数 $f'(x)$ 的傅里叶级数也可以从 $f(x)$ 的傅里叶级数的逐项微分得到。但这仅在 $f'(x)$ 的傅里叶级数收敛时才正确,而这种级数不收敛亦是常会遇到的。

(4) 如果傅里叶级数表示一个不连续函数,则这个傅里叶级数便不是在一切点上都一致收敛的。在间断点附近,傅里叶表达式将冲过该函数值大约 18%。这种性状称为吉布斯(Gibbs)现象。

吉布斯现象表明,在间断点的紧邻,当级数项数增加时,级数的部分和逐渐接近该函数,但这些逐步逼近的曲线(部分和)在该跳跃间断点冲过该函数值大约 18%。1906 年,博歇尔(Bocher)通过研究如下函数的具体级数,极大地推广了吉布斯的结果:

$$f(x) = \frac{\pi - x}{2} \quad (0 \leqslant x \leqslant 2\pi) \tag{1.7.8}$$

该函数的傅里叶展开式为

$$f(x) = \lim_{p \to \infty} s_p(x) = \sum_{n=1}^{\infty} \frac{\sin nx}{n} \tag{1.7.9}$$

其部分和由下式得出:

$$\begin{aligned} s_p(x) &= \sum_{n=1}^{p} \frac{\sin nx}{n} \\ &= \int_0^x \left(\sum_{n=1}^{p} \cos nu \right) du \\ &= \frac{1}{2} \int_0^x \frac{\sin[(p+1/2)u]}{\sin(u/2)} du - \frac{x}{2} \end{aligned} \tag{1.7.10}$$

因为

$$\sum_{n=1}^{p} \cos nx = \frac{\sin(p+1/2)}{2\sin(x/2)} - \frac{1}{2} \tag{1.7.11}$$

傅里叶级数的余项 $R_p(x)$ 为

$$\begin{aligned} R_p(x) &= \sum_{n=p+1}^{\infty} \frac{\sin nx}{n} \\ &= f(x) - s_p(x) \\ &= \frac{\pi - x}{2} - s_p(x) \\ &= \frac{\pi}{2} - \frac{1}{2} \int_0^x \frac{\sin[(p+1/2)u]}{\sin(u/2)} du \end{aligned} \tag{1.7.12}$$

或

$$R_p(x) = \frac{\pi}{2} - \int_0^{(p+1/2)x} \frac{\sin u}{u} du + \rho_p(x) \tag{1.7.13}$$

式中

$$\rho_p(x) = \int_0^x \left[\frac{\sin(u/2) - u/2}{u \sin(u/2)} \right] \sin[(p+1/2)u] \, du \tag{1.7.14}$$

将 $R_p(x)$ 对 x 求导，求得 $R_p(x)$ 在

$$x_k = \frac{2k\pi}{2p+1} \quad (k=0,1,2,\cdots) \tag{1.7.15}$$

上有极大值或极小值。$R_p(x)$ 在 x_k 的值是

$$R_p(x) = \frac{\pi}{2} - \int_0^{k\pi} \frac{\sin u}{u} du + \rho_p\left(\frac{2k\pi}{2p+1}\right) \tag{1.7.16}$$

在 k 固定的情况下，当 $p \to \infty$ 时，$\rho_p \to 0$。因此，该余项，即在逼近间断点 $x=0$（端点）的第 k 个极值点 x_k 上的近似值与 $(\pi-x)/2$ 的偏差，趋于极限：

$$\lim_{p \to \infty} R_p(x_k) \to \frac{\pi}{2} - \int_0^{k\pi} \frac{\sin u}{u} \, du \tag{1.7.17}$$

当 $k=1$ 时，我们求得

$$\lim_{p\to\infty} R_p(x_1) \to \frac{\pi}{2} - \int_0^\pi \frac{\sin u}{u}\,\mathrm{d}u$$

$$= \frac{\pi}{2} - \frac{\pi}{2} \times 1.179 \approx -0.281 \tag{1.7.18}$$

显然，此傅里叶展开式在跳跃间断点 $x=0$ 冲过曲线约 18%。

1.7.4 从最小二乘意义上来看傅里叶级数展开

给定一个在区间 $(\theta, \theta+2\pi)$ 内有定义的函数 $f(x)$，以及一个具有前 N 项且系数是任意的三角级数，现在要寻求这些系数，使这个级数的前 N 项之和尽可能最好地逼近所考虑区间内的函数 $f(x)$。

设三角级数的前 N 项之和是

$$s_N(x) = \frac{a_0}{2} + \sum_{n=1}^{N}(a_n \cos nx + b_n \sin nx) \tag{1.7.19}$$

我们要确定 a_n 和 b_n 的表达式，使得用 $s_N(x)$ 在区间 $(\theta, \theta+2\pi)$ 内代替 $f(x)$ 后所产生的均方误差

$$E = \frac{1}{2\pi}\int_\theta^{\theta+2\pi}\left[f(x)-s_N(x)\right]^2\mathrm{d}x \tag{1.7.20}$$

取极小值。为使这个误差最小，系数 a_n 和 b_n 应满足

$$\frac{\partial E}{\partial a_n} = 0 \quad (n=0,1,2,\cdots,N)$$

和

$$\frac{\partial E}{\partial b_n} = 0 \quad (n=1,2,\cdots,N)$$

例如，对于系数 b_m，可由关系式 $\dfrac{\partial E}{\partial b_m}=0$ 来确定，有

$$\frac{\partial E}{\partial b_m} = -\frac{1}{\pi}\int_\theta^{\theta+2\pi}\left[f(x)-s_N(x)\right]\frac{\partial s_N(x)}{\partial b_m}\,\mathrm{d}x = 0$$

$$\frac{\partial E}{\partial b_m} = -\frac{1}{\pi}\int_\theta^{\theta+2\pi}\left[f(x)-\frac{a_0}{2}-\sum_{n=1}^{N}b_n\sin nx - \sum_{n=1}^{N}a_n\cos nx\right]\sin mx\,\mathrm{d}x = 0$$

于是给出关系式：

$$\frac{1}{\pi}\int_{\theta}^{\theta+2\pi}[f(x)-b_m\sin mx]\sin mx\mathrm{d}x=0$$

由此立即得到

$$b_m=\frac{1}{\pi}\int_{\theta}^{\theta+2\pi}f(x)\sin mx\mathrm{d}x$$

同样地，得到

$$a_0=\frac{1}{\pi}\int_{\theta}^{\theta+2\pi}f(x)\ \mathrm{d}x$$

$$a_m=\frac{1}{\pi}\int_{\theta}^{\theta+2\pi}f(x)\cos mx\mathrm{d}x$$

因此，傅里叶级数展开式不仅在有无限多项时能准确地表示函数 $f(x)$，而且只取它前面有限项时，也能最好地表示在这个区间内的函数 $f(x)$。

1.8 贝塞尔函数简介

1.8.1 贝塞尔方程及其通解

在解偏微分方程的边值问题时，经常会遇到贝塞尔函数。它是下述贝塞尔方程的解：

$$x^2\frac{\mathrm{d}^2y}{\mathrm{d}x^2}+x\frac{\mathrm{d}y}{\mathrm{d}x}+(x^2-\nu^2)y=0 \tag{1.8.1}$$

式中，ν 为常数，称为方程的阶或贝塞尔函数的阶，可以是任何实数或复数。

在这里，我们只限于讨论 ν 为整数 n 的情况。当 ν 为整数 n 时，贝塞尔方程有两个独立的解 $J_n(x)$ 和 $Y_n(x)$，分别称为 n 阶第一类和第二类贝塞尔函数。它们的定义分别是

$$J_n(x)=\sum_{k=0}^{\infty}\frac{(-1)^k\left(\dfrac{x}{2}\right)^{n+2k}}{k!(n+k)!}\quad (n\geqslant 0) \tag{1.8.2}$$

$$Y_n(x)=\lim_{\alpha\to n}\frac{J_\alpha(x)\cos\alpha\pi-J_{-\alpha}(x)}{\sin\alpha\pi}\quad (n\text{ 为整数}) \tag{1.8.3}$$

由于当 n 为整数时，$J_{-n}(x)=(-1)^n J_n(x)=\cos n\pi J_n(x)$，所以式(1.8.3)右端的极限是"$\dfrac{0}{0}$"形式的不定型极限，应用洛必达法则并经过冗长的推导，可以得到 $Y_n(x)$ 的级数表达式。限于篇幅，在这里从略。

贝塞尔方程式(1.8.1)的通解可以表示为

$$y(x)=AJ_n(x)+BY_n(x) \tag{1.8.4}$$

式中，A 和 B 都为常数；n 为整数，也可以为实数。

1.8.2 贝塞尔函数的递推公式

不同阶的贝塞尔函数之间有一定的联系，这里不经推导给出以下递推公式。

第一类贝塞尔函数的递推公式：

$$\begin{cases} \dfrac{\mathrm{d}}{\mathrm{d}x}\left[x^n J_n(x)\right]=x^n J_{n-1}(x) \\ \dfrac{\mathrm{d}}{\mathrm{d}x}\left[x^{-n} J_n(x)\right]=-x^{-n} J_{n+1}(x) \\ J_{n-1}(x)+J_{n+1}(x)=\dfrac{2}{x}nJ_n(x) \\ J_{n-1}(x)-J_{n+1}(x)=2J_n'(x) \end{cases} \tag{1.8.5}$$

第二类贝塞尔函数也有与第一类贝塞尔函数完全相同的递推公式，这里从略。

作为递推公式的一个应用，我们来考虑半奇数阶的贝塞尔函数，先由定义不难计算出：

$$J_{\frac{1}{2}}(x)=\sqrt{\dfrac{2}{\pi x}}\sin x \text{ 和 } J_{-\frac{1}{2}}(x)=\sqrt{\dfrac{2}{\pi x}}\cos x$$

利用递推公式(1.8.5)中的第三个公式，得到

$$\begin{aligned} J_{\frac{3}{2}}(x) &= \dfrac{1}{x}J_{\frac{1}{2}}(x)-J_{-\frac{1}{2}}(x)=\sqrt{\dfrac{2}{\pi x}}\left(-\cos x+\dfrac{1}{x}\sin x\right) \\ &= -\sqrt{\dfrac{2}{\pi x}}x^{\frac{3}{2}}\cdot\dfrac{1}{x}\dfrac{\mathrm{d}}{\mathrm{d}x}\left(\dfrac{\sin x}{x}\right) \\ &= -\sqrt{\dfrac{2}{\pi x}}x^{\frac{3}{2}}\left(\dfrac{1}{x}\dfrac{\mathrm{d}}{\mathrm{d}x}\right)\left(\dfrac{\sin x}{x}\right) \end{aligned}$$

一般而言，有

$$J_{n+\frac{1}{2}}(x)=(-1)^n\sqrt{\frac{2}{\pi}}x^{n+\frac{1}{2}}\left(\frac{1}{x}\frac{d}{dx}\right)^n\left(\frac{\sin x}{x}\right) \quad (1.8.6)$$

$$J_{-\left(n+\frac{1}{2}\right)}(x)=\sqrt{\frac{2}{\pi}}x^{n+\frac{1}{2}}\left(\frac{1}{x}\frac{d}{dx}\right)^n\left(\frac{\sin x}{x}\right) \quad (1.8.7)$$

为了简便起见，我们在这里采用了微分算子 $\left(\dfrac{1}{x}\dfrac{d}{dx}\right)^n$，它是算子 $\dfrac{1}{x}\dfrac{d}{dx}$ 连续作用 n 次的缩写，例如 $\left(\dfrac{1}{x}\dfrac{d}{dx}\right)^2\left(\dfrac{\sin x}{x}\right)=\dfrac{1}{x}\dfrac{d}{dx}\left[\dfrac{1}{x}\dfrac{d}{dx}\left(\dfrac{\sin x}{x}\right)\right]$，千万不能与 $\dfrac{1}{x^n}\dfrac{d^n}{dx^n}$ 混为一谈。

从式(1.8.6)和式(1.8.7)看出，半奇数阶的贝塞尔函数都是初等函数。

1.8.3 贝塞尔函数的根

关于贝塞尔函数的根，有以下几点结论：

(1) $J_n(x)$ 有无穷多个单重实根，且这无穷多个实根在 x 轴上关于原点是对称分布的，因而 $J_n(x)$ 必有无穷多个正实根。

(2) $J_n(x)$ 的根与 $J_{n+1}(x)$ 的根是彼此相间分布的，即 $J_n(x)$ 的任意两个相邻根之间必存在一个且仅有一个 $J_{n+1}(x)$ 的根。

(3) 以 $\mu_m^{(n)}$ 表示 $J_n(x)$ 的第 m 个根，则 $\mu_{m+1}^{(n)}-\mu_m^{(n)}$ 当 $m\to\infty$ 时无限地接近于 π，即 $J_n(x)$ 几乎是以 2π 为周期的周期函数。如图 1.8.1 所示，是 $J_0(x)$、$J_1(x)$、

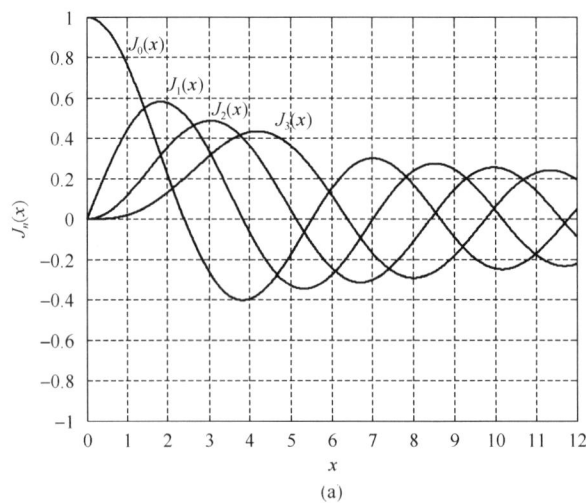

(a)

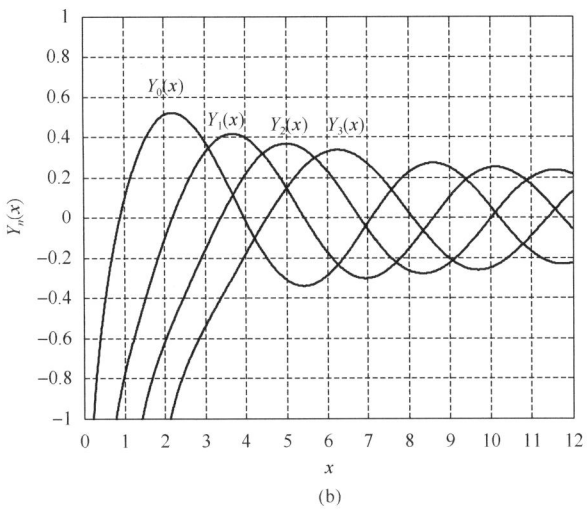

图 1.8.1 $J_n(x)$ 函数(a)和 $Y_n(x)$ 函数(b)

$J_2(x)$ 和 $J_3(x)$，以及 $Y_0(x)$、$Y_1(x)$、$Y_2(x)$、$Y_3(x)$ 的图形。从直观上看，这些函数与正弦函数和余弦函数很相似。

1.8.4 贝塞尔函数的正交性

贝塞尔函数的正交性可以表示为

$$\int_0^a x J_n\left(\frac{\mu_m^{(n)}}{a}x\right) J_n\left(\frac{\mu_k^{(n)}}{a}x\right) \mathrm{d}x = \begin{cases} 0 & (m \neq k) \\ \dfrac{a^2}{2} J_{n-1}^2(\mu_m^{(n)}) = \dfrac{a^2}{2} J_{n+1}^2(\mu_m^{(n)}) & (m = k) \end{cases} \quad (1.8.8)$$

那么，任意在 $[0,a)$ 上具有一阶连续导数及分段连续二阶导数的函数 $f(x)$，只要它在 $x=0$ 处有界，在 $x=a$ 等于零，则它必能展开成如下形式的绝对且一致收敛的级数：

$$f(x) = \sum_{k=1}^{\infty} A_k J_n\left(\frac{\mu_k^{(n)}}{a}x\right) \quad (1.8.9)$$

式中

$$A_k = \frac{1}{\frac{a^2}{2}J_{n-1}^2(\mu_k^{(n)})} \int_0^a xf(x)J_n\left(\frac{\mu_k^{(n)}}{a}x\right)\mathrm{d}x \tag{1.8.10}$$

1.8.5 贝塞尔函数的其他类型

1. 第三类贝塞尔函数

第三类贝塞尔函数又称为汉克尔(Hankel)函数,其定义为

$$\begin{cases} H_n^{(1)}(x) = J_n(x) + \mathrm{j}Y_n(x) \\ H_n^{(2)}(x) = J_n(x) - \mathrm{j}Y_n(x) \end{cases} \tag{1.8.11}$$

它们也有与第一类贝塞尔函数相同的递推公式,这里从略。

2. 虚宗量贝塞尔函数

当自变量是虚数时,即(jx),得到变形贝塞尔方程:

$$x^2\frac{\mathrm{d}^2 y}{\mathrm{d}x^2} + x\frac{\mathrm{d}y}{\mathrm{d}x} - (x^2 + n^2)y = 0 \tag{1.8.12}$$

它的两个解为

$$I_n(x) = \mathrm{j}^{-n}J_n(\mathrm{j}x) \tag{1.8.13}$$

$$K_n(x) = \frac{\pi}{2}\mathrm{j}^{n+1}H_n^{(1)}(\mathrm{j}x) \tag{1.8.14}$$

式中,$I_n(x)$ 称为第一类虚宗量贝塞尔函数,或称为第一类变形的贝塞尔函数;$K_n(x)$ 称为第二类虚宗量或变形的贝塞尔函数。

因此,方程(1.8.12)的通解又可写为

$$y(x) = AI_n(x) + BK_n(x) \tag{1.8.15}$$

式中,A 和 B 为任意常数。

应该注意到,$I_n(x)$ 和 $K_n(x)$ 都不存在实根,所以它们的图形不是振荡型曲线,如图 1.8.2 所示,这一点与 $J_n(x)$ 和 $Y_n(x)$ 不同。

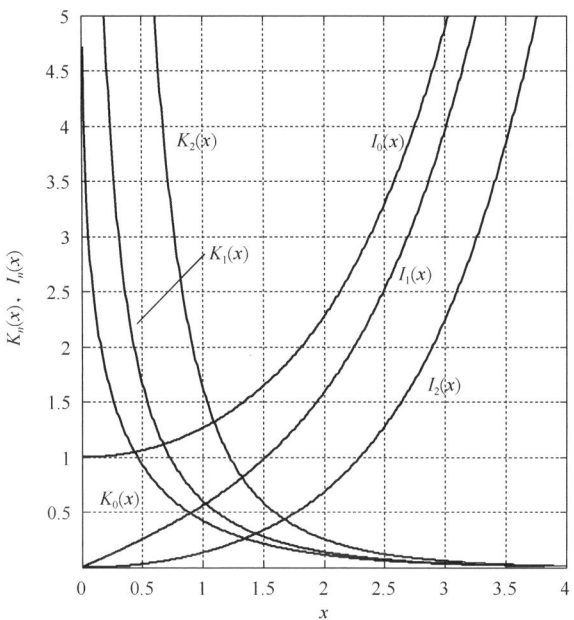

图 1.8.2　虚宗量贝塞尔函数

1.8.6　贝塞尔函数的渐近公式

当 x 的值很大时，有如下渐近公式：

$$\begin{cases} J_n(x) \approx \sqrt{\dfrac{2}{\pi x}} \cos\left(x - \dfrac{1}{4}\pi - \dfrac{n}{2}\pi\right) \\ Y_n(x) \approx \sqrt{\dfrac{2}{\pi x}} \sin\left(x - \dfrac{1}{4}\pi - \dfrac{n}{2}\pi\right) \\ H_n^{(1)} \approx \sqrt{\dfrac{2}{\pi x}} e^{j\left(x - \frac{1}{4}\pi - \frac{n}{2}\pi\right)} \\ H_n^{(2)} \approx \sqrt{\dfrac{2}{\pi x}} e^{-j\left(x - \frac{1}{4}\pi - \frac{n}{2}\pi\right)} \\ I_n(x) \approx \dfrac{e^x}{\sqrt{2\pi x}} \\ K_n(x) \approx \sqrt{\dfrac{\pi}{2x}} e^{-x} \end{cases} \quad (1.8.16)$$

当 x 的值很小，即 $x \to 0^+$ 时，有如下渐近公式：

$$\begin{cases} J_n(x) \approx \dfrac{1}{\Gamma(n+1)}\left(\dfrac{x}{2}\right)^n \\ J_0(x) \approx 1 - \dfrac{x^2}{4} \\ Y_n(x) \approx -\dfrac{\Gamma(n)}{\pi}\left(\dfrac{2}{x}\right)^n \quad (n \neq 0) \\ Y_0(x) \approx \dfrac{2}{\pi}\ln\left(\dfrac{\gamma x}{2}\right) \quad (\ln\gamma = 0.5772) \\ K_n(x) \approx \dfrac{\Gamma(n)}{2}\left(\dfrac{2}{x}\right)^{-n} \\ K_0(x) \approx -\dfrac{\ln x}{2} \\ I_0(0) \approx 1 \\ I_n(0) \approx 0 \end{cases} \quad (1.8.17)$$

利用上述渐近公式来代替收敛很慢的贝塞尔函数的级数计算,不仅计算简单、节约计算时间,而且能比较好地逼近贝塞尔函数。

1.8.7 贝塞尔函数的微分和积分公式

(1)微分公式:

$$\begin{cases} \left[x^n R_n(x)\right]' = x^n R_{n-1}(x) \\ \left[x^{-n} R_n(x)\right]' = -x^{-n} R_{n+1}(x) \\ R_{n-1}(x) - R_{n+1}(x) = 2R_n'(x) \end{cases} \quad (1.8.18)$$

式中,$R_n(x)$ 可以是 $J_n(x)$,$Y_n(x)$,$H_n^{(1)}(x)$,$H_n^{(2)}(x)$,$I_n(x)$,$K_n(x)$。

(2)积分公式:

$$\begin{cases} \int x^{n+1} R_n(x)\mathrm{d}x = x^{n+1} R_{n+1}(x) \\ \int x^{-n+1} R_n(x)\mathrm{d}x = -x^{-n+1} R_{n-1}(x) \\ \int x R_n^2(\alpha x)\mathrm{d}x = \dfrac{x^2}{2}\left[R_n^2(\alpha x) - R_{n-1}(\alpha x)R_{n+1}(\alpha x)\right] \end{cases} \quad (1.8.19)$$

式中,$R_n(x)$ 可以是 $J_n(x)$,$Y_n(x)$,$H_n^{(1)}(x)$,$H_n^{(2)}(x)$,$I_n(x)$,$K_n(x)$。

(3) 贝塞尔函数的积分表达式：

$$J_n(x) = \frac{1}{2\pi}\int_{-\pi}^{\pi} e^{j(x\sin\theta - n\theta)} d\theta \tag{1.8.20}$$

1.9 分离变量方法——直角坐标系

分离变量方法是由达朗贝尔、伯努利及欧拉在 18 世纪中叶引进并加以发展的。它是求解偏微分方程的最老的系统方法(但仍然是最有用的方法)。为了说明分离变量方法，我们来解直角坐标系中的二维拉普拉斯方程：

$$\frac{\partial^2 \varphi}{\partial x^2} + \frac{\partial^2 \varphi}{\partial y^2} = 0 \tag{1.9.1}$$

第一步：假定解 $\varphi(x,y)$ 可写成

$$\varphi(x,y) = X(x)Y(y) \tag{1.9.2}$$

式中，X 仅是 x 的函数，而 Y 仅是 y 的函数。

第二步：将式(1.9.2)代入方程(1.9.1)中，我们得到

$$X''Y + XY'' = 0 \tag{1.9.3}$$

或者

$$\frac{X''}{X} = -\frac{Y''}{Y} \tag{1.9.4}$$

第三步：注意到，方程(1.9.4)左边仅是 x 的函数，而右边仅是 y 的函数。因为

$$\frac{d}{dx}\left(\frac{X''}{X}\right) = \frac{d}{dx}\left(-\frac{Y''}{Y}\right) = 0$$

及

$$\frac{d}{dy}\left(\frac{X''}{X}\right) = \frac{d}{dy}\left(-\frac{Y''}{Y}\right) = 0$$

由此得出

$$X'' + \lambda^2 X = 0 \tag{1.9.5}$$

和

$$Y'' - \lambda^2 Y = 0 \tag{1.9.6}$$

式中，λ 必定与 x 和 y 无关，λ 称为分离常数。方程(1.9.5)和(1.9.6)都是常微分方程，它们可以采用各种方法求解。一般说来，分离变量方法将有 n 个独立变量的偏微分方程化为含有 $n-1$ 个分离常数的 n 个常微分方程。

根据 λ 是实数还是虚数，可以选择的函数是

$$X(x) \sim \begin{cases} \sin\lambda x \\ \cos\lambda x \\ \mathrm{e}^{\lambda x} \\ \mathrm{e}^{-\lambda x} \\ \mathrm{sh}\lambda x \\ \mathrm{ch}\lambda x \end{cases} \text{和}\quad Y(y) \sim \begin{cases} \sin\lambda y \\ \cos\lambda y \\ \mathrm{e}^{\lambda y} \\ \mathrm{e}^{-\lambda y} \\ \mathrm{sh}\lambda y \\ \mathrm{ch}\lambda y \end{cases} \tag{1.9.7}$$

应用上述函数的一个线性组合就可以构造一个给定问题的通解，但是边界条件的不同会影响到对这些函数的选择。下面将结合示例说明。

例 1.9.1 图 1.9.1 为例 1.9.1 的几何形状。其边界条件为

B.C.1 $\varphi = 0\mathrm{V}$, $y = 0$；

B.C.2 $\varphi = 0\mathrm{V}$, $y = b$；

B.C.3 $\varphi = 0\mathrm{V}$, $x = 0$；

B.C.4 $\varphi = f(y) = 100\sin\dfrac{3\pi y}{b}\mathrm{V}$, $x = a$。

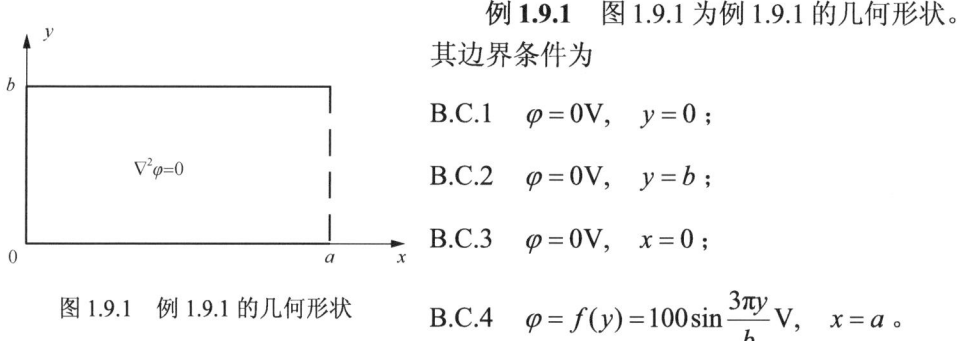

图 1.9.1 例 1.9.1 的几何形状

解 由 B.C.1 和 B.C.2 可得，变量 y 的变化形式是

$$Y(y) \sim \sin\frac{n\pi y}{b} \quad (n = 1, 2, \cdots, \infty)$$

由 B.C.3 可得，变量 x 的变化形式必须是

$$X(x) \sim \mathrm{sh}\frac{n\pi x}{b} \quad (n = 1, 2, \cdots, \infty)$$

如果取 $n = 3$，就能满足 B.C.4。因此，

$$\varphi(x, y) = A_3 \mathrm{sh}\frac{3\pi x}{b} \sin\frac{3\pi y}{b}$$

由 B.C.4 可得

$$100\sin\frac{3\pi y}{b} = A_3 \text{sh}\frac{3\pi a}{b}\sin\frac{3\pi y}{b}$$

$$A_3 = \frac{100}{\text{sh}\dfrac{3\pi a}{b}}$$

最后，得到

$$\varphi(x,y) = \frac{100}{\text{sh}\dfrac{3\pi a}{b}}\text{sh}\frac{3\pi x}{b}\sin\frac{3\pi y}{b}$$

稍加分析不难发现，通过观察就可直接写出上面的解。当在处理 B.C.4 的过程中代入 $x=a$ 时，其分母中的因子 $\text{sh}\dfrac{3\pi a}{b}$ 将与 $\text{sh}\dfrac{3\pi x}{b}$ 相抵消。常数 100 是第三个正弦项的傅里叶系数。B.C.4 只要求傅里叶级数中的第三个正弦项存在。如果考察 $f(y)=100\sin\dfrac{3\pi y}{b}$ 的傅里叶级数，可以看到其他项的傅里叶系数都是零。现在，假定 $f(y)$ 是一个比 B.C.4 更为普遍的函数。显然，其他项的傅里叶系数不可能都是零，且有

$$\varphi(x,y)\big|_{x=a} = f(y) = \sum_{n=1}^{\infty} B_n \sin\frac{n\pi y}{b} \tag{1.9.8}$$

例 1.9.2 除以下条件不同之外，其他条件与例 1.9.1 一样。

B.C.4 $\varphi = f(y) = 100\text{V}, \quad x = a$。

解 在 $x=a$ 处的边界是一个电势为 100V 的导体板。

当 $f(y)$ 是定义在区间 $0<y<b$ 的一个常数时，必须求出傅里叶系数 B_0。我们知道，傅里叶级数展开是对周期函数而言的。然而，函数 $f(y)$ 只定义在基函数 $\sin\dfrac{\pi y}{b}$ 的半个周期上。基函数的完整周期是 $2b$。因为期望的傅里叶级数仅有正弦项，所以函数必须是一个奇函数。此时，应对函数 $f(y)$ 在完整周期 $(-b,b)$ 上进行奇延拓。

应该注意，这个解仅在 $0<x<a$ 和 $0<y<b$ 上是有效的；在 $0<y<b$ 以外的区域中，函数 $f(y)$ 的延拓形式对于在场域中的解来说并不重要；然而，这个条件在确定傅里叶系数时却是重要的。

对于现在的问题，周期 $T = 2b$，则

$$B_n = \frac{2}{2b}\int_{-b}^{b} f(y)\sin\frac{n\pi y}{b}\mathrm{d}y$$

因为 $f(y)$ 是 y 的奇函数，$\sin\frac{n\pi y}{b}$ 也是 y 的奇函数，所以它们的乘积是一个偶函数，对于给定的 $f(y)$ 进行计算：

$$\begin{aligned}B_n &= \frac{2}{b}\int_{0}^{b} 100\sin\frac{n\pi y}{b}\mathrm{d}y\\ &= -\frac{200}{b}\frac{b}{n\pi}\cos\frac{n\pi y}{b}\bigg|_{0}^{b}\\ &= \begin{cases}\dfrac{400}{n\pi} & (n=1,3,5,\cdots)\\ 0 & (n=2,4,6,\cdots)\end{cases}\end{aligned}$$

因此，

$$\varphi(x,y) = \sum_{n=1,3,5,\cdots}^{\infty}\frac{400}{n\pi}\frac{\mathrm{sh}\dfrac{n\pi x}{b}}{\mathrm{sh}\dfrac{n\pi a}{b}}\sin\frac{n\pi y}{b} \quad (0<x<a; 0<y<b)$$

1.10 分离变量方法——圆柱坐标系

下面介绍在圆柱坐标系中二维拉普拉斯方程的分离变量方法。这里分以下两种情况来分别讨论。

1.10.1 平行平面场

对于平行平面场，有 $\varphi = \varphi(\rho,\phi)$，那么拉普拉斯方程的展开形式为

$$\frac{1}{\rho}\frac{\partial}{\partial\rho}\left(\rho\frac{\partial\varphi}{\partial\rho}\right) + \frac{1}{\rho^2}\frac{\partial^2\varphi}{\partial\phi^2} = 0 \tag{1.10.1}$$

令

$$\varphi(\rho,\phi) = f(\rho)g(\phi) \tag{1.10.2}$$

并代入方程(1.10.1),就可以得到如下两个常微分方程:

$$\rho^2 \frac{d^2 f}{d\rho^2} + \rho \frac{df}{d\rho} + n^2 f = 0 \tag{1.10.3}$$

$$\frac{d^2 g}{d\phi^2} + n^2 g = 0 \tag{1.10.4}$$

式中,n 为分离常数。

每一个常微分方程的解可供选择的函数分别是

$$f(\rho) \sim \begin{Bmatrix} \rho^n \\ \rho^{-n} \\ \ln \rho \end{Bmatrix} \text{ 和 } g(\phi) \sim \begin{Bmatrix} \sin n\phi \\ \cos n\phi \end{Bmatrix} \tag{1.10.5}$$

例 1.10.1 换向器问题。图 1.10.1 给出了换向器问题的几何形状。场域是 $0 < \rho < a$,长直圆柱管上半部分的电势是 $+V_0$,下半部分的电势是 $-V_0$。

解 从物理意义上看,在 $\rho = 0$ 处的电势是有限值。因此,对于变量 ρ 的变化形式应选择 ρ^n。边界条件 $\varphi(a,\phi) = F(\phi)$ 是 ϕ 的奇函数。

因此,通过观察,可以直接写出

$$\varphi(\rho,\phi) = \sum_{n=1}^{\infty} B_n \left(\frac{\rho}{a}\right)^n \sin n\phi$$

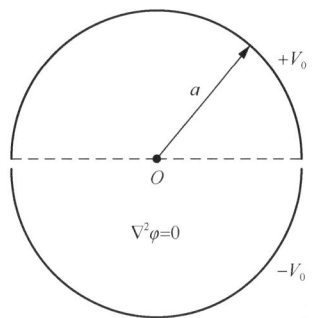

图 1.10.1 换向器问题的几何形状

且

$$B_n = \frac{2}{\pi} \int_0^{\pi} F(\phi) \sin n\phi \, d\phi = \frac{2}{\pi} \int_0^{\pi} V_0 \sin n\phi \, d\phi$$

$$= \begin{cases} \dfrac{4V_0}{n\pi} & (n=1,3,5,\cdots) \\ 0 & (n=2,4,6,\cdots) \end{cases}$$

因此,最后得到

$$\varphi(\rho,\phi) = \sum_{n=1,3,5,\cdots}^{\infty} \frac{4V_0}{n\pi} \left(\frac{\rho}{a}\right)^n \sin n\phi$$

1.10.2 轴对称场

对于轴对称场，有 $\varphi = \varphi(\rho, z)$，那么拉普拉斯方程的展开形式为

$$\frac{1}{\rho}\frac{\partial}{\partial \rho}\left(\rho \frac{\partial \varphi}{\partial \rho}\right) + \frac{\partial^2 \varphi}{\partial z^2} = 0 \tag{1.10.6}$$

令

$$\varphi(\rho, z) = f(\rho)g(z) \tag{1.10.7}$$

并代入方程(1.10.6)，就可以得到如下两个含有分离常数 λ 的常微分方程：

$$\frac{d^2 f}{d\rho^2} + \frac{1}{\rho}\frac{df}{d\rho} + \lambda^2 f = 0 \tag{1.10.8}$$

$$\frac{d^2 g}{d\phi^2} - \lambda^2 g = 0 \tag{1.10.9}$$

式中，λ 为分离常数。

方程(1.10.8)是一个零阶贝塞尔方程。每一个常微分方程的解可供选择的函数是

$$f(\rho) \sim \begin{Bmatrix} J_0(\lambda\rho) \\ Y_0(\lambda\rho) \end{Bmatrix} \text{ 和 } g(z) \sim \begin{Bmatrix} \text{sh}\lambda z \\ \text{ch}\lambda z \\ e^{\lambda z} \\ e^{-\lambda z} \end{Bmatrix} \tag{1.10.10}$$

或者

$$f(\rho) \sim \begin{Bmatrix} I_0(K\rho) \\ K_0(K\rho) \end{Bmatrix} \text{ 和 } g(z) \sim \begin{Bmatrix} \cos Kz \\ \sin Kz \end{Bmatrix} \tag{1.10.11}$$

式中，$K^2 = -\lambda^2$；$J_0(\lambda\rho)$ 和 $Y_0(\lambda\rho)$ 分别是变量为 $\lambda\rho$ 的零阶第一类和第二类贝塞尔函数；而 $I_0(K\rho)$ 和 $K_0(K\rho)$ 分别是变量为 $K\rho$ 的零阶第一类和第二类修正贝塞尔函数。

例 1.10.2 在场域 $0<\rho<a$, $0<z<l$, $0<\phi<2\pi$ 中，满足拉普拉斯方程。如图 1.10.2 所示，在曲面 $\rho=a$, $0<z<l$ 上的电势为常数值 V_0。其两端接地。

解 注意到这一问题对于坐标 ϕ 的对称性，因此

$$\varphi(\rho,\phi,z)=\varphi(\rho,z)$$

因为在 z 轴上必须有多个零点，且在 $z=0$ 处电势为零，所以选择

$$g(z)=\sin\lambda z$$

式中

$$\lambda=\frac{n\pi}{l}$$

注意到，当 $\rho\to 0$ 时，$K_0(K\rho)$ 会趋于无穷大，因此对于变量 ρ，通过观察应选择 $I_0(K\rho)$，可以写出

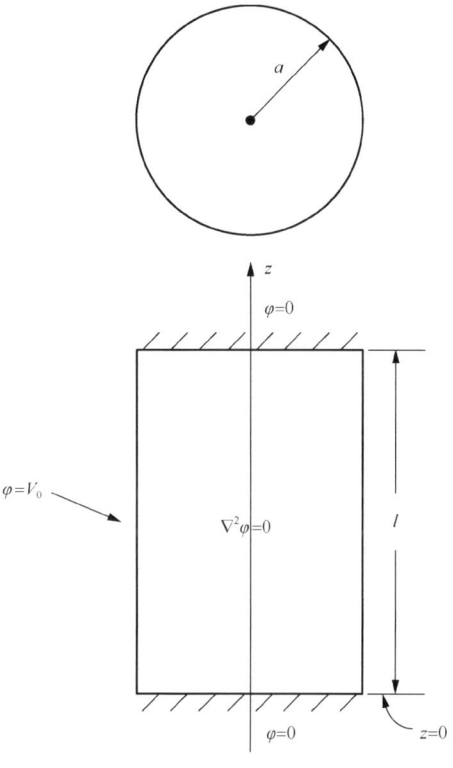

图 1.10.2 例 1.10.2 的几何形状

$$\varphi(\rho,z)=\sum_{n=1,3,5,\cdots}^{\infty}\frac{4V_0}{n\pi}\frac{I_0\left(\dfrac{n\pi\rho}{l}\right)}{I_0\left(\dfrac{n\pi a}{l}\right)}\sin\frac{n\pi z}{l}$$

由 1.9 节和 1.10 节可以看出，应用分离变量法时，一般可把通解写成含有无限多个待定系数的某些函数项的乘积之和。其中，选择坐标系是一个很关键的步骤，应根据所给定的边界形状确定。而通解中的函数项和待定系数则由给定的边界条件所决定。当问题的区域延伸至无限远处或包含坐标原点时，还应观察在无限远处或在坐标原点处的场是否有定值。

1.11 傅里叶级数收敛性改进方法

在实际应用中，由于给定问题中的固有解析奇异性，傅里叶级数的收敛极为缓慢，由此导致这样的级数在进行近似计算时的实用性不高。因此，剔除掉奇异

性就是一种改进收敛性的有效方法。下面通过一个例子来说明如何通过剔除掉奇异性的方法来改进傅里叶级数的收敛性。

例 1.11.1　$f(x)$ 用下面级数表示：

$$f(x) = \sum_{n=1}^{\infty} \frac{n\sin\frac{n\pi}{2}}{n^2-1} \cos nx \quad (0 \leqslant x \leqslant \pi) \tag{1.11.1}$$

解　如果把如下关系式：

$$\frac{n}{n^2-1} = \frac{1}{n} + \frac{1}{n(n^2-1)} \tag{1.11.2}$$

代入级数式(1.11.1)中，可以将 $f(x)$ 表示为

$$\begin{aligned}
f(x) &= \sum_{n=1}^{\infty} \frac{\sin\frac{n\pi}{2}}{n} \cos nx + \sum_{n=1}^{\infty} \frac{\sin\frac{n\pi}{2}}{n(n^2-1)} \cos nx \\
&= \sum_{n=1}^{\infty} \frac{\sin n\left(x+\frac{\pi}{2}\right) - \sin n\left(x-\frac{\pi}{2}\right)}{2n} + \sum_{n=1}^{\infty} \frac{\sin\frac{n\pi}{2}}{n(n^2-1)} \cos nx \\
&= \frac{1}{2}\left[\sigma_0\left(x+\frac{\pi}{2}\right) - \sigma_0\left(x-\frac{\pi}{2}\right)\right] + \sum_{n=1}^{\infty} \frac{\sin\frac{n\pi}{2}}{n(n^2-1)} \cos nx
\end{aligned} \tag{1.11.3}$$

式中

$$\sigma_0(x) = \sum_{n=1}^{\infty} \frac{\sin nx}{n} = \begin{cases} -\dfrac{\pi}{2} - \dfrac{x}{2} & (-\pi \leqslant x < 0) \\ \dfrac{\pi}{2} - \dfrac{x}{2} & (0 < x \leqslant \pi) \\ 0 & (x = 0) \end{cases} \tag{1.11.4}$$

容易看出，式(1.11.3)右边最后一项的级数 $\sum_{n=1}^{\infty} \dfrac{\sin\frac{n\pi}{2}}{n(n^2-1)} \cos nx$ 比原来的级数 $\sum_{n=1}^{\infty} \dfrac{n\sin\frac{n\pi}{2}}{n^2-1} \cos nx$ 收敛得快，对于加速计算函数 $f(x)$ 的值很有益处。

进一步地,如果把如下关系式:

$$\frac{n}{n^2-1} = \frac{1}{n} + \frac{1}{n^3} + \frac{1}{n^5-n^3} \tag{1.11.5}$$

代入级数式(1.11.1)中,可以将 $f(x)$ 表示为

$$\begin{aligned}f(x) &= \sum_{n=1}^{\infty}\frac{\sin\frac{n\pi}{2}}{n}\cos nx + \sum_{n=1}^{\infty}\frac{\sin\frac{n\pi}{2}}{n^3}\cos nx + \sum_{n=1}^{\infty}\frac{\sin\frac{n\pi}{2}}{n^3(n^2-1)}\cos nx \\ &= \sum_{n=1}^{\infty}\frac{\sin n\left(x+\frac{\pi}{2}\right)-\sin n\left(x-\frac{\pi}{2}\right)}{2n} + \sum_{n=1}^{\infty}\frac{\sin n\left(x+\frac{\pi}{2}\right)-\sin n\left(x-\frac{\pi}{2}\right)}{2n^3} + \sum_{n=1}^{\infty}\frac{\sin\frac{n\pi}{2}}{n^3(n^2-1)}\cos nx \\ &= \frac{1}{2}\left[\sigma_0\left(x+\frac{\pi}{2}\right)-\sigma_0\left(x-\frac{\pi}{2}\right)\right] - \frac{1}{2}\left[\sigma_2\left(x+\frac{\pi}{2}\right)-\sigma_2\left(x-\frac{\pi}{2}\right)\right] + \sum_{n=1}^{\infty}\frac{\sin\frac{n\pi}{2}}{n^3(n^2-1)}\cos nx\end{aligned}$$
(1.11.6)

式中,$\sigma_0(x)$ 仍然由式(1.11.4)给出,而 $\sigma_2(x)$ 为

$$\sigma_2(x) = -\sum_{n=1}^{\infty}\frac{\sin nx}{n^3} = \frac{3\pi x^2 - 2\pi^2 x - x^3}{12} \quad (-\pi \leqslant x \leqslant \pi) \tag{1.11.7}$$

容易看出,式(1.11.6)右边最后一项的级数 $\sum_{n=1}^{\infty}\frac{\sin\frac{n\pi}{2}}{n^3(n^2-1)}\cos nx$ 比式(1.11.3)右边最后一项的级数 $\sum_{n=1}^{\infty}\frac{\sin\frac{n\pi}{2}}{n(n^2-1)}\cos nx$ 收敛得更快,可以实际地用来计算函数 $f(x)$ 的值。

从上面例子中可以看出,这种处理方法的实质是从所给函数中抽出不连续的部分。显然,函数 $\sigma_0(x)$ 在 $[-\pi,\pi]$ 中除点 $x=0$ 处都是连续的,在 $x=0$ 处发生了"跃变" π,即 $\sigma_0(0_+)-\sigma_0(0_-)=\pi$。函数 $\sigma_2(x)$ 本身和其一阶导数在 $[-\pi,\pi]$ 中都是连续的,而其二阶导数在 $[-\pi,\pi]$ 中除点 $x=0$ 处都是连续的,在 $x=0$ 处发生了"跃变" π,即 $\sigma_2''(0_+)-\sigma_2''(0_-)=\pi$。这一结果说明,利用函数 $\sigma_0(x)$ 和 $\sigma_2(x)$ 可以将不连续的部分从所给函数中抽出,使得所给傅里叶级数变为收敛较快的级数。

实际上,若函数 $f(x)$ 是不连续的,它的傅里叶级数的系数是 $\frac{1}{n}$ 形式。若函数

$f(x)$ 是连续的,但它的一阶导数是不连续的,它的傅里叶级数的系数是 $\frac{1}{n^2}$ 形式。可以推广证明,如果一个周期函数的 $p-1$ 阶导数是连续的,而它的 p 阶导数是不连续的,则它的傅里叶级数的系数将是 $\frac{1}{n^{p+1}}$ 阶的。如果能记住傅里叶级数的系数的这种性质,将会对改进傅里叶级数的收敛性有很大的帮助。

作下列具有简单不连续性的函数系列 $\sigma_0(x)$,$\sigma_1(x)$,$\sigma_2(x)$,…,对于应用剔除掉奇异性的方法来改进傅里叶级数的收敛性非常有用。

(1)

$$\sigma_0(x) = \sum_{n=1}^{\infty} \frac{\sin nx}{n} = \begin{cases} -\frac{\pi}{2} - \frac{x}{2} & (-\pi \leqslant x < 0) \\ \frac{\pi}{2} - \frac{x}{2} & (0 < x \leqslant \pi) \\ 0 & (x = 0) \end{cases}$$

注意到,这个函数在 $[-\pi, \pi]$ 中除了点 $x=0$ 外都是连续的,在 $x=0$ 处发生了"跳跃" π:$\sigma_0(0_+) - \sigma_0(0_-) = \pi$。

(2)

$$\sigma_1(x) = \int_0^x \sigma_0(x) \mathrm{d}x - \frac{\pi^2}{6} = -\sum_{n=1}^{\infty} \frac{\cos nx}{n^2} = \begin{cases} \frac{\pi^2}{12} - \frac{(\pi+x)^2}{4} & (-\pi \leqslant x \leqslant 0) \\ \frac{\pi^2}{12} - \frac{(\pi-x)^2}{4} & (0 \leqslant x \leqslant \pi) \end{cases} \quad (1.11.8)$$

这个函数的导数 $\sigma_1'(x)$ 除去点 $x=0$ 外都是连续的,在 $x=0$ 处的"跳跃"为 π,即 $\sigma_1'(0_+) - \sigma_1'(0_-) = \pi$。

(3)

$$\sigma_2(x) = -\sum_{n=1}^{\infty} \frac{\sin nx}{n^3} = \frac{3\pi x^2 - 2\pi^2 x - x^3}{12} \quad (-\pi \leqslant x \leqslant \pi)$$

对于此函数,有 $\sigma_1''(0_+) - \sigma_1''(0_-) = \pi$。

仿照上述过程,可以依次同样定义 $\sigma_s(x)$。

对于更一般的傅里叶级数收敛性改进方法,有兴趣的读者可以参看加藤敏夫等著的《微分方程的近似解法》一书。

例 1.11.2 考虑椭圆形线性微分方程边值问题：

$$L[u(x,y)] = 0 \quad (\text{在 } D \text{ 区域内}) \tag{1.11.9}$$

$$u(x,y) = f(s) \quad (\text{在边界 } \Gamma \text{ 上}) \tag{1.11.10}$$

解 根据分离变量方法，设 $u_k(x,y)$ 为满足 $L[u_k(x,y)] = 0$ 的函数，那么该边值问题的解可以表示成如下无穷级数：

$$u(x,y) = \sum_{k=1}^{\infty} c_k u_k(x,y) \tag{1.11.11}$$

式中，各个系数 c_k 由边界条件式(1.11.10)所决定。如果 $f(s)$ 有奇异性，那么级数将收敛得比较慢。但是，如果剔除掉 $f(s)$ 的奇异性，就可以得到收敛速度较快的级数。

设函数 $f_0(s)$ 是与所给函数 $f(s)$ 有同一奇异性的函数，同时取

$$u_1(x,y) = u(x,y) - u_0(x,y) \tag{1.11.12}$$

现在，首先求满足如下椭圆形线性微分方程边值问题的解函数 $u_0(x,y)$：

$$L[u_0(x,y)] = 0 \quad (\text{在 } D \text{ 区域内}) \tag{1.11.13}$$

$$u_0(x,y) = f_0(s) \quad (\text{在边界 } \Gamma \text{ 上}) \tag{1.11.14}$$

然后，再解如下椭圆形线性微分方程边值问题：

$$L[u_1(x,y)] = 0 \quad (\text{在 } D \text{ 区域内}) \tag{1.11.15}$$

$$u_1(x,y) = f_1(s) = f(s) - f_0(s) \quad (\text{在边界 } \Gamma \text{ 上}) \tag{1.11.16}$$

由上面的假定知道，函数 $f_1(s)$ 没有奇异性，所以用级数求 $u_1(x,y)$ 就能很快收敛。

函数 $u_0(x,y)$ 一般可如下求得。例如，$f(s)$ 在 $s = s_1$ 的点 M_1 处有 σ 跳跃：

$$f(s+0) - f(s-0) = \sigma \tag{1.11.17}$$

此时，让一个形状尽可能简单的区域 D_0 含 D 于其内部，并且它的边界 Γ_0 只在点 M_1 附近才和 Γ 的周界一致，即 Γ_0 和 Γ 仅在点 M_1 处有共用切线。对于这个区域 D_0，边界值 $f_0(s)$ 在 M_1 处有"跃变" σ，以 $f_0(s)$ 作为边界条件来解 $L[u(x,y)] = 0$。

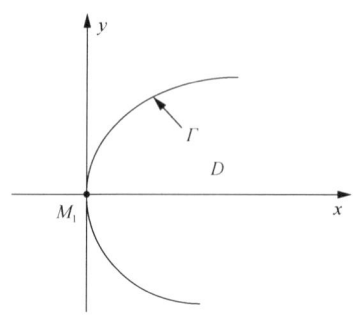

图 1.11.1 周界 Γ 在点 M_1 外的切线

如果把所求得的解选取为 $u_0(x,y)$，那么就可以剔除掉在 M_1 处的"跃变"。

例如，当 $L[u(x,y)] = \nabla^2 u(x,y)$ 时，如果除去一点外到处正则，那么很容易通过观察得到奇异解 $u_0(x,y)$。设周界 Γ 在点 M_1 处有切线，在 M_1 点的近旁 Γ 落在切线的一侧，取点 M_1 为坐标原点，且取 y 轴为切线，x 轴的正向取 D 所在的一侧，如图 1.11.1 所示。此时，如式 (1.11.18) 所给出的函数就是在除原点以外而到处正则的调和函数。

$$u_0(x,y) = \frac{\sigma}{\pi}\arctan\frac{y}{x} \tag{1.11.18}$$

当动点 $P(x,y)$ 沿着 Γ 趋于点 M_1 时，$u_0(x,y)$ 有"跃变"σ，即

$$u_0(x,0_+) - u_0(x,0_-) = \frac{\sigma}{\pi}\arctan(+\infty) - \frac{\sigma}{\pi}\arctan(-\infty) = \frac{\sigma}{2} - \left(-\frac{\sigma}{2}\right) = \sigma \tag{1.11.19}$$

同样，对于导数具有 σ 跳跃的函数，可采用如下函数：

$$u_0(x,y) = -\frac{\sigma}{\pi}\left[x\left(\ln\sqrt{x^2+y^2}-1\right) - y\arctan\frac{y}{x}\right] \tag{1.11.20}$$

第 2 章 饱和对涡流的影响

对于磁性导体来说，磁饱和现象与磁滞现象是同时存在的。如果要综合地考虑磁饱和与磁滞这两种现象，将使涡流分析变得非常困难。一般来说，都是把磁饱和与磁滞分开加以分析的。当只考虑饱和时，早在1923年就有人提出了一种最简单的处理方法[4]，就是采用阶跃函数来表示磁化曲线。特别是20世纪50年代，这种方法在研究正弦磁场作用于薄导体板和厚导体板问题时得到了广泛的应用[2]。本章将介绍磁化曲线阶跃函数描述法及其在分析饱和对涡流影响中的应用。

2.1 阶跃函数逼近

虽然磁饱和与磁滞在铁磁材料中是同时出现的，但是饱和对涡流有更为重要的影响。从理论上来说，应该对两者进行综合考虑，但是由于在数学上的困难性，通常把它们分开来研究。

在铁磁材料已饱和的情况下，最简单的方法是将铁磁材料的磁化曲线用一个阶跃函数代替，如图 2.1.1 所示，称之为阶跃函数法。早在 1923 年，Rosenberg 就提出了这一处理方法。1959 年，Agarwal 在研究薄导体平板和厚导体平板受到正弦变化的表面磁场作用时，应用了这种方法。

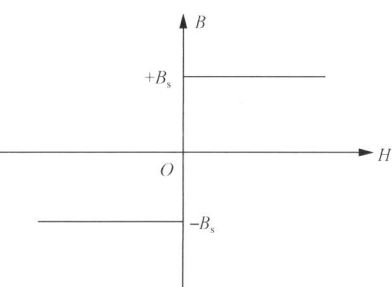

图 2.1.1 磁化曲线的阶跃函数表示

用阶跃函数表示的磁化曲线有两个特点[5]：一个是在 $H=0$ 时，B 可以具有在零与饱和磁密 $\pm B_s$ 之间的任何数值，这一数值取决于以前所残存的磁密；另一个是在 $H \neq 0$ 时，铁磁材料处于饱和状态，即 $|B|=B_s$。这两个特点意味着 B 的任何变化只能发生在 $H=0$ 的(空间)区域内，而任何 H 不为零的(空间)区域都处于饱和状态。这就是用阶跃函数法分析问题的主要依据。

2.2 半无限大铁磁性导电媒质

这里,将分析受到正弦变化的表面磁场作用的厚导体板。如图 2.2.1 所示,设有一正弦均匀平面波,穿过与波前面平行且为平面的铁磁材料表面 z=0,进入铁磁材料内部。为了简化分析,设铁磁材料占据了 xOy 平面以上的半空间,且在铁磁材料表面(z=0)外加一个指向 y 方向的切向磁场强度:

$$H_y(0,t) = H_m \sin \omega t \tag{2.2.1}$$

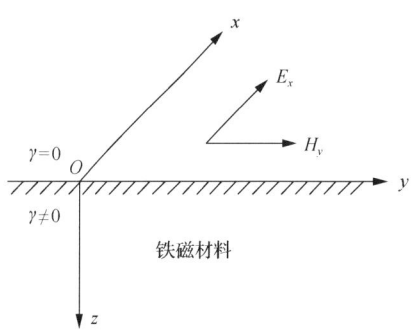

图 2.2.1 平面电磁波透入铁磁材料内部

值得注意,这一磁场的变化将产生 x 方向的电场,这样就形成沿 z 方向透入铁磁材料的平面电磁波,它以某一速度 v 透入铁磁材料的内部。由于磁化曲线是阶跃函数,在透入深度以内的 B 只能是 $+B_s$ 或 $-B_s$。换句话说,B 将是振幅为 B_s 的时间矩形周期波[5]。

设 $H_y(0,t)$ 通过正半周波,那么在正半周波期间,平面波的影响将从表面逐步向内部推进,使 B 从 $-B_s$ 变为 $+B_s$,如图 2.2.2 所示。设在某一时刻 t,波前到达 $z = z_1$,即电磁波透入至深度 z_1。如果注意到图 2.2.2,可知这个波使得从表面 z=0 到 $z=z_1$ 整个段落上的 B 为 $+B_s$,而在从 $z=z_1$ 到 z=d 整个段落上的 B 保持着前一个负半周波的 $-B_s$。在经过时间 Δt 以后,波移动 $\Delta z = v \Delta t$,v 是波前移动速度。因 B 是 y 方向的,则在 Δt 时间以内,在 x 轴方向上的单位长度从表面 z=0 到 $z=z_1$ 的铁磁材料所交链的磁通增量为

$$\Delta \Phi_m = 2B_s \Delta z = 2B_s v \Delta t$$

而 z_1 到 d 之间的铁磁材料所交链的磁通未变。因此,只有在表面 z=0 至 $z=z_1$ 之间存在着均匀电场 E_x 和电流密度 J_x,它们各为

$$E_x = \lim_{\Delta t \to 0} \frac{\Delta \Phi_m}{\Delta t} = 2B_s \frac{dz}{dt} = 2B_s v \tag{2.2.2}$$

$$J_x = \gamma E_x = 2B_s \gamma \frac{dz_1}{dt} = 2B_s \gamma v \tag{2.2.3}$$

其他各深度内的电场 E_x 和电流密度 J_x 均为零。

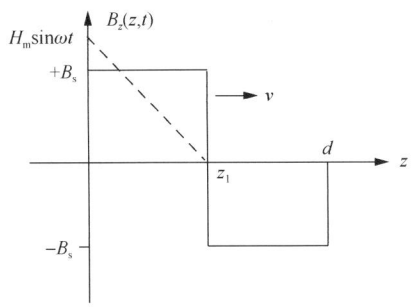

图 2.2.2 平面电磁波在铁磁材料内表面附近的透入

d 称为透入深度，在大于 d 的媒质内没有磁场。不难求出，$d = \Phi_m / B_s$，
Φ_m 为沿 x 方向单位宽度磁通最大值

上述分析结果说明，在波前面($z>z_1$)以外各处的电场必须等于零；而在波前面($z<z_1$)以内各点的电场 E_x 均为 $2B_s v$，即 E_x 一旦建立，便与它在波前面的后面什么位置无关，这是因为直到下半个周波到来之前，磁感应强度 B 总是常数。

磁场强度 H_y 在波前平面上为零，在其他各处应满足 $\nabla \times \boldsymbol{H} = \boldsymbol{J}$ 的关系，以及 $\nabla \times \boldsymbol{E} = -\dfrac{\partial \boldsymbol{B}}{\partial t}$。因为 $\boldsymbol{H}$ 只有 y 分量且是 z 和 t 的函数，$\boldsymbol{B}$ 只有 y 分量，$\boldsymbol{E}$ 只有 x 分量也是 z 和 t 的函数，所以有

$$\frac{\partial E_x}{\partial z} = -\frac{\partial B_y}{\partial t} \tag{2.2.4}$$

$$\frac{\partial H_y}{\partial z} = -J_x = -\gamma E_x \tag{2.2.5}$$

由于在 $0<z<z_1$ 内，B 为常数 B_s，不难由式(2.2.4)看出，$\dfrac{\partial E_x}{\partial y} = 0$（在 $0<z<z_1$ 内），即电场 E_x 和电流密度 J_x 都不是 z 的函数，它们仅是时间 t 的函数。因此，由式(2.2.5)得

$$H_y(z,t) = -J_x(t)z + C \tag{2.2.6}$$

在 $z=z_1$ 的波前面处，$H_y(z_1,t)=0$，得

$$C = J_x(t)z_1$$

于是

$$H_y(z,t) = (z_1 - z)J_x(t) \tag{2.2.7}$$

可以看出，H_y 是 z 的线性函数，如图 2.2.2 中虚线所示。

在表面 $z=0$ 处，任何瞬时都有

$$H_y(0,t) = H_m \sin\omega t = z_1 J_x(t)$$

由此得到

$$J_x(t) = \frac{1}{z_1} H_m \sin\omega t \tag{2.2.8}$$

将式(2.2.8)代入式(2.2.7)中，于是有

$$H_y(z,t) = \frac{z_1 - z}{z_1} H_m \sin\omega t \tag{2.2.9}$$

另外，考虑到式(2.2.3)和式(2.2.8)，联立之，可得

$$2B_s\gamma \frac{dz_1}{dt} = \frac{1}{z_1} H_m \sin\omega t \tag{2.2.10}$$

解这个常微分方程，得到

$$z_1^2 = \frac{H_m}{\omega B_s \gamma}(C - \cos\omega t)$$

如果 $t=0$，波前面在 $z_1=0$ 处，则 $C=1$。因此，

$$z_1 = \sqrt{\frac{2H_m}{\omega \gamma B_s}} \sin\frac{\omega t}{2} = z_{\max} \sin\frac{\omega t}{2} \tag{2.2.11}$$

显然，在 $t=T/2$ 时，波前面离开铁磁材料表面最远，此时波的透入深度为

$$d = z_{\max} = \sqrt{\frac{2H_m}{\omega \gamma B_s}} \tag{2.2.12}$$

而在铁磁材料表面处，磁场 $H(0, T/2)=0$。如果 μ 为常数，式(2.2.12)与平面波在导电媒质中的透入深度表达式完全一样。不过两者的定义不同，这里的透入深度是磁化曲线为阶跃函数时电磁场透入铁磁材料内部的深度，在 $z>d$ 的深度内将没有电磁场存在[5]。

电磁场在铁磁材料内前进的波速为

$$v = \frac{dz_1}{dt} = \frac{\omega z_{\max}}{2} \cos\frac{\omega t}{2} \tag{2.2.13}$$

在 $t=T/2$ 时,不难由式(2.2.13),得到

$$v=0 \tag{2.2.14}$$

这一结果说明,波不再向 $z>d$ 的铁磁材料内部透入。这是因为当 $t>T/2$ 时,即在 $z=0$ 处的表面磁场为负半周波期间,波前面将从铁磁材料表面重新透入其内部,也就是开始负半周波的透入过程,所以电磁波不可能透入到大于 $d=z_{\max}$ 的深度内。

在磁场为负半周波期间,由于式(2.2.1)的符号将变反,于是式(2.2.11)和式(2.2.13)分别变为

$$z_1 = \sqrt{\frac{2H_m}{\omega\gamma B_s}}\cos\frac{\omega t}{2} = z_{\max}\cos\frac{\omega t}{2} \tag{2.2.15}$$

$$v = \frac{\omega z_{\max}}{2}\sin\frac{\omega t}{2} \tag{2.2.16}$$

考虑到式(2.2.3)、式(2.2.11)和式(2.2.13),从 $t=0$ 到 $t=\pi/\omega$ 半周波内,单位表面上涡流损耗的时间平均值等于(注意在深度 d 的范围以内电流密度是均匀的)[6]

$$P = \frac{2}{T}\int_0^{T/2}\frac{J_x^2(t)}{\gamma}z_1\mathrm{d}t = \frac{\omega}{\pi\gamma}\int_0^{\pi/\omega}4B_s^2\gamma^2\frac{\omega^2}{4}d^2\cos^2\frac{\omega t}{2}\times d\sin\frac{\omega t}{2}\mathrm{d}t$$

$$= \frac{4}{3\pi}\omega dB_s H_m = \frac{16}{3\pi}\frac{H_m^2}{2\gamma d} = \frac{1.7}{2\gamma d}H_m^2 \tag{2.2.17}$$

因此,在磁饱和占优势的强磁场中,如果把基本磁化曲线看成是矩形(图2.1.1),则涡流损耗为磁导率恒定的磁化曲线时涡流损耗的 1.7 倍。这个平均涡流损耗值要比实测数值高,其原因之一是,B 的饱和值 B_s 选得偏高(在一般情况下,当磁导率随磁场强度变化时,饱和或者没有达到饱和,或者在反复磁化时不是唯一过程),一般可以乘以一个修正因子 0.8,即将式(2.2.17)改成

$$P = \frac{1.35}{2\gamma d}H_m^2 \tag{2.2.18}$$

进行大概的计算。在实际中,已经证明为正确的"诺登比尔格公式"给出的系数为 1.33,接近于 1.35[6]。这个公式的结论没有理论证明,因为它是根据某些人为的假设得到的:

(1)从表面到一定的深度内,铁磁材料中的磁感应强度为常数。然而,在这个深度之外的磁感应强度实际上立刻降为零。

(2) 在同一段内，涡流密度按线性减小，并且在磁感应强度消失的深度上变为零。

(3) 电流密度和磁感应强度同相位。

现在，我们再来看电场强度的波形和电流密度的波形。由式(2.2.2)和式(2.2.3)可见，它们都为矩形，但是它们的高度不是常数，而是随速度 v 变化。在波的前沿处($z>z_1$)，没有电场也没有涡流，因为在那里磁通量不变化。对于在一个给定深度 z 处，可以这样来确定电流密度与时间 t 的函数关系。在表面磁场的任一正半周波期间，直到波前面经过时间 τ 而移至深度 z 之前，J_x 始终为零。τ 可以由式(2.2.11)算出[1]，即

$$\tau = \frac{2}{\omega}\arcsin\frac{z}{z_{\max}} \tag{2.2.19}$$

于是，电流密度可由式(2.2.3)和式(2.2.13)解出。例如，在整个第一个周波内，电流密度为

$$\begin{cases} J_x = 0 & (0 \leqslant t < \tau) \\ J_x = \omega\gamma dB_s\cos\dfrac{\omega t}{2} & \left(\tau \leqslant t < \dfrac{\pi}{\omega}\right) \\ J_x = 0 & \left(\dfrac{\pi}{\omega} \leqslant t < \dfrac{\pi}{\omega}+\tau\right) \\ J_x = -\omega\gamma dB_s\sin\dfrac{\omega t}{2} & \left(\dfrac{\pi}{\omega}+\tau \leqslant t < \dfrac{2\pi}{\omega}\right) \end{cases} \tag{2.2.20}$$

由于波前面总是移向铁磁材料内部，所以在负半周波期间，电流密度应该是负值。图 2.2.3 为表面处的 H_y、J_x 的曲线，并用 z_1/d 来表示波前面的位置[1]。

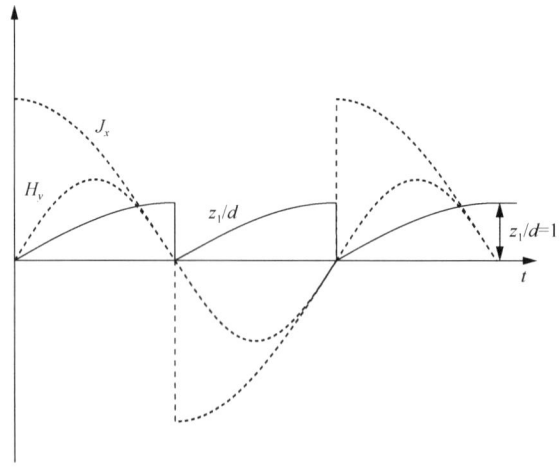

图 2.2.3　饱和铁磁材料表面处的磁场强度和电流密度[1]

对式(2.2.20)进行傅里叶级数展开,从波形的对称性可知,只存在奇次谐波,即有

$$J_x = \omega\gamma dB_s \sum_{n=1,3,5}^{\infty} (A_n \cos n\omega t + B_n \sin n\omega t) \tag{2.2.21}$$

式中,A_n 和 B_n 分别为

$$A_n = \frac{2}{\pi}\left\{\frac{1}{2n-1}\left[1-\sin(2n-1)\frac{\omega\tau}{2}\right]-\frac{1}{2n+1}\left[1+\sin(2n+1)\frac{\omega\tau}{2}\right]\right\} \tag{2.2.22}$$

和

$$B_n = \frac{2}{\pi}\left[\frac{1}{2n-1}\cos(2n-1)\frac{\omega\tau}{2}+\frac{1}{2n+1}\cos(2n+1)\frac{\omega\tau}{2}\right] \tag{2.2.23}$$

式中,n 为奇数;τ 可由式(2.2.19)算出[1]。

在铁磁材料表面处,$\tau=0$,取式(2.2.21)的基波 $n=1$,得 $A_n=4/3\pi$ 和 $B_n=8/3\pi$。因此,有

$$\begin{aligned} J_x(0,t) &\doteq \omega\gamma dB_s\left(\frac{4}{3\pi}\cos\omega t + \frac{8}{3\pi}\sin\omega t\right) \\ &= \frac{4\omega\gamma d}{3\pi}B_s(\cos\omega t + 2\sin\omega t) \\ &= \frac{8H_m}{3\pi d}(\cos\omega t + 2\sin\omega t) = \frac{8H_m}{3\pi d}\sqrt{5}\sin\left(\omega t + \arctan\frac{1}{2}\right) \end{aligned} \tag{2.2.24}$$

相应地,在铁磁材料表面处,电场强度的基波为

$$E_x(0,t) \doteq \frac{J_x(0,t)}{\gamma} = \frac{8H_m}{3\pi\gamma d}\sqrt{5}\sin\left(\omega t + \arctan\frac{1}{2}\right) \tag{2.2.25}$$

写成复数形式

$$\dot{E}_x(z=0) \doteq \sqrt{5}\frac{8H_m}{3\pi\gamma d}e^{j\arctan\left(\frac{1}{2}\right)} = \frac{8H_m}{3\pi\gamma d}(2+j) \tag{2.2.26}$$

因此,铁磁材料的表面阻抗为

$$Z_0 = \left.\frac{\dot{E}_x}{\dot{H}_y}\right|_{z=0} = \frac{8}{3\pi\gamma d}(2+j) \tag{2.2.27}$$

下面我们给出几点讨论[1]。

1) 线性模型与阶跃函数法比较

在线性模型中，随着离开表面距离的增大，磁场和电流密度的大小都按指数规律下降。随着深度的增加，它们滞后于其表面值的角度都线性地增大；在给定深度处，J_x 总是以 45°角超前于 H_y。为了便于与阶跃函数法的结果相比较，这里写出应用线性模型得到的 J_x 的表达式，即

$$J_x = \frac{\sqrt{2}H_m}{d} e^{-\frac{z}{d}} \sin(\omega t + \phi) \qquad (2.2.28)$$

式中，$\tan\phi = \left(\cos\frac{z}{d} + \sin\frac{z}{d}\right) \Big/ \left(\cos\frac{z}{d} - \sin\frac{z}{d}\right)$。现在，比较式(2.2.28)和式(2.2.24)，可以看出，用阶跃函数表示磁化曲线时，电流的基波分量要比用线性表示时的电流密度大34%，但表面电流密度超前于表面磁场的角度不是45°，而仅是26.6°。即在阶跃函数法模型中，J_x 不仅在数量上大于线性情况下的 J_x，而且 J_x 和 H_y 更接近于同相位。因此，在同样外加表面磁场的条件下，用阶跃函数表示时的涡流损耗大于线性情况下的涡流损耗。这就是用式(2.2.17)算出的损耗比用线性模型 $P = H_s^2/2\gamma d$ 算出的高出 70%的原因。应该注意到，当我们不得不用线性磁化曲线得出的结果 $P = H_s^2/2\gamma d$ 去预测涡流损耗时，最好选用 $\mu = B_s/H_m$。这样，集肤深度 d 就等于阶跃函数法中的透入深度 $d=z_{max}$。

2) 饱和磁感应强度 B_s 的确定

如果已经给定 H_m，则很容易地从实测得到的磁化曲线查出相应的 B_s。但是，如果给定总磁通量，则一开始并不知道 H_m，于是将难以确定一个恰当的 B_s 值。这是一个尚未解决的问题。

应用阶跃函数法的另一个困难是，虽然在表面内附近铁磁材料可能达到饱和，用阶跃函数来表示磁化曲线是一种合理的近似，但是涡流将阻止内部区域发生饱和。正是因为这一点，Agarwal 建议采用一个其值等于饱和磁感应强度 B_s 的 75%的磁感应强度 B_A，由此求得的涡流损耗值与实测值极其接近。

2.3 铁磁性圆柱导体[5]

当只考虑磁饱和时，采用阶跃函数表示磁化曲线的方法，来计算铁磁性圆柱导体的涡流损耗和有效电阻。对于铁磁性圆柱导体的情况，其中的波前面(即 $H=0$ 的柱面，且 H 只有圆周方向的分量)将沿半径减小的方向透入圆柱体内部。这样，可以将圆柱截面分为磁感应强度分别为$+B_s$和$-B_s$的两个环形区域。

当波前面在某一时刻 t 到达半径为 r_1 的圆柱面时，设从半径为 R 的圆柱表面

到半径为 r_1 柱面的区域内 B_s 为负值，则在 $0<r<r_1$ 柱形区域内 B_s 为正值。在后一区域内，如果沿轴向方向单位长度取一侧面积元 $\mathrm{d}S$，其内半径为 $r(r<r_1)$ 和外半径为 R，则与 $\mathrm{d}S$ 交链的磁通为

$$\Phi_\mathrm{m}(t) = B_s(r_1-r) - B_s(R-r_1)$$

经过一段时间 Δt 后，波前面将到达半径为 $r_1 - \Delta r_1$ 的柱面，那么与 $\mathrm{d}S$ 交链的磁通则变为

$$\Phi_\mathrm{m}(t+\Delta t) = B_s(r_1-\Delta r_1-r) - B_s(R-r_1+\Delta r_1)$$

当 $\Delta t \to \mathrm{d}t$，$\Delta r_1 \to \mathrm{d}r_1$ 时，

$$\frac{\mathrm{d}\Phi_\mathrm{m}(t)}{\mathrm{d}t} = -2B_s \frac{\mathrm{d}r_1}{\mathrm{d}t} \tag{2.3.1}$$

在面元 $\mathrm{d}S$ 中所感应的电场强度为

$$E_z = 2B_s \frac{\mathrm{d}r_1}{\mathrm{d}t}$$

可以看出，E_z 与 $\mathrm{d}S$ 的位置无关，因此在 $0<r<r_1$ 以内电场是均匀的，但没有电流存在，可见外电场的场强为

$$E_\mathrm{e} = -2B_s \frac{\mathrm{d}r_1}{\mathrm{d}t}$$

在 $r_1<r<R$ 区域内，由于磁通没有变化，所以感应电场为零，这样只有外加电场产生电流，其电流密度为

$$J = -2B_s \gamma \frac{\mathrm{d}r_1}{\mathrm{d}t} \tag{2.3.2}$$

总电流为

$$i = \pi(R^2-r_1^2)J = 2B_s\gamma\pi(r_1^2-R^2)\frac{\mathrm{d}r_1}{\mathrm{d}t}$$

由此得到

$$\int_0^t i\,\mathrm{d}t = \int_R^{r_1} 2B_s\gamma\pi(r_1^2-R^2)\mathrm{d}r_1$$

设 $i = I_\mathrm{m}\sin\omega t$，得到

$$\frac{I_\mathrm{m}}{\omega}(1-\cos\omega t) = \frac{2}{3}B_\mathrm{s}\gamma\pi(r_1^3 - 3R^2 r_1 + 2R^3) \tag{2.3.3}$$

当 $\omega t=\pi$ 时，r_1 达到最大值 $r_{1\mathrm{m}}$，因此透入深度为

$$d = R - r_{1\mathrm{m}}$$

式(2.3.3)可写成

$$\frac{2I_\mathrm{m}}{\omega} = \frac{2}{3}B_\mathrm{s}\gamma\pi(R-r_{1\mathrm{m}})^2(2R + r_{1\mathrm{m}}) \tag{2.3.4}$$

当集肤效应很强烈时，可以认为 $d \ll R$，则从式(2.3.4)得到透入深度

$$d \approx \sqrt{\frac{I_\mathrm{m}}{\pi R\omega\gamma B_\mathrm{s}}} \tag{2.3.5}$$

这一结果表明，透入深度不仅是角频率 ω 的函数，也是电流的幅值 I_m 和圆柱体半径 R 的函数。透入深度与电流的幅值 I_m 有关，正是磁饱和所引起的结果。

在铁磁性圆柱体轴向单位长度上的涡流损耗为

$$P = \gamma E^2 \pi(R^2 - r_1^2) = \frac{i^2}{\pi\gamma(R^2 - r_1^2)} \tag{2.3.6}$$

设 $\delta = R - r_1 \ll R$，从式(2.3.3)，得到

$$\begin{aligned}\frac{I_\mathrm{m}}{\omega}(1-\cos\omega t) &= \frac{2}{3}B_\mathrm{s}\gamma\pi\left[(R-\delta)^3 - 3R^2(R-\delta) + 2R^3\right] \\ &= \frac{2}{3}B_\mathrm{s}\gamma\pi(3R-\delta)\delta^2 \approx 2B_\mathrm{s}\gamma\pi R\delta^2 \\ &= 2B_\mathrm{s}\gamma\pi R(R-r_1)^2\end{aligned}$$

即有

$$R - r_1 = \sqrt{\frac{I_\mathrm{m}(1-\cos\omega t)}{2B_\mathrm{s}\omega\gamma R}} \tag{2.3.7}$$

这样，式(2.3.6)可以近似写为

$$P = \frac{i^2}{\pi\gamma(R+r_1)(R-r_1)} \approx \frac{I_\mathrm{m}^2 \sin^2\omega t}{2\pi\gamma R(R-r_1)} \tag{2.3.8}$$

将式(2.3.7)代入式(2.3.8)中，得到

$$P = I_\mathrm{m}^{3/2}\sqrt{\frac{B_s\omega}{2R\pi\gamma}}\frac{\sin^2\omega t}{\sqrt{1-\cos\omega t}}$$

在半周期内，沿铁磁性圆柱体轴向单位长度上消耗的平均功率为

$$P_\mathrm{av} \doteq I_\mathrm{m}^{3/2}\sqrt{\frac{B_s\omega}{2\pi R\gamma}}\frac{1}{\pi}\int_0^\pi \frac{\sin^2\omega t}{\sqrt{1-\cos\omega t}}\mathrm{d}(\omega t)$$

$$= \frac{4\sqrt{2}}{3\pi}\sqrt{\frac{B_s\omega}{2\pi R\gamma}}I_\mathrm{m}^{3/2}$$

铁磁性圆柱体轴向单位长度的有效电阻为

$$R_\mathrm{e} \doteq \frac{P_\mathrm{av}}{\left(\dfrac{I_\mathrm{m}}{\sqrt{2}}\right)^2} = \frac{8}{3\pi\sqrt{I_\mathrm{m}}}\sqrt{\frac{B_s\omega}{\pi\gamma R}} \qquad (2.3.9)$$

第3章 瞬变涡流分析

本章介绍瞬变涡流问题及其解法，包括分离变量法和有限差分法。以几个实例来说明在直角坐标系、圆柱坐标系和球坐标系中一维、二维瞬变涡流问题的分离变量法应用的具体步骤。

3.1 电磁扩散过程

电工设备中大量使用铁磁材料，这样在同样的绕组和电流时可以获得比较大的磁通。这些铁磁材料又时常是导电材料，在磁通的建立过程中铁心中会产生涡流。涡流的磁场是趋向于抵消激励电流的作用，使铁磁材料内部的磁场不能迅速增加，只能逐步达到稳定值，场的透入有如热的传导或气体的扩散过程，需要一定的时间。也就是说，电磁场在导电媒质内部的建立(或消失)过程和电路中电流的建立(或消失)过程相仿，在到达稳定状态以前要经历一段过渡过程。一般情况下，过渡过程不明显，往往可以不考虑，但在某些条件下(如强磁场的建立和消失，脉冲磁场的施加等)必须考虑暂态作用[5]。

以上所述的暂态过程的分析，都要从求解导电媒质内电磁场的扩散方程(3.1.1)

$$\nabla^2 u - \mu\gamma \frac{\partial u}{\partial t} = 0 \tag{3.1.1}$$

入手。式中，变量 u 可以是电场强度 E、磁场强度 H、电流密度 J、矢量位 A 等。本节以一维电磁场扩散问题为例，讨论磁场的建立和消失过程。

例如，对于磁场强度 H，有

$$\nabla^2 H = \gamma\mu \frac{\partial H}{\partial t} = \frac{1}{\kappa} \frac{\partial H}{\partial t} \tag{3.1.2}$$

式中，$\kappa = 1/\mu\gamma$，为电磁扩散系数。铁磁物质可以看成电导率增大了 μ_r 倍的普通导体。由于电磁扩散系数越小，电磁场的透入深度就越小，所以同频率的时变电磁场进入铁磁物质的深度远小于进入具有相同电导率的普通导体的深度。

为了便于说明,这里先考虑直角坐标系中一维场的电磁扩散方程的解[5]。设 H 只有 z 方向分量且仅是 x 的函数，即 $H = H(x,t)e_z$，不难得到方程(3.1.2)的分离变量形式解为

$$H(x,t)=\sum_{n=0}^{\infty}\mathrm{e}^{-\kappa\alpha_n^2 t}(A_n\cos\alpha_n x+B_n\sin\alpha_n x) \tag{3.1.3}$$

如果场存在的区域为区间$(-l, l)$，则式(3.1.3)可以写成

$$H(x,t)=\sum_{n=0}^{\infty}\mathrm{e}^{-\kappa\left(\frac{n\pi}{l}\right)^2 t}\left(A_n\cos\frac{n\pi x}{l}+B_n\sin\frac{n\pi x}{l}\right) \tag{3.1.4}$$

一般说来，由于透入深度d很小，在$d\ll l$的情况下，区间$(-l, l)$可以看成是无限大的，于是$n\pi/l$将变成连续变量λ。这时，$H(x,t)$可以写成如下积分形式：

$$H(x,t)=\int_0^{\infty}\mathrm{e}^{-\kappa\lambda^2 t}[A(\lambda)\cos\lambda x+B(\lambda)\sin\lambda x]\mathrm{d}\lambda \tag{3.1.5}$$

设$H(x,0)$为$H(x,t)$的初值，且它满足$\int_{-\infty}^{\infty}H(x,0)\mathrm{d}x$为有限的绝对可积的条件，那么有

$$H(x,0)=\int_0^{\infty}[A(\lambda)\cos\lambda x+B(\lambda)\sin\lambda x]\mathrm{d}\lambda \tag{3.1.6}$$

另外，在区间$-\infty<x<\infty$内$H(x,0)$可写成如下傅里叶积分形式：

$$H(x,0)=\frac{1}{\pi}\int_0^{\infty}\int_{-\infty}^{\infty}H(x',0)(\cos\lambda x\cos\lambda x'+\sin\lambda x\sin\lambda x')\mathrm{d}x'\mathrm{d}\lambda$$

将上式与式(3.1.6)相比较，可以看出

$$A(\lambda)=\frac{1}{\pi}\int_{-\infty}^{\infty}H(x',0)\cos\lambda x'\mathrm{d}x'$$

$$B(\lambda)=\frac{1}{\pi}\int_{-\infty}^{\infty}H(x',0)\sin\lambda x'\mathrm{d}x'$$

将$A(\lambda)$和$B(\lambda)$代入式(3.1.5)中，得到

$$H(x,t)=\frac{1}{\pi}\int_{-\infty}^{\infty}H(x',0)\int_0^{\infty}\mathrm{e}^{-\kappa\lambda^2 t}\cos\lambda(x-x')\mathrm{d}\lambda\mathrm{d}x' \tag{3.1.7}$$

如果利用定积分公式

$$\int_0^{\infty}\mathrm{e}^{-k^2x^2}\cos bx\mathrm{d}x=\frac{\sqrt{\pi}}{2k}\mathrm{e}^{-b^2/4k^2} \quad (k>0)$$

那么，式(3.1.7)可写成

$$H(x,t)=\frac{1}{2\sqrt{\pi\kappa t}}\int_{-\infty}^{\infty}H(x',0)\,e^{-(x-x')^2/4\kappa t}\,dx' \tag{3.1.8}$$

这就是当媒质充满整个空间并满足 $t=0$ 时 $H=H(x,0)$ 的初始条件的解。

如果媒质只充满 $x>0$ 的右半平面，且在 $x=0$ 处 $H(0,t)=0$ 为边界条件，则可以设想在左半空间也充满了同样的媒质，使在 $x=-x'$ 处的 H 初始值为 $-H(x',0)$（$H(x',0)$ 为在 $x=x'$ 处的 H 初始值），这样就可以使 $x=0$ 平面上的 H 值恒为零。于是，式(3.1.8)可写为

$$H(x,t)=\frac{1}{2\sqrt{\pi\kappa t}}\left[\int_{-\infty}^{0}H(x',0)e^{-(x-x')^2/4\kappa t}dx'+\int_{0}^{\infty}H(x',0)e^{-(x-x')^2/4\kappa t}dx'\right]$$
$$=\frac{1}{2\sqrt{\pi\kappa t}}\int_{0}^{\infty}H(x',0)\left(e^{-(x-x')^2/4\kappa t}-e^{-(x+x')^2/4\kappa t}\right)dx' \tag{3.1.9}$$

应该注意到，式(3.1.9)是满足 $t=0$ 时 $H=H(x,0)$ 和 $x=0$ 处 $H(0,t)=0$ 的定解条件。利用式(3.1.9)可以求得满足下列两组重要的定解条件的解。

(1) 定解条件：$t=0$ 时，$H(x,0)=0$；$x=0$ 时，$H(0,t)=H_s=$ 常数。

如果使用 $H(x,0)=-H_s$ 求得 $H'(x,t)$，那么满足这个定解条件的 $H(x,t)$ 就为 $H'(x,t)$ 与 H_s 之和，即

$$H(x,t)=\frac{1}{2\sqrt{\pi\kappa t}}\int_{0}^{\infty}(-H_s)\left(e^{-(x-x')^2/4\kappa t}-e^{-(x+x')^2/4\kappa t}\right)dx'+H_s$$

令 $x'=x-2\beta_1\sqrt{\kappa t}$ 和 $x'=-x+2\beta_2\sqrt{\kappa t}$，上式可写为

$$H(x,t)=\frac{1}{\sqrt{\pi}}\int_{\frac{x}{2\sqrt{\kappa t}}}^{-\infty}H_s e^{-\beta_1^2}d\beta_1+\frac{1}{\sqrt{\pi}}\int_{\frac{x}{2\sqrt{\kappa t}}}^{\infty}H_s e^{-\beta_2^2}d\beta_2+H_s$$
$$=\frac{H_s}{2}\left(-1-\text{erf}\frac{x}{2\sqrt{\kappa t}}+1-\text{erf}\frac{x}{2\sqrt{\kappa t}}\right)+H_s$$
$$=H_s\left(1-\text{erf}\frac{x}{2\sqrt{\kappa t}}\right) \tag{3.1.10}$$

(2) 定解条件：$t=0$ 时，$H(x,0)=0$；$x=0$ 时，$H(0,t)=H(t)$。

由于 $x=0$ 时 $H(0,t)$ 是时间函数，以上所述的方法就不再适用。这时，我们先利用式(3.1.10)求得单位响应函数 $g(t)$，然后再利用杜阿密尔积分就能求得 $H(x,t)$。

由式(3.1.10)，有

$$g(t)=1-\operatorname{erf}\frac{x}{2\sqrt{\kappa t}}$$

$$\frac{\mathrm{d}g(t)}{\mathrm{d}t}=\frac{x}{2\sqrt{\pi\kappa t^3}}\mathrm{e}^{-x^2/4\kappa t}$$

杜阿密尔积分式为

$$\begin{aligned}H(x,t)&=\int_0^t H(\tau)\frac{\mathrm{d}}{\mathrm{d}t}g(x,t-\tau)\mathrm{d}\tau\\&=\frac{x}{2\sqrt{\pi\kappa}}\int_0^t H(\tau)\frac{\mathrm{e}^{-x^2/4\kappa(t-\tau)}}{(t-\tau)^{3/2}}\mathrm{d}\tau\end{aligned} \quad (3.1.11)$$

令 $\beta=\dfrac{x}{2\sqrt{\kappa(t-\tau)}}$,并将其代入式(3.1.11)中,得到

$$\begin{aligned}H(x,t)&=\frac{2}{\sqrt{\pi}}\int_{\frac{x}{2\sqrt{\kappa t}}}^{\infty}H\left(t-\frac{x^2}{4\kappa\beta^2}\right)\mathrm{e}^{-\beta^2}\mathrm{d}\beta\\&=\frac{2}{\sqrt{\pi}}\int_{0}^{\infty}H\left(t-\frac{x^2}{4\kappa\beta^2}\right)\mathrm{e}^{-\beta^2}\mathrm{d}\beta-\frac{2}{\sqrt{\pi}}\int_{0}^{\frac{x}{2\sqrt{\kappa t}}}H\left(t-\frac{x^2}{4\kappa\beta^2}\right)\mathrm{e}^{-\beta^2}\mathrm{d}\beta\end{aligned} \quad (3.1.12)$$

可以看出,式(3.1.12)中第一项为稳态场,它取决于界面上场强变化的规律;第二项为暂态场,它随时间而逐渐消失。

3.2 正弦变化磁场在半无限导体中的扩散

设导电媒质充满右半空间,其表面为 yOz 平面,$\boldsymbol{H}$ 仅有 z 向分量,边界条件为

$t<0$ 时,$H(0,t)=0$

$t\geqslant 0$ 时,$H(0,t)=H_0\sin\omega t$

现在,先求 H 的稳态解。不难从式(3.1.1)得到稳态解的形式

$$H_s(x,t)=A\mathrm{e}^{-\sqrt{\frac{\omega}{2\kappa}}x}\sin\left(\omega t-\sqrt{\frac{\omega}{2\kappa}}x\right)+B\mathrm{e}^{\sqrt{\frac{\omega}{2\kappa}}x}\sin\left(\omega t+\sqrt{\frac{\omega}{2\kappa}}x\right) \quad (3.2.1)$$

式中,A 和 B 都为常数。

当 $x\to\infty$ 时,由于 $H_s(x,t)$ 为有限值,所以应取 $B=0$。这样,有

$$H_s(x,t)=Ae^{-\sqrt{\frac{\omega}{2\kappa}}x}\sin\left(\omega t-\sqrt{\frac{\omega}{2\kappa}}x\right) \qquad (3.2.2)$$

利用当 $t \geqslant 0$ 时，在 $x=0$ 处 $H_s(0,t)=H_0\sin\omega t$ 的边界条件，得到

$$A=H_0$$

代入式(3.2.2)中，得到

$$H_s(x,t)=H_0 e^{-\sqrt{\frac{\omega}{2\kappa}}x}\sin\left(\omega t-\sqrt{\frac{\omega}{2\kappa}}x\right) \qquad (3.2.3)$$

上式表明，H 的稳态解是一个随 x 作指数衰减的正弦均匀平面波，其衰减常数 α、相位常数 β 和波速 v 分别为

$$\alpha=\sqrt{\frac{\omega}{2\kappa}}=\sqrt{\frac{\omega\mu\gamma}{2}},\ \beta=\sqrt{\frac{\omega}{2\kappa}}=\sqrt{\frac{\omega\mu\gamma}{2}},\ v=\frac{\omega}{\beta}=\sqrt{2k\omega} \qquad (3.2.4)$$

显然，其透入深度 d 为

$$d=\frac{1}{\alpha}=\sqrt{\frac{2}{\omega\mu\gamma}} \qquad (3.2.5)$$

另外，如果对式(3.1.12)中的稳态项

$$\frac{2}{\sqrt{\pi}}\int_0^\infty H_0\sin\left(\omega t-\frac{\omega x^2}{4\kappa\beta^2}\right)e^{-\beta^2}d\beta$$

进行积分运算，也可以得到与式(3.2.3)相同的结果。

在上面我们得到了稳态场的解，然而对于暂态场，可将式(3.1.11)进行分部积分，得到[5]

$$H(x,t)=H(0,t)-\int_0^t \text{erf}\frac{x}{2\sqrt{\kappa(t-\tau)}}\frac{\partial H(0,\tau)}{\partial \tau}d\tau \qquad (3.2.6)$$

最后，我们来讨论 H 的稳态解的应用。不难得到，稳态场的电场强度为

$$\boldsymbol{E}=\frac{1}{\gamma}\nabla\times\boldsymbol{H}=\boldsymbol{e}_y\frac{\sqrt{2}H_0}{\gamma}\sqrt{\frac{\omega}{2\kappa}}e^{-\sqrt{\frac{\omega}{2\kappa}}x}\sin\left(\omega t-\sqrt{\frac{\omega}{2\kappa}}x+\frac{\pi}{4}\right)$$

其复数形式可表示为

$$\dot{E}_y = \frac{H_0}{\gamma}\sqrt{\frac{\omega}{2\kappa}}\mathrm{e}^{\mathrm{j}\frac{\pi}{4}}\mathrm{e}^{-\sqrt{\frac{\omega}{2\kappa}}(1+\mathrm{j})x} \tag{3.2.7}$$

相应地,电流密度为

$$\dot{J}_y = H_0\sqrt{\frac{\omega}{2\kappa}}\mathrm{e}^{\mathrm{j}\frac{\pi}{4}}\mathrm{e}^{-\sqrt{\frac{\omega}{2\kappa}}(1+\mathrm{j})x} \tag{3.2.8}$$

透入半无限导体表面上单位面积的平均功率为

$$P_\mathrm{s} = \int_0^\infty \frac{|\dot{J}_y|^2}{\gamma}\mathrm{d}x = \sqrt{\frac{\kappa}{2\omega}}\gamma|\dot{E}_{y0}|^2 \tag{3.2.9}$$

利用式(3.2.9)可以计算电机定子铁心的表面损耗[5]。设 B 为定子表面磁感应强度,v 为磁场与定子相对速度,则

$$E_{y0} = Bv = Bznb$$

式中,z 为每极齿数;b 为齿距;n 为每秒转速。将上式代入式(3.2.9)中,得到定子铁心表面损耗为 $P = \frac{B^2 b^2 n^2 z^2}{2}\sqrt{\frac{\gamma}{\pi\mu f}}$。

下面计算半无限导体的阻抗[5]。如图 3.2.1 所示,虚线为 xOz 平面上所取的单位宽度的矩形回路 l,沿此回路 $\dot{H}$ 的线积分应等于穿过此矩形回路的电流 $\dot{I}$,即

$$\oint_l \dot{H}\cdot\mathrm{d}\boldsymbol{l} = H_0 = \dot{I}$$

沿导体表面取 $\dot{E}$ 的单位路径长度的线积分为

$$\int_{l=1}\dot{E}\cdot\mathrm{d}\boldsymbol{l} = \dot{E}_0$$

于是,半无限导体的阻抗为

$$\begin{aligned}Z &= \frac{\dot{E}_0}{\dot{I}} = \frac{1}{\gamma}\sqrt{\frac{\omega}{2\kappa}}(1+\mathrm{j})\\ &= \frac{1}{\gamma d} + \mathrm{j}\frac{1}{\gamma d} = R_\mathrm{s} + \mathrm{j}X_\mathrm{s}\end{aligned} \tag{3.2.10}$$

可以看到,在半无限导体中,它表示导体表面单位长度与单位宽度的阻抗。因为沿着导体表面有限宽度的元是互相并联的,所以表面面积有限的导体的总阻

抗等于 Z 乘以长度与宽度之比。

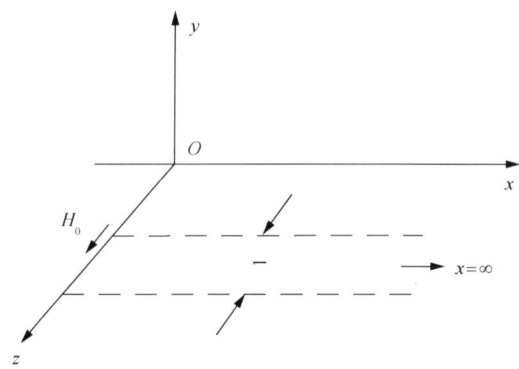

图 3.2.1 半无限导体的表面[5]

对于表面涂覆金属薄层的半无限大铁磁媒质问题的分析，上述分析结果十分有用。设金属薄层的电导率和厚度分别为 γ_1 和 d_0，铁磁媒质的电导率和磁导率分别为 γ_2 和 μ。

从式(3.2.8)，得到铁磁媒质中的电流密度为

$$\dot{J}_2 = Ce^{-\sqrt{\frac{\omega}{2\kappa_2}}(1+j)x} = Ce^{-\tau_2 x}$$

式中，$\tau_2 = -\sqrt{\dfrac{\omega}{2\kappa_2}}(1+j)$。相应地，电场强度为

$$\dot{E}_{y1} = \frac{1}{\gamma_1}(C_1 \operatorname{sh}\tau_1 x + C_2 \operatorname{ch}\tau_1 x)$$

在金属薄层中，电流密度为

$$\dot{J}_1 = Ae^{\sqrt{\frac{\omega}{2\kappa_1}}(1+j)x} + Be^{-\sqrt{\frac{\omega}{2\kappa_1}}(1+j)x} = C_1 \operatorname{sh}\tau_1 x + C_2 \operatorname{ch}\tau_1 x$$

式中，$\tau_1 = -\sqrt{\dfrac{\omega}{2\kappa_1}}(1+j)$。相应地，电场强度为

$$\dot{E}_{y2} = \frac{1}{\gamma_2}Ce^{-\tau_2 x}$$

根据电磁场基本方程，有如下关系式：

$$\frac{\mathrm{d}\dot{E}_y}{\mathrm{d}x} = -\mathrm{j}\omega\mu\dot{H}_z$$

由此求得，两种媒质中的磁场强度分别为

$$\dot{H}_{z1} = \frac{1}{\tau_1}(C_1\mathrm{ch}\,\tau_1 x + C_2\mathrm{sh}\,\tau_1 x)$$

$$\dot{H}_{z2} = \frac{1}{\tau_2}C\mathrm{e}^{-\tau_2 x}$$

当 $x=d_0$ 时，应用分界面衔接条件：$\dot{E}_{y1} = \dot{E}_{y2}$ 和 $\dot{H}_{z1} = \dot{H}_{z2}$，容易得到

$$\frac{C_2}{C_1} = -\frac{\gamma_1\tau_2\mathrm{ch}\,\tau_1 d_0 + \gamma_2\tau_1\mathrm{sh}\,\tau_1 d_0}{\gamma_1\tau_2\mathrm{sh}\,\tau_1 d_0 + \gamma_2\tau_1\mathrm{ch}\,\tau_1 d_0}$$

最后，得到波阻抗为

$$Z = \frac{\dot{E}}{\dot{H}}\bigg|_{x=0} = -\frac{C_2\tau_1}{C_1\gamma_1} = Z_{s1}\frac{Z_{s1}\mathrm{sh}\,\tau_1 d_0 + Z_{s2}\mathrm{ch}\,\tau_1 d_0}{Z_{s2}\mathrm{sh}\,\tau_1 d_0 + Z_{s1}\mathrm{ch}\,\tau_1 d_0}$$

式中，Z_{s1}、Z_{s2} 分别为媒质 1 和 2 的表面阻抗。

3.3 薄导体板中磁场的消失和建立

这里，我们考虑当绕组中电流突变时，变压器叠片铁心中的磁场分布。近似认为所有叠片中磁场相同，所以只分析其中的一片，简化模型见图 3.3.1。另外，假设叠片的宽度和长度远远大于其厚度 $2a$，那么对于场的变压只需考虑叠片的横向方向(图 3.3.1 中的 x 方向)。取坐标系使磁场指向 y 方向，即

$$\boldsymbol{H}(x,t) = H(x,t)\boldsymbol{e}_y \tag{3.3.1}$$

首先，讨论平板中原先的磁场 H_0 被开断的情况，即给定如下的边界条件和初始条件：

$$H(\pm a, t) = 0 \tag{3.3.2}$$

$$H(x, 0) = H_0 \tag{3.3.3}$$

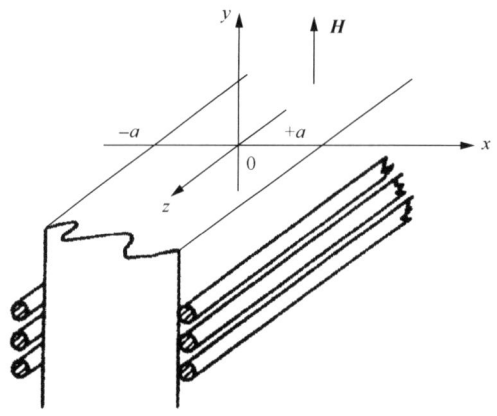

图 3.3.1 薄导体板中磁场的消失和建立

对于薄导体板情况，扩散方程(3.1.1)化为仅含有一个空间变量及时间变量的方程

$$\frac{\partial^2 H(x,t)}{\partial x^2} = \mu\gamma \frac{\partial H(x,t)}{\partial t} \tag{3.3.4}$$

应用分离变量法，设

$$H(x,t) = X(x)T(t) \tag{3.3.5}$$

则代入方程(3.3.4)后，可得出

$$X''T = \mu\gamma XT'$$

或者

$$\frac{X''}{X} = \mu\gamma \frac{T'}{T} = -k^2$$

式中，k 为分离常数。因此，$X(x)$ 和 $T(t)$ 解的形式为

$$\begin{cases} T = e^{-\frac{k^2}{\mu\gamma}t} \\ X = A\cos kx + B\sin kx \end{cases} \tag{3.3.6}$$

现在，我们考察图 3.3.1 和边界条件(3.3.2)。由于关于 x 是偶对称的，所以 $B=0$；再由于在 $t \geqslant 0$ 时，它要求 $x = \pm a$ 处 H 等于零，显然，要令

$$\cos ka = 0$$

因而 k 必须为下列特定离散值：

$$k = \frac{(2n-1)\pi}{2a} \quad (n=1,2,3,\cdots)$$

于是解的形式为

$$H(x,t) = \sum_{n=1}^{\infty} A_n \cos \frac{(2n-1)\pi x}{2a} e^{-p_n t}$$

式中，$p_n = [(2n-1)\pi]^2 / (4a^2 \mu \gamma)$。将初始条件(3.3.3)代入上式，然后利用傅里叶级数定理就可确定出系数 A_n。最终，解答形式为

$$H(x,t) = \sum_{n=1}^{\infty} \frac{4H_0}{(2n-1)\pi} \sin \frac{(2n-1)\pi}{2} \cos \frac{(2n-1)\pi x}{2a} e^{-p_n t} \tag{3.3.7}$$

如果把问题改成以恒定值的电流脉冲激磁，则边界条件和初始条件为

$$H(\pm a, t) = H_0, \quad H(x,0) = 0$$

类似地，能得到扩散方程(3.3.4)的解为

$$H(x,t) = H_0 - H_0 \sum_{n=1}^{\infty} \frac{4}{(2n-1)\pi} \sin \frac{(2n-1)\pi}{2} \cos \frac{(2n-1)\pi x}{2a} e^{-p_n t} \tag{3.3.8}$$

这个解中等号右端有两项，第一项代表稳态值，第二项代表在过渡过程中与稳态值的差别。

利用 $\nabla \times \boldsymbol{H} = \boldsymbol{J}$，可以求得薄导体板中的涡流电流密度。例如，对应于式(3.3.7)，有

$$\boldsymbol{J}(x,t) = \boldsymbol{e}_z \sum_{n=1}^{\infty} \frac{-2H_0}{a} \sin \frac{(2n-1)\pi}{2} \sin \frac{(2n-1)\pi x}{2a} e^{-p_n t} \tag{3.3.9}$$

如果 $t=0$，$H = H(x,0)$；$-\infty < t < \infty$，$H(\pm a, t) = H_0(t)$。我们可以利用叠加原理将 H 分为两部分 w 和 u，使 w 满足定解条件：

$$t = 0, \quad w = 0; \quad x = \pm a, \quad w = H_0(t)$$

使 u 满足定解条件：

$$t = 0, \quad u = H(x,0); \quad x = \pm a, \quad u = 0$$

则有

$$u = \sum_{n=1}^{\infty}\left[\frac{1}{a}\int_{-a}^{a}H(x',0)\cos\frac{(2n-1)\pi x'}{2a}\mathrm{d}x'\right]\mathrm{e}^{-p_n t}\times\cos\frac{(2n-1)\pi x}{2a}$$

利用杜阿密尔积分，可以求出 w 为

$$w = \int_0^t H_0(\tau)g'(x',t-\tau)\mathrm{d}\tau$$

式中

$$g(x,t) = 1 - \frac{4}{\pi}\sum_{n=1}^{\infty}\frac{(-1)^{n-1}}{2n-1}\mathrm{e}^{-p_n t}\cos\frac{(2n-1)\pi x}{2a}$$

最后，得到

$$w = \sum_{n=1}^{\infty}\left[\frac{(-1)^{n-1}(2n-1)\pi}{a^2\gamma\mu}\mathrm{e}^{-p_n t}\int_0^t \mathrm{e}^{p_n \tau}H_0(\tau)\mathrm{d}\tau\right]\times\cos\frac{(2n-1)\pi x}{2a}$$

3.4 矩形截面柱体铁心内磁场的消失和建立

如图 3.4.1 所示，矩形截面柱体铁心暂态过程的计算与平板的计算方法基本相同。现在的问题仍宜应用直角坐标系，并取 z 轴沿磁场强度方向，即 $\boldsymbol{H}(x,y,t) = H(x,y,t)\boldsymbol{e}_z$。这里先考虑磁场消失问题，然后再讨论磁场的建立问题。

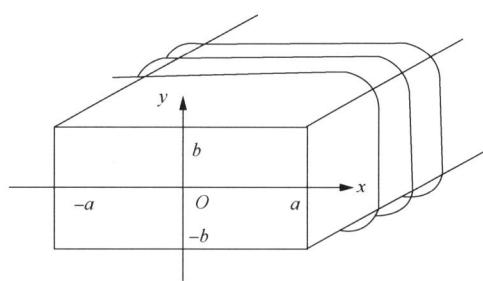

图 3.4.1 矩形截面柱体铁心内磁场的消失和建立

对于磁场消失问题，有如下边界条件和初始条件：

$$\begin{cases}H(\pm a,y,t)=0, \quad H(x,\pm b,t)=0 \\ H(x,y,0)=H_0\end{cases} \tag{3.4.1}$$

此时，方程(3.1.1)简化为

$$\frac{\partial^2 H}{\partial x^2} + \frac{\partial^2 H}{\partial y^2} - \mu\gamma\frac{\partial H}{\partial t} = 0 \tag{3.4.2}$$

按分离变量法，设

$$H(x,y,t) = X(x)Y(y)T(t)$$

代入方程(3.4.2)中，得到

$$\frac{X''}{X} + \frac{Y''}{Y} = \mu\gamma\frac{T'}{T} = -k^2$$

所以，有

$$T = e^{-\frac{k^2}{\mu\gamma}t} \tag{3.4.3}$$

令

$$\frac{X''}{X} = -\alpha^2$$

可得

$$X = B_\alpha \cos\alpha x + B'_\alpha \sin\alpha x$$

再由

$$\frac{Y''}{Y} = -\beta^2 (=-k^2+\alpha^2)$$

得到

$$Y = C_\beta \cos\beta y + C'_\beta \sin\beta y$$

对于 x 轴和 y 轴，由于磁场 $H(x,y,t)$ 分布都应该是偶对称的，所以在 X 和 Y 项中只能含有余弦项，即取 $B'_\alpha = C'_\beta = 0$。另外，要满足式(3.4.1)中的边界条件，α 和 β 还必须取如下的特定值：

$$\alpha = \frac{m\pi}{2a} \ (m=1,3,5,\cdots), \quad \beta = \frac{n\pi}{2b} \ (n=1,3,5,\cdots)$$

于是，$H(x,y,t)$ 的解应是如下的形式：

$$H(x,y,t) = \sum_{m=1,3,5,\cdots}^{\infty} \sum_{n=1,3,5,\cdots}^{\infty} A_{mn} \cos\frac{m\pi x}{2a} \cos\frac{n\pi y}{2b} e^{-p_{mn}t} \qquad (3.4.4)$$

式中，$p_{mn} = \dfrac{\pi^2}{4\mu\gamma}\left(\dfrac{m^2}{a^2} + \dfrac{n^2}{b^2}\right)$。

再利用初始条件 $H(x,y,0) = H_0$，并进行傅里叶级数展开，就可定出系数 A_{mn}。最终，得到磁场的解形式为

$$H(x,y,t) = \sum_{m=1,3,5,\cdots}^{\infty} \sum_{n=1,3,5,\cdots}^{\infty} \frac{16H_0}{mn\pi^2} \sin\frac{m\pi}{2} \sin\frac{n\pi}{2} \cos\frac{m\pi x}{2a} \cos\frac{n\pi y}{2b} e^{-p_{mn}t} \qquad (3.4.5)$$

对于磁场的建立过程，处理方法完全相同。但是边界条件和初始条件有变化，现在它们是

$$\begin{cases} H(\pm a, y, t) = H_0, \quad H(x, \pm b, t) = H_0 \\ H(x, y, 0) = 0 \end{cases} \qquad (3.4.6)$$

在上述条件下，扩散方程(3.4.2)的解为

$$H(x,y,t) = H_0 - H_0 \sum_{m=1,3,5,\cdots}^{\infty} \sum_{n=1,3,5,\cdots}^{\infty} \frac{16}{mn\pi^2} \sin\frac{m\pi}{2} \sin\frac{n\pi}{2} \cos\frac{m\pi x}{2a} \cos\frac{n\pi y}{2b} e^{-p_{mn}t} \quad (3.4.7)$$

如果边界条件和初始条件是

$$\begin{cases} H(\pm a, y, t) = \psi(t), \quad H(x, \pm b, t) = \psi(t) \\ H(x, y, 0) = H_0 \end{cases} \qquad (3.4.8)$$

可以先求得单位响应函数如下：

$$g(x,y,t) = 1 - \sum_{m=1,3,5,\cdots}^{\infty} \sum_{n=1,3,5,\cdots}^{\infty} \frac{16}{mn\pi^2} \sin\frac{m\pi}{2} \sin\frac{n\pi}{2} \cos\frac{m\pi x}{2a} \cos\frac{n\pi y}{2b} e^{-p_{mn}t}$$

然后，代入杜阿密尔积分，得到

$$H(x,y,t) = \int_0^t \psi(\tau) g'(t-\tau) \mathrm{d}\tau \qquad (3.4.9)$$

对于磁场的建立过程，我们往往更关心在某一时刻铁心中已经建立起的总磁通量 $\Phi_\mathrm{m}(t)$。当边界条件和初始条件由式(3.4.6)给出时，又知在稳定状态时

$$\Phi_\mathrm{m}(\infty) = 4\mu ab H_0$$

因此，在过渡过程中总磁通量的相对值为

$$\frac{\Phi_m(t)}{\Phi_m(\infty)} = 1 - \frac{16}{\pi^4} \sum_{m=1,3,5,\cdots}^{\infty} \sum_{n=1,3,5,\cdots}^{\infty} \frac{1}{m^2 n^2} e^{-p_{mn}t} \tag{3.4.10}$$

为了适合截面不同的边长比，令

$$k = \frac{a}{b}, \quad \frac{\pi^2}{4} \frac{t}{\mu \gamma a^2} = \frac{\pi^2}{4} F_0$$

绘制出参变数为k的一族曲线，每条曲线为给定k时$\frac{\Phi_m(t)}{\Phi_m(\infty)} \sim F_0$的曲线。当$k=0$时，它与平板的结果相同，当$k=1$时即为正方形截面的结果。

最后，假设在矩形截面柱体铁心外表面上有一密绕的螺管线圈，n为螺管线圈上均匀分布的匝数，而l为其轴向长度。现在，我们来分析一下在磁场建立过程中螺管线圈的电感L，不难写出

$$L = \frac{n}{I} \int_{-a}^{a} \int_{-b}^{b} \mu H(x, y, t) \mathrm{d}y \mathrm{d}x \tag{3.4.11}$$

式中，I为流过螺管线圈的常值电流。显然，有关系式$H_0 = \frac{nI}{l}$。

把式(3.4.7)代入式(3.4.11)中，得到

$$\begin{aligned}
L &= \frac{\mu n}{I} H_0 \int_{-a}^{a} \int_{-b}^{b} \left(1 - \sum_{m=1,3,5,\cdots}^{\infty} \sum_{n=1,3,5,\cdots}^{\infty} \frac{16}{mn\pi^2} \sin\frac{m\pi}{2} \sin\frac{n\pi}{2} \cos\frac{m\pi x}{2a} \cos\frac{n\pi y}{2b} e^{-p_{mn}t}\right) \mathrm{d}y \mathrm{d}x \\
&= \frac{\mu n^2}{l} \int_{-a}^{a} \int_{-b}^{b} \left(1 - \sum_{m=1,3,5,\cdots}^{\infty} \sum_{n=1,3,5,\cdots}^{\infty} \frac{16}{mn\pi^2} \sin\frac{m\pi}{2} \sin\frac{n\pi}{2} \cos\frac{m\pi x}{2a} \cos\frac{n\pi y}{2b} e^{-p_{mn}t}\right) \mathrm{d}y \mathrm{d}x \\
&= \frac{\mu n^2}{l} \left(4ab - \sum_{m=1,3,5,\cdots}^{\infty} \sum_{n=1,3,5,\cdots}^{\infty} \frac{64ab}{m^2 n^2 \pi^4} e^{-p_{mn}t}\right)
\end{aligned} \tag{3.4.12}$$

可以看到，在磁场建立过程中，螺管线圈的电感L是随时间t变化的。当t很大而铁心中涡流可以忽略时，式(3.4.12)简化成熟知的公式

$$L = \frac{4\mu n^2 ab}{l} \tag{3.4.13}$$

另外，从物理意义上来说，在$t=0$时，电感为零，这是由于铁心内没有磁通。因此，由式(3.4.12)，当$t=0$时，由于一致收敛，有

$$16\sum_{m=1,3,5,\cdots}^{\infty}\sum_{n=1,3,5,\cdots}^{\infty}\frac{1}{m^2n^2\pi^4}=1 \tag{3.4.14}$$

由式(3.4.12)还可以看出,电导率越小,铁心的截面尺寸越小,则 L 就越快地达到式(3.4.13)所给出的值;反之,则式(3.4.12)中的指数值会很小,除非 t 很大。在这种条件下,在铁心中的涡流会持续一段相当长的时间,因而阻碍了 L 上升到式(3.4.13)所给出的值。

3.5 圆柱铁心内磁场的消失和建立

圆柱铁心见图 3.5.1。设圆柱铁心为无限长,半径为 a。如果在圆柱铁心表面上均匀绕制的螺管线圈中通有电流,则磁场将沿轴线方向。

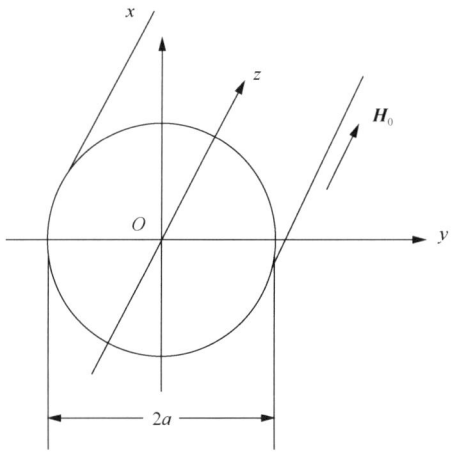

图 3.5.1 圆柱铁心内磁场的消失和建立

显然,选用圆柱坐标系最合适,如取 z 轴与圆柱铁心的轴线相重合,则 $\frac{\partial \boldsymbol{H}}{\partial z}=0$,又因对称关系,知 $\boldsymbol{H}$ 仅为 r 及 t 的函数,因此可写成

$$\boldsymbol{H}(r,t)=H(r,t)\boldsymbol{e}_z \tag{3.5.1}$$

而 $H(r,t)$ 满足的扩散方程为

$$\frac{\partial^2 H}{\partial r^2}+\frac{1}{r}\frac{\partial H}{\partial r}-\mu\gamma\frac{\partial H}{\partial t}=0 \tag{3.5.2}$$

首先,考虑磁场的消失过程。若 $t=0$ 时,突然断开螺管线圈中的电流,那么

边界条件和初始条件分别是

$$H(a,t)=0, \quad H(r,0)=f(r) \tag{3.5.3}$$

3.5.1 分离变量法解

应用分离变量法，设

$$H(r,t)=R(r)T(t)$$

代入方程(3.5.2)中，则有

$$\frac{R''}{R}+\frac{1}{r}\frac{R'}{R}=\mu\gamma\frac{T'}{T}=-k^2$$

式中，k 为分离常数。因此，有

$$T=\mathrm{e}^{-\frac{k^2}{\mu\gamma}t} \tag{3.5.4}$$

和

$$r^2R''+rR'+k^2r^2R=0 \tag{3.5.5}$$

式(3.5.5)是一个零阶贝塞尔方程。

考虑到问题中包含了 $r=0$ 的点，应取 R 的解形式为

$$R=AJ_0(kr) \tag{3.5.6}$$

由边界条件 $H(a,t)=0$，有

$$R(a)=AJ_0(ka)=0$$

适合这个方程的 k 值有无穷多个，即有

$$k_m a = x_m^{(0)} \quad (m=1,2,\cdots) \tag{3.5.7}$$

式中，$x_m^{(0)}$ 是 $J_0(x)$ 的第 m 个根。

这样，$H(r,t)$ 的一般解为

$$H(r,t)=\sum_{m=1}^{\infty}A_m J_0(k_m r)\mathrm{e}^{-\frac{k_m^2}{\mu\gamma}t}$$

式中，待定系数 A_m 可由初始条件 $H(r,0)=f(r)$ 求出。因为

$$f(r) = \sum_{m=1}^{\infty} A_m J_0(k_m r)$$

把 $f(r)$ 展开为傅里叶-贝塞尔级数，即可定出系数

$$A_m = \frac{2}{a^2 J_1^2(k_m a)} \int_0^a r f(r) J_0(k_m r) \mathrm{d}r$$

如果 $f(r)$ 为恒值 H_0，则

$$H(r,t) = \frac{2H_0}{a} \sum_{m=1}^{\infty} \frac{J_0(k_m r)}{k_m J_1(k_m a)} \mathrm{e}^{-\frac{k_m^2}{\mu\gamma}t} \tag{3.5.8}$$

这就是在上述假设条件下圆柱体铁心内磁场的消失过程。

现在，讨论外磁场消失过程中圆柱体铁心内磁通的衰减规律。由式(3.5.8)，得到

$$\Phi_\mathrm{m}(t) = 2\pi\mu \int_0^a H(r,t) r \mathrm{d}r = \frac{4\pi\mu H_0}{a} \sum_{m=1}^{\infty} \frac{\int_0^a J_0(k_m r) r \mathrm{d}r}{k_m J_1(k_m a)} \mathrm{e}^{-\frac{k_m^2}{\mu\gamma}t}$$

利用关系式

$$\int_0^x x^m J_{m-1}(x) \mathrm{d}x = x^m J_m(x)$$

得到

$$\Phi_\mathrm{m}(t) = 4\pi\mu H_0 \sum_{m=1}^{\infty} \frac{1}{k_m^2} \mathrm{e}^{-\frac{k_m^2}{\mu\gamma}t}$$

如果在圆柱体铁心上绕有匝数为 N 的螺管线圈，则感应电动势为

$$\xi(t) = -N \frac{\partial \Phi_\mathrm{m}}{\partial t} = \frac{4\pi H_0 N}{\gamma} \sum_{m=1}^{\infty} \mathrm{e}^{-t/\tau_m} \tag{3.5.9}$$

式中，$\tau_m = \frac{\mu\gamma}{k_m^2}$。当 $t \gg \tau_1$ 时，在式(3.5.9)右边只需要保留 $m=1$ 的一项，可以忽略其余各项。已知 $k_1 a = 2.405$，容易求得 $\tau_1 = 0.174 a^2 \mu\gamma$。因此，式(3.5.9)可以近似写为

$$\xi(t) = \frac{4\pi H_0 N}{\gamma} e^{-\frac{t}{0.174 a^2 \mu \gamma}} \tag{3.5.10}$$

可以看出，磁通和感应电动势都是按指数规律衰减的，这也是截面均匀的长直柱体铁心内磁场消失的普遍规律。

对于圆柱体铁心内磁场的建立过程，若在 $t=0$ 时接通螺管线圈中的电流，则边界条件和初始条件分别为

$$H(a,t) = H_0, \quad H(r,0) = 0 \tag{3.5.11}$$

与上面的求解过程类似，可得到扩散方程(3.5.2)在式(3.5.11)所示条件下的解

$$H(r,t) = H_0 - \frac{2H_0}{a} \sum_{m=1}^{\infty} \frac{J_0(k_m r)}{k_m J_1(k_m a)} e^{-\frac{k_m^2}{\mu\gamma} t} \tag{3.5.12}$$

式中，k_m 仍然满足 $J_0(k_m a) = 0$。

现在，假设在圆柱体铁心外面有一密绕的螺管线圈，n 为螺管线圈上均匀分布的匝数，而 l 为其轴向长度。现在，我们来分析在磁场建立过程中螺管线圈的电感 L。不难写出

$$L = \frac{n}{I} \int_0^a 2\pi \mu r H(r,t) \mathrm{d}r \tag{3.5.13}$$

式中，I 为流过螺管线圈的常值电流。显然，有关系式 $H_0 = \frac{nI}{l}$。

把式(3.5.12)代入式(3.5.13)中，得到

$$\begin{aligned} L &= \frac{2\pi\mu n}{I} \int_0^a \left[H_0 - \frac{2H_0}{a} \sum_{m=1}^{\infty} \frac{J_0(k_m r)}{k_m J_1(k_m a)} e^{-\frac{k_m^2}{\mu\gamma} t} \right] r \mathrm{d}r \\ &= \frac{2\pi\mu n^2}{l} \int_0^a \left[1 - \frac{2}{a} \sum_{m=1}^{\infty} \frac{J_0(k_m r)}{k_m J_1(k_m a)} e^{-\frac{k_m^2}{\mu\gamma} t} \right] r \mathrm{d}r \\ &= \frac{\pi\mu n^2 a^2}{l} \left(1 - 4 \sum_{m=1}^{\infty} \frac{1}{k_m^2 a^2} e^{-\frac{k_m^2}{\mu\gamma} t} \right) \end{aligned} \tag{3.5.14}$$

可以看到，在磁场建立过程中，螺管线圈的电感 L 是随时间 t 变化的。当 t 很大而铁心中涡流可以忽略时，式(3.5.14)简化成熟知的公式：

$$L = \frac{\pi \mu n^2 a^2}{l} \tag{3.5.15}$$

另外,从物理意义上来说,在 $t=0$ 时,电感为零,这是由于铁心内没有磁通。因此,由式(3.5.14),当 $t=0$ 时,由于一致收敛,有

$$\frac{4}{a^2}\sum_{m=1}^{\infty}\frac{1}{k_m^2}=1 \tag{3.5.16}$$

由式(3.5.14)还可以看出,电导率越小,铁心的半径越小,则 L 越快地达到式(3.5.15)所给出的值。如果电导率 γ 很大而半径 a 很大,则式(3.5.14)中的指数值会很小,除非 t 很大。在这种条件下,在铁心中的涡流会持续一段相当长的时间,因而阻碍 L 上升到式(3.5.15)所给出的值。

如果 $t>0$ 时表面磁场为 $f(t)$,可以用杜阿密尔积分求得 $H(r,t)$ 如下:

$$H(r,t)=\frac{2}{\mu\gamma a}\sum_{m=1}^{\infty}\frac{k_m J_0(k_m r)}{J_1(k_m a)}\mathrm{e}^{-\frac{k_m^2}{\mu\gamma}t}\int_0^t \mathrm{e}^{\frac{k_m^2}{\mu\gamma}\tau}f(\tau)\mathrm{d}\tau \tag{3.5.17}$$

上面讨论了在圆柱铁心表面上绕有螺管线圈的情况。如果电流在圆柱铁心内沿轴向流动,则 $\boldsymbol{H}$ 将只有 ϕ 分量,即 $\boldsymbol{H}=H(r,t)\boldsymbol{e}_\phi$。这里,已选用圆柱坐标系,如取 z 轴与圆柱铁心的轴线相重合,则 $\frac{\partial \boldsymbol{H}}{\partial z}=0$,又因对称关系,可知 $\boldsymbol{H}$ 仅为 r 及 t 的函数。磁场强度 $\boldsymbol{H}=H(r,t)\boldsymbol{e}_\phi$ 的扩散方程为

$$\frac{\partial^2 H}{\partial r^2}+\frac{1}{r}\frac{\partial H}{\partial r}-\frac{H}{r^2}=\mu\gamma\frac{\partial H}{\partial t} \tag{3.5.18}$$

如果选用轴向电流密度 $\boldsymbol{J}=J(r,t)\boldsymbol{e}_z$,则它的扩散方程为

$$\frac{\partial^2 J}{\partial r^2}+\frac{1}{r}\frac{\partial J}{\partial r}-\mu\gamma\frac{\partial J}{\partial t}=0 \tag{3.5.19}$$

式(3.5.19)与式(3.5.2)有相同的形式,可以用同样的方法求解。

3.5.2 拉普拉斯变换法解

我们都知道,拉普拉斯变换在电路理论中可以用来解常微分方程。通过取积分变换可将未知函数的常微分方程化为象函数的代数方程,达到了消去对自变量求导数运算的目的。基于这一事实,我们自然会想到积分变换也能用来解偏微分方程。在偏微分方程两端对某个自变量取变换也能消去未知函数对该自变量求偏导数的运算,得到象函数的较为简单的微分方程。如果原来的偏微分方程中只包含有两个自变量,通过一次变换就能得到象函数的常微分方程。这里,应用拉普

拉斯变换法解上述圆柱体铁心中磁场的消失过程和建立过程。

从 r 和 t 的变化范围来看，只能对 t 取拉普拉斯变换。且对 t 来说，由于方程(3.5.2)中只出现关于 t 的一阶偏导数，只要知道当 $t=0$ 时 H 的值就够了，这个值已由初始条件 $H(r,0)=0$ 给出，所以我们采用关于 t 的拉普拉斯变换。

用 $\tilde{H}(r,s)$、$\tilde{H}(a,s)$ 分别表示函数 $H(r,t)$、$H(a,t)=H_0$ 关于 t 的拉普拉斯变换，即

$$\tilde{H}(r,s)=\int_0^\infty H(r,t)\mathrm{e}^{-st}\mathrm{d}t \tag{3.5.20}$$

$$\tilde{H}(a,s)=\int_0^\infty H(a,t)\mathrm{e}^{-st}\mathrm{d}t=\frac{H_0}{s} \tag{3.5.21}$$

首先，对方程(3.5.2)的两边取拉普拉斯变换，并利用初始条件 $H(r,0)=0$，则得

$$\frac{\mathrm{d}^2\tilde{H}(r,s)}{\mathrm{d}r^2}+\frac{1}{r}\frac{\mathrm{d}\tilde{H}(r,s)}{\mathrm{d}r}+k^2\tilde{H}(r,s)=0 \tag{3.5.22}$$

式中，$k^2=-\mu\gamma s$。这个方程(3.5.22)是关于 $\tilde{H}(r,s)$ 的零阶贝塞尔方程，它的通解是

$$\tilde{H}(r,s)=AJ_0(kr)+BY_0(kr) \tag{3.5.23}$$

由于当 $r\to 0$ 时，$H(r,t)$ 应该有界，所以 $\tilde{H}(r,s)$ 也应该有界，即应取 $B=0$。这样，它适合于现在问题的解为

$$\tilde{H}(r,s)=AJ_0(kr) \tag{3.5.24}$$

再由条件 $\tilde{H}(a,s)=\dfrac{H_0}{s}$ 得 A，从而得

$$\tilde{H}(r,s)=\frac{H_0}{s}\frac{J_0(kr)}{J_0(ka)}=\frac{H_0}{s}\frac{J_0(\mathrm{j}\sqrt{\mu\gamma s}r)}{J_0(\mathrm{j}\sqrt{\mu\gamma s}a)} \tag{3.5.25}$$

为了求得原问题的解 $H(r,t)$，需要对 $\tilde{H}(r,s)$ 求拉氏逆变换，

$$H(r,t)=L^{-1}[\tilde{H}(r,s)]=\frac{1}{2\pi\mathrm{j}}\int_{\beta-\mathrm{j}\infty}^{\beta+\mathrm{j}\infty}\frac{H_0}{s}\frac{J_0(\mathrm{j}\sqrt{\mu\gamma s}r)}{J_0(\mathrm{j}\sqrt{\mu\gamma s}a)}\mathrm{e}^{st}\mathrm{d}s \quad (t>0) \tag{3.5.26}$$

当 $s\to 0$ 时，式(3.5.26)中的两个贝塞尔函数的值趋于 1，所以在 $s=0$ 的极点对积分的贡献部分为 $I_1=H_0$，这就是在铁心圆柱表面上的磁场强度值。其余的极点

位于使 $J_0(j\sqrt{\mu\gamma s}a) = 0$ 之处。所以 $j\sqrt{\mu\gamma s}a = \alpha_m$ 或 $s = -\dfrac{\alpha_m^2}{\mu\gamma a^2}$，其中，$\alpha_1, \alpha_2, \cdots, \alpha_n, \cdots$ 为 $J_0(x) = 0$ 的正根且有一极点在无穷远。可以证明，$\dfrac{1}{J_0(j\sqrt{\mu\gamma s}a)}$ 的奇点对积分的贡献部分为

$$I_2 = -\dfrac{2H_0}{j\sqrt{\mu\gamma a}} \sum_{m=1}^{\infty} \left. \dfrac{e^{st} J_0(j\sqrt{\mu\gamma s}r)}{\sqrt{s} J_1(j\sqrt{\mu\gamma s}a)} \right|_{j\sqrt{\mu\gamma s}a = \alpha_m}$$

$$= -2H_0 \sum_{m=1}^{\infty} e^{-\dfrac{\alpha_m^2 t}{\mu\gamma a}} \dfrac{J_0\left(\dfrac{\alpha_m r}{a}\right)}{\alpha_m J_1(\alpha_m)}$$

式中，α_m 是 $J_0(x) = 0$ 的第 m 个根。

将两部分贡献 I_1 和 I_2 相加，当 $t > 0$ 时，铁心圆柱内的磁场强度为

$$H(r,t) = H_0 \left[1 - 2\sum_{m=1}^{\infty} e^{-\dfrac{\alpha_m^2}{\mu\gamma a} t} \dfrac{J_0\left(\dfrac{\alpha_m r}{a}\right)}{\alpha_m J_1(\alpha_m)} \right] \tag{3.5.27}$$

如果取 $k_m = \dfrac{\alpha_m}{a}$，那么式(3.5.27)可写成

$$H(r,t) = H_0 \left[1 - \dfrac{2}{a}\sum_{m=1}^{\infty} e^{-\dfrac{k_m^2}{\mu\gamma} t} \dfrac{J_0(k_m r)}{k_m J_1(k_m a)} \right] \tag{3.5.28}$$

显然，k_m 满足 $J_0(k_m a) = 0$。这个结果与式(3.5.12)是相同的。

式(3.5.27)在 $t = 0$，$0 < r < a$ 时成立，所以

$$H(r,0) = H_0 \left[1 - 2\sum_{m=1}^{\infty} \dfrac{J_0\left(\dfrac{\alpha_m r}{a}\right)}{\alpha_m J_1(\alpha_m)} \right] = 0 \quad (0 < r < a)$$

但在 $r = a$ 时，其值为 H_0。因此，有

$$\sum_{m=1}^{\infty} \dfrac{J_0\left(\dfrac{\alpha_m r}{a}\right)}{\alpha_m J_1(\alpha_m)} = \dfrac{1}{2} \quad (0 < r < a)$$

以及

$$H(a,0) = H_0\left[1 - 2\sum_{m=1}^{\infty}\frac{J_0(\alpha_m)}{\alpha_m J_1(\alpha_m)}\right] = H_0 \quad (r=a)$$

因此,

$$\sum_{m=1}^{\infty}\frac{J_0(\alpha_m)}{\alpha_m J_1(\alpha_m)} = 0$$

这是由于 $J_0(\alpha_m) = 0$,$m=1,2,\cdots$ 的缘故。

通过这个例子,我们对用积分变换法解定解问题的步骤已有所了解。使用这个方法时主要应该注意以下几个方面的问题。

(1) 如何选取恰当的积分变换。对于这个问题应从两方面考虑,首先要求作变换的自变量在 $(0,+\infty)$ 内变化;其次,要注意定解条件的形式,根据拉普拉斯变换的微分性质,

$$L[f^{(n)}(t)] = s^n L[f(t)] - s^{n-1}f(0) - s^{n-2}f'(0) - \cdots - f^{(n-1)}(0)$$

可以看出,要求对自变量取拉普拉斯变换,必须在定解条件中给出当该自变量等于零时的函数值及其有关导数值。

(2) 定解条件中哪些需要取变换,哪些不需要取变换。这个问题容易解决,凡是对方程取变换时没有用到的条件都要对它取变换,使它转化为新方程的定解条件。

(3) 如何顺利地求出逆变换。解决这个问题主要是依靠积分变换表,以及运用积分变换的有关性质,有时还要用到计算反演积分的留数定理。

与分离变量法相比较,如果用分离变量法来解,需要先将边界条件化成齐次的,但是用积分变换法求解不必先做这一步工作。即使在最复杂的情况下,例如方程和边界条件都是非齐次的,也可直接使用积分变换法,这是积分变换法的一个优点。

例如,如果初始条件为 $H(r,0) = H_0$,则方程(3.5.2)的拉普拉斯变换式为

$$\frac{d^2\tilde{H}(r,s)}{dr^2} + \frac{1}{r}\frac{d\tilde{H}(r,s)}{dr} + k^2\tilde{H}(r,s) = -\mu\gamma H_0 \quad (3.5.29)$$

与方程(3.5.22)相比较,方程式(3.5.29)中的右边项 $-\mu\gamma H_0$ 是由初始条件 $H(r,0) = H_0$ 引入的。它的通解是

$$\tilde{H}(r,s) = AJ_0(kr) + BY_0(kr) + \frac{H_0}{s} \quad (3.5.30)$$

由于当 $r \to 0$ 时，$Y_0(kr) \to -\infty$，又因为 $H(r,t)$ 应该有界，所以 $\tilde{H}(r,s)$ 也应该有界，即应取 $B=0$。在铁心圆柱面上 $r=a$ 而 $\dot{H}(a,t)=0$，即 $\tilde{H}(a,s)=0$，所以在式(3.5.30)中代入 $B=0$，$\tilde{H}(a,s)=0$，得到

$$\tilde{H}(r,s) = -\frac{H_0}{s}\frac{J_0(kr)}{J_0(ka)} + \frac{H_0}{s} \tag{3.5.31}$$

对 $\tilde{H}(r,s)$ 取拉氏逆变换，得原问题的解为

$$H(r,t) = 2H_0 \sum_{m=1}^{\infty}\left[e^{-\frac{\alpha_m^2}{\mu\gamma a}t} \frac{J_0\left(\frac{\alpha_m r}{a}\right)}{\alpha_m J_1(\alpha_m)} \right] \tag{3.5.32}$$

如果取 $k_m = \dfrac{\alpha_m}{a}$，那么式(3.5.32)可写成

$$H(r,t) = \frac{2H_0}{a} \sum_{m=1}^{\infty}\left[e^{-\frac{k_m^2}{\mu\gamma}t} \frac{J_0(k_m r)}{k_m J_1(k_m a)} \right] \tag{3.5.33}$$

它与式(3.5.8)相同，就是圆柱体铁心内磁场的建立过程。

3.6　铁磁球体内磁场的消失和建立

本节以铁磁球体内磁场的消失过程为例来讨论球坐标系中扩散方程的解。

在这里，我们先讨论铁磁球体中磁场的消失过程。设有一个铁磁球体放在均匀外磁场 $\boldsymbol{H}_0$ 中，如图 3.6.1 所示。在 $t=0$ 时刻，该磁场突然撤除，计算此时产生的效应。很显然，铁磁球体中的磁场不会立即消失，将有一个暂态过程。

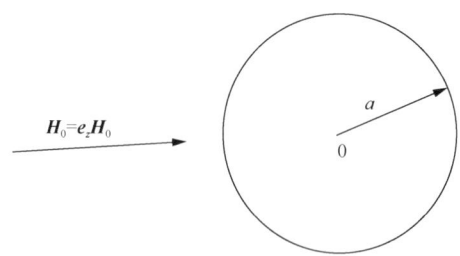

图 3.6.1　铁磁球体内磁场的消失

若使均匀外磁场沿 z 轴方向，则球体内感应电流密度只有 α 方向分量，矢量磁位 $\boldsymbol{A}$ 也只有 α 方向分量，且仅是 r 和 θ 的函数，即 $\boldsymbol{A} = A(r,\theta,t)\boldsymbol{e}_\alpha$。因此，在球坐标系下，铁磁球体内的电磁扩散方程(3.1.1)变成

$$\nabla^2 A_\mathrm{i} - \frac{A_\mathrm{i}}{r^2 \sin^2 \theta} = \mu\gamma \frac{\partial A_\mathrm{i}}{\partial t} \tag{3.6.1}$$

在铁磁球体外部空间，有

$$\nabla^2 A_\mathrm{e} - \frac{A_\mathrm{e}}{r^2 \sin^2 \theta} = 0 \tag{3.6.2}$$

现在的边界条件和初始条件是：

(1) 在 $r = a$ 处，$A_\mathrm{i} = A_\mathrm{e}$；

(2) 在 $r = a$ 处，$(\boldsymbol{H}_\mathrm{i})_\theta = (\boldsymbol{H}_\mathrm{e})_\theta$；

(3) 在 $t = 0$ 时，$A_\mathrm{i} = \frac{1}{2}\left(\frac{3\mu_\mathrm{r}}{\mu_\mathrm{r}+2}\right) B_0 r \sin\theta$，这是由于铁磁球体表面上的涡流阻止其内部磁场的改变，所以铁磁球体内的 $\boldsymbol{H}_\mathrm{i}$ 是由原来的均匀外磁场 $\boldsymbol{H}_0$ 所产生的，它们之间的关系为

$$\boldsymbol{H}_\mathrm{i} = \left(\frac{3\mu_\mathrm{r}}{\mu_\mathrm{r}+2}\right) H_0 \boldsymbol{e}_z$$

$$\boldsymbol{B}_\mathrm{i} = \mu \boldsymbol{H}_\mathrm{i} = \left(\frac{3\mu_\mathrm{r}}{\mu_\mathrm{r}+2}\right) B_0 \cos\theta \boldsymbol{e}_r - \left(\frac{3\mu_\mathrm{r}}{\mu_\mathrm{r}+2}\right) B_0 \sin\theta \boldsymbol{e}_\theta = \nabla \times \boldsymbol{A}_\mathrm{i}$$

由此不难定出 $t = 0$ 时刻的 A_i。

用分离变量法，设

$$A_\mathrm{i} = r^{-1/2} R(r) P(\theta) \mathrm{e}^{-\frac{k^2}{\mu\gamma}t} \tag{3.6.3}$$

式中，k 为参变量。并令 $x = \cos\theta$，将式 (3.6.3) 代入扩散方程 (3.6.1) 中，得到

$$r^2 \frac{\mathrm{d}^2 R}{\mathrm{d}r^2} + r \frac{\mathrm{d}R}{\mathrm{d}r} + \left[k^2 r^2 - \left(n + \frac{1}{2}\right)^2\right] R = 0 \tag{3.6.4}$$

和

$$(1-x^2) \frac{\mathrm{d}^2 P}{\mathrm{d}x^2} - 2x \frac{\mathrm{d}P}{\mathrm{d}x} + \left[n(n+1) - \frac{1}{1-x^2}\right] P = 0 \tag{3.6.5}$$

方程 (3.6.4) 是分数阶贝塞尔方程。考虑到 A_i 在 $r = 0$ 处不能为无限值，则在解中不能包含第二类贝塞尔函数。因此，有

$$R(r) = B J_{n+1/2}(kr) \tag{3.6.6}$$

而方程(3.6.5)是 $m=1$ 的连带勒让德方程。由于场域中含有极轴 $\theta=0$ 和 π，所以在解中不应存在第二类连带勒让德函数。因此

$$P(\theta) = C P_n^1(\cos\theta) \tag{3.6.7}$$

把 $R(r)$ 和 $P(\theta)$ 代回式(3.6.3)中，有

$$A_{\mathrm{i}} = \sum_s D_s r^{-1/2} J_{n+1/2}(k_s r) P_n^1(\cos\theta) \mathrm{e}^{-\frac{k_s^2}{\mu\gamma}t} \tag{3.6.8}$$

对于球外区域，同理也可得

$$A_{\mathrm{e}} = \sum_s B_s r^{-(n+1)} P_n^1(\cos\theta) \mathrm{e}^{-\frac{k_s^2}{\mu\gamma}t} \tag{3.6.9}$$

下面确定常数 n、k_s、D_s 和 B_s。根据条件(3)，有

$$\sum_s D_s r^{-1/2} J_{n+1/2}(k_s r) P_n^1(\cos\theta) = \frac{1}{2}\left(\frac{3\mu_\mathrm{r}}{\mu_\mathrm{r}+2}\right) B_0 r \sin\theta$$

比较上式两边，因为 $n=1$ 时，$P_1^1(\cos\theta)$ 才能为 $\sin\theta$，所以应取 $n=1$。因此，解的形式变成

$$A_{\mathrm{i}} = \sum_s D_s r^{-1/2} J_{3/2}(k_s r) P_1^1(\cos\theta) \mathrm{e}^{-\frac{k_s^2}{\mu\gamma}t} \tag{3.6.10}$$

和

$$A_{\mathrm{e}} = \sum_s B_s r^{-(n+1)} P_1^1(\cos\theta) \mathrm{e}^{-\frac{k_s^2}{\mu\gamma}t} \tag{3.6.11}$$

由条件(1)易知，D_s 和 B_s 有如下关系：

$$B_s = D_s a^{3/2} J_{3/2}(k_s a) \tag{3.6.12}$$

由边界条件(2)，得

$$a\frac{\mathrm{d}}{\mathrm{d}a}\left[J_{3/2}(k_s a)\right] + \left(\frac{1+2\mu_\mathrm{r}}{2}\right) J_{3/2}(k_s a) = 0 \tag{3.6.13}$$

由这个方程就可确定出 k_s 的一系列特定离散值。

将条件(3)代入式(3.6.10)中，得到

$$\sum_s D_s J_{3/2}(k_s r) = \frac{3\mu_r B_0}{2(\mu_r + 2)} r^{3/2} \tag{3.6.14}$$

这是一个将函数 $\frac{3\mu_r B_0}{2(\mu_r + 2)} r^{3/2}$ 展开为傅里叶-贝塞尔级数的问题。但是，k_s 必须满足下列三种不同的条件之一，即：

(1) $J_n(k_s a) = 0$；

(2) $J'_n(k_s a) = 0$；

(3) $k_s a J'_n(k_s a) + C J_n(k_s a) = 0$。

很显然，满足方程(3.6.13)的 k_s 是满足第三种条件的。当 k_s 满足第三种条件时，可由下式求得 D_s：

$$D_s = \frac{2}{\left(a^2 + \frac{c^2 - n^2}{k_s^2}\right) J_n^2(k_s a)} \int_0^a r f(r) J_n(k_s r) \mathrm{d}r \tag{3.6.15}$$

对于现在的问题，有 $n = \frac{3}{2}$，$c = \frac{1 + 2\mu_r}{2}$，$f(r) = \frac{3\mu_r B_0}{2(\mu_r + 2)} r^{3/2}$，代入式(3.6.15)中，得到

$$D_s = \frac{3\mu_r B_0 a^{3/2}}{\left[a^2 k_s^2 + (\mu_r + 2)(\mu_r - 1)\right] J_{3/2}(k_s a)}$$

因此，最终得铁磁球体内的矢量磁位为

$$A_i = \sum_{s=1} \frac{3\mu_r B_0 a^{3/2}}{\left[a^2 k_s^2 + (\mu_r + 2)(\mu_r - 1)\right] J_{3/2}(k_s a)} r^{-1/2} J_{3/2}(k_s r) \sin\theta e^{-\frac{k_s^2}{\mu\gamma} t} \tag{3.6.16}$$

而铁磁球体外部的矢量磁位为

$$A_e = \sum_{s=1} \frac{3\mu_r B_0 a^3}{\left[a^2 k_s^2 + (\mu_r + 2)(\mu_r - 1)\right] J_{3/2}(k_s a)} r^{-2} \sin\theta e^{-\frac{k_s^2}{\mu\gamma} t} \tag{3.6.17}$$

利用 $\boldsymbol{J} = -\gamma \frac{\partial \boldsymbol{A}}{\partial t} = J_\alpha \boldsymbol{e}_\alpha$，我们得到球内的电流密度是

$$J_\alpha = -\frac{3B_0 a^{3/2}\sin\theta}{\mu_0\sqrt{r}}\sum_{s=1}\frac{k_s^2}{a^2 k_s^2+(\mu_r+2)(\mu_r-1)}\frac{J_{3/2}(k_s r)}{J_{3/2}(k_s a)}e^{-\frac{k_s^2}{\mu\gamma}t} \qquad (3.6.18)$$

对于铁磁球体内磁场的建立过程，处理方法完全相同，但是边界条件和初始条件有变化。这里从略，留给有兴趣的读者去完成。

3.7 磁场消失和建立的一般规律

在前面的 3.1 节中曾经介绍过，导电媒质内电磁场的消失和建立过程都满足如下扩散方程：

$$\nabla^2 u - \mu\gamma\frac{\partial u}{\partial t} = 0 \qquad (3.7.1)$$

式中，变量 u 可以是电场强度 E、磁场强度 H、电流密度 J、矢量位 A 等。本节就根据式(3.7.1)来讨论磁场消失和建立的一般规律。

应用分离变量方法，可以求得式(3.7.1)的一般解。设

$$u(x,y,z,t) = S(x,y,z)T(t) \qquad (3.7.2)$$

式中，$S(x,y,z)$ 只是空间坐标的函数，而 $T(t)$ 是时间的函数。将式(3.7.2)代入式(3.7.1)中，得到

$$\frac{1}{S(x,y,z)}\nabla^2 S(x,y,z) = \mu\gamma\frac{1}{T(t)}\frac{\mathrm{d}T(t)}{\mathrm{d}t} \qquad (3.7.3)$$

由此可设

$$\mu\gamma\frac{1}{T(t)}\frac{\mathrm{d}T(t)}{\mathrm{d}t} = -p^2 \qquad (3.7.4)$$

式中，p 为分离常数。式(3.7.4)的解为

$$T_p(t) = C_p e^{-\frac{p^2}{\mu\gamma}t} \qquad (3.7.5)$$

而 $S(x,y,z)$ 满足如下方程：

$$\nabla^2 S(x,y,z) + p^2 S(x,y,z) = 0 \qquad (3.7.6)$$

其解用 $S_p(x,y,z)$ 表示。不难看出，分离常数 p 是由导电媒质的几何形状和尺寸决

定的。

式(3.7.5)表明,导电媒质内电磁场的消失和建立过程都是随时间按指数$\mathrm{e}^{-\frac{p^2}{\mu\gamma}t}$规律变化的,这是一条普遍的规律。把$\frac{\mu\gamma}{p^2}$称为时间常数,记为$\tau$。显然,时间常数$\tau$的大小不仅与导电媒质的电导率$\gamma$和磁导率$\mu$有关,也与分离常数$p$有关。由于分离常数$p$是由导电媒质的几何形状和尺寸决定的,所以时间常数$\tau$也与导电媒质的几何形状和尺寸有关。

在导电媒质的几何形状和尺寸确定的条件下,究竟如何选取分离常数p,要由给定问题的具体边界条件而定。一般说来,分离常数必须取某些特定数值(否则,只能得到恒等于零的无意义解)。把这些特定值称作给定问题的本征值,相应于各本征值的基本解$u_p(x,y,z,t)=S_p(x,y,z)T_p(t)$称为本征函数。对于有限区间问题,其本征值$p$是一系列离散值,待求函数$u(x,y,z,t)$由本征函数$u_p(x,y,z,t)$的线性组合来表示。对于无穷区域问题,这时离散的本征值p将变为连续的,待求函数$u(x,y,z,t)$将从本征函数的线性组合形式变为积分表示形式。这里我们不作讨论,有兴趣的读者,可以阅读相关数学物理方法方面的著作。

3.8 瞬变涡流分析的时域有限差分法[1]

前面介绍了瞬变涡流分析的一种重要解法,即解析解法。本节将以一维问题为例,来说明瞬变涡流分析的一种典型数值解法——时域有限差分法。

对于电导率为γ的均匀导体,其内部磁场强度y向分量H(图3.3.1)的一维偏微分方程为

$$\frac{\partial^2 H}{\partial x^2} = \gamma \frac{\mathrm{d}B}{\mathrm{d}H}\frac{\partial H}{\partial t} \tag{3.8.1}$$

设已给定初始条件和边界条件,下面介绍解式(3.8.1)的时域有限差分法。应该注意到,由于考虑磁性导体的非线性性质,所以只有用数值方法才能有效。

为简单起见,把场域沿着x方向等分成N格,每格宽度为h,称h为空间步长,即h为相邻空间结节i和$i+1$间的距离;时间步长为Δt,是空间结点i处在时间上相继两次H值之间的时间间隔;则场域内任一结点x和采样时刻t可表示为

$$\begin{cases} x = ih & (i=0,1,2,\cdots,N) \\ t = n\Delta t & (n=0,1,2,\cdots) \end{cases} \tag{3.8.2}$$

相应的H值可以表示为

$$H(x,t) = H(ih, n\Delta t) = H_i^{(n)} \tag{3.8.3}$$

不难理解，按时间步长 Δt 向前不断地推进，应用时域有限差分法就能够数值模拟涡流的瞬变过程。

在结点 i 处和时刻 $t = n\Delta t$，H 对空间坐标的二阶偏导数可以近似为

$$\left.\frac{\partial^2 H}{\partial x^2}\right|_{(x=ih, t=n\Delta t)} = \frac{H_{i+1}^{(n)} - 2H_i^{(n)} + H_{i-1}^{(n)}}{h^2} + O(h^2) \tag{3.8.4}$$

在结点 i 和时刻 $t = n\Delta t$ 处，H 对时间的一阶偏导数可以近似为

$$\left.\frac{\partial H}{\partial t}\right|_{(x=ih, t=n\Delta t)} = \frac{H_i^{(n+1)} - H_i^{(n)}}{\Delta t} \tag{3.8.5}$$

另外，也可在结点 i 和时刻 $t = (n+1)\Delta t$ 处，将 H 对时间的一阶偏导数近似为

$$\left.\frac{\partial H}{\partial t}\right|_{(x=ih, t=(n+1)\Delta t)} = \frac{H_i^{(n+1)} - H_i^{(n)}}{\Delta t} \tag{3.8.6}$$

3.8.1 计算格式

1. 显式格式

利用式(3.8.4)和式(3.8.5)，在结点 i 处和时刻 $t = n\Delta t$ 处，对式(3.8.1)进行近似，得到其离散形式为

$$\frac{1}{h^2}\left(H_{i+1}^{(n)} - 2H_i^{(n)} + H_{i-1}^{(n)}\right) = \frac{\beta}{\Delta t}\left(H_i^{(n+1)} - H_i^{(n)}\right) \tag{3.8.7}$$

式中，$\beta = \gamma \left.\dfrac{\mathrm{d}B}{\mathrm{d}H}\right|_{(x=ih, t=n\Delta t)}$。整理式(3.8.7)，得到如下计算格式：

$$H_i^{(n+1)} = rH_{i+1}^{(n)} + (1-2r)H_i^{(n)} + rH_{i-1}^{(n)} \tag{3.8.8}$$

式中

$$r = \frac{\Delta t}{\beta h^2} \tag{3.8.9}$$

不难看出，式(3.8.8)反映了结点 i 处的新值 $H_i^{(n+1)}$（即 $t=(n+1)\Delta t$ 时刻的 H）与 $t=n\Delta t$ 时刻该点旧值 H_i^n、左右两点旧值 H_{i-1}^n 和 H_{i+1}^n 的关系。这样，从初始条件出发，对时间逐步推进，就可以从前一时刻的 H 值算出下一个瞬间每个结点处的 H 值。由于式(3.8.8)的右端均采用旧值，不需要求解联立方程组就能够求出各个结点处的新值，所以这种计算格式称为显式格式。

显式格式的优点是计算简单，缺点是仅在下列条件

$$r \leqslant \frac{1}{2} \tag{3.8.10}$$

的严格限制下，计算过程才是稳定的。当空间结点取得较多(即 h 较小)时，为了满足式(3.8.10)，时间步长 Δt 需要取得很小，这样使得整个瞬变过程的计算时间很长。因此，显式格式的计算效率很低，有时不太适合于实际应用。从物理意义上来看，可以给出显式格式的限制条件式(3.8.10)的一种物理解释。

在一维问题中，必须给定初始值 $H_i^{(1)}$，边界值 $H_0^{(n)}$ 和 $H_N^{(n)}$。设初始值为 0，并设 $H_0^{(n)} = H_N^{(n)} = H_0$。其中，$H_0$ 是一个常数，它是在 $t=0$ 时突然施加的恒定磁场。应用式(3.8.8)作第一次推进后，只有 $H_1^{(2)}$、$H_{N-1}^{(2)}$ 和表面上结点处的 H 值为非零值；在以后进行的每一次推进，非零值逐次从两边向中心移动一个结点，直到时间 $\frac{1}{2}(N-1)\Delta t$ 时，非零值才到达中心结点。显然，为使数值模拟能够以合理的速度跟踪实际的涡流瞬变过程，必须将 Δt 值取得足够小。同时，由于 h 值小(相应地 N 值大)，就更应使 Δt 值取得小。从第 2 章中介绍的阶跃函数磁化特性描述法中看出，在冲击激励作用下，波前透入到深度 z_1 时所需的时间正比于 z_1^2。因此，瞬变过程的数值模拟速度也必须以如此快的速度推进，即 Δt 必须具有 h^2 的数量级，这与式(3.8.9)的含义是相一致的。

2. 隐式格式

利用式(3.8.4)和式(3.8.6)，在结点 i 处和时刻 $t=(n+1)\Delta t$ 对式(3.8.1)进行近似，得到如下另一种离散形式：

$$H_{i+1}^{(n+1)} + \left(-2 - \frac{1}{r}\right)H_i^{(n+1)} + H_{i-1}^{(n+1)} = -\frac{1}{r}H_i^{(n)} \tag{3.8.11}$$

式(3.8.11)是一个隐式方程，称之为隐式格式。因为有 3 个新值 $H_{i+1}^{(n+1)}$、$H_i^{(n+1)}$ 和 $H_{i-1}^{(n+1)}$ 出现在方程(3.8.11)中，且它们也出现在与其他结点对应的方程中，所以必须通过联立求解这些方程组，才能求出全部结点处 H 的新值。

隐式格式的优点是没有像式(3.8.10)那样的条件限制。因为在每一时刻各结点的新值为联立求解,所以可使得边界结点值的影响迅速地传播到中心结点处。这一点是不足为奇的。

3. 克兰克-尼科尔森(Crank-Nicolson)格式

此方法的基本思想是,以 2 个时间步长的重复周期向前推进,即采用"双迭代"循环,也即交替地使用上述显式格式和隐式格式。例如,如果对于时刻 $t=(n+1)\Delta t$ 的所有空间结点使用式(3.8.8)计算,那么对于时刻 $t=(n+2)\Delta t$ 的所有空间结点,式(3.8.11)成为

$$H_{i+1}^{(n+2)}+\left(-2-\frac{1}{r}\right)H_i^{(n+2)}+H_{i-1}^{(n+2)}=-\frac{1}{r}H_i^{(n+1)} \quad (3.8.12)$$

现在,用式(3.8.8)替代式(3.8.12)中的 $H_i^{(n+1)}$,并对所得的方程进行时间上的"收缩",即使其仅跨越一个时间步长(用 $\frac{1}{2}\Delta t$ 代替 Δt),可得

$$H_{i+1}^{(n+1)}+2\left(-1-\frac{1}{r}\right)H_i^{(n+1)}+H_{i-1}^{(n+1)}=-H_{i+1}^{(n)}+2\left(1-\frac{1}{r}\right)H_i^{(n)}-H_{i-1}^{(n)} \quad (3.8.13)$$

这就是克兰克-尼科尔森格式。

克兰克-尼科尔森格式的截断误差为 $O\left((h)^2+(\Delta t)^2\right)$,实际上它是在时刻 $t=\left(n+\frac{1}{2}\right)\Delta t$ 的差分近似。时间导数用中心差分来代替,空间导数用时刻 $t=n\Delta t$ 和 $t=(n+1)\Delta t$ 的两个中心差分的平均值来代替。它不仅保持了隐式格式是无条件稳定的(不受 $\Delta t/h$ 比值范围的限制),而且仅需增加两项就能够显著地改善计算精度,这种方案比简单隐式格式优越。在实际计算中,这一点意味着可以放宽时间步长,从而使整个计算量减少。

克兰克-尼科尔森格式的优点是,无论 h 和 Δt 取多大,计算过程总是稳定的。但是,由于每一结点的新值均与左右相邻两点的新值有关,每推进一个时间步长,就要解一次 $(N-1)$ 阶代数方程组,所以较费时间。许多数值计算实例表明,仅从计算时间这一点来看,它不失为处理一维问题的较好方法。不过,对二维问题就会使得计算量大增。

4. 蛙跳格式

基本思想是在给定的时间行里,对各空间结点交替使用显式格式和隐式格式。例如,在时间行 n,当 $(i+n)$ 为奇数时,应用显式格式(式(3.8.8))

$$H_i^{(n+1)} = H_i^{(n)} + r\left(H_{i-1}^{(n)} - 2H_i^{(n)} + H_{i+1}^{(n)}\right) \tag{3.8.14}$$

而当 $(i+n)$ 为偶数时，应用隐式格式，式(3.8.11)变成

$$H_i^{(n+1)} = H_i^{(n)} + r\left(H_{i-1}^{(n+1)} - 2H_i^{(n+1)} + H_{i+1}^{(n+1)}\right) \tag{3.8.15}$$

不难看出，如果先对全部 $(i+n)$ 为奇数的结点应用显式格式(式(3.8.14))，然后应用式(3.8.15)填补 $(i+n)$ 为偶数的结点，那么式(3.8.15)也是显式的，这时 $H_i^{(n+1)}$ 为唯一的未知数，且有

$$H_i^{(n+1)} = \frac{H_i^{(n)} + r\left(H_{i-1}^{(n+1)} + H_{i+1}^{(n+1)}\right)}{1+2r} \tag{3.8.16}$$

这样，整个格式式(3.8.14)和式(3.8.16)都是显式的。

在下一个时间行 $(n+1)$，将差分格式式(3.8.14)和式(3.8.16)在空间结点上的应用顺序进行交替，如此重复下去。

实际上，上述过程可以统一表示为

$$H_i^{(n+1)} - r\theta_i^{(n+1)}\left(H_{i+1}^{(n+1)} - 2H_i^{(n+1)} + H_{i-1}^{(n+1)}\right) = H_i^{(n)} + r\theta_i^{(n)}\left(H_{i+1}^{(n)} - 2H_i^{(n)} + H_{i-1}^{(n)}\right) \tag{3.8.17}$$

式中

$$\theta_i^{(n)} = \begin{cases} 1 & (i+n\text{为奇数}) \\ 0 & (i+n\text{为偶数}) \end{cases} \tag{3.8.18}$$

对于线性问题，可以证明，蛙跳格式对于一切 h 和 Δt 值都是无条件稳定的。然而，这一格式的截断误差由下式给出：

$$T = \frac{(h)^2}{12}\frac{\partial^4 H}{\partial x^4}\bigg|_{x=ih,t=n\Delta t} - \frac{\mu\gamma(\Delta t)^2}{6}\frac{\partial^3 H}{\partial t^3}\bigg|_{x=ih,t=n\Delta t}$$

$$- \left(\frac{\Delta t}{h}\right)^2 \frac{\partial^2 H}{\partial t^2}\bigg|_{x=ih,t=n\Delta t} + \cdots \tag{3.8.19}$$

显然，当 h 和 Δt 分别趋于零时，比值 $\Delta t/h$ 必须趋于零，才能保证该方法收敛。否则，就必须求解下列双曲型方程：

$$\frac{\partial^2 H}{\partial x^2} - \mu\gamma\frac{\partial H}{\partial t} - \left(\frac{\Delta t}{h}\right)^2 \frac{\partial^2 H}{\partial t^2} = 0 \tag{3.8.20}$$

因此，必须保证如下条件成立：

$$\frac{\Delta t}{h} \ll \sqrt{\mu\gamma} \tag{3.8.21}$$

这样，就能够使截断误差保持在合理的水平内。

蛙跳格式的截断误差为 $O\left((h)^2 + (\Delta t)^2 + \left(\frac{\Delta t}{h}\right)^2\right)$，对于满足式(3.8.21)的 Δt 和 h，它的精确度优于显式格式，但不如克兰克-尼科尔森格式。在解非线性问题时，当时间步长不大于显式格式的 4 倍步长时，蛙跳格式的计算过程总是稳定的。

3.8.2 在非线性问题中的应用

首先，考虑克兰克-尼科尔森格式在非线性问题中的应用。对于非线性磁性导体，由于系数 β 不是一个常数，所以 r 也不是一个常数。因此，求 β 值是克兰克-尼科尔森格式在非线性问题中应用所面临的一个困难。

如果磁化曲线采用如下函数：

$$B = \frac{H}{a+bH} \tag{3.8.22}$$

可得

$$\beta = \gamma \frac{\mathrm{d}B}{\mathrm{d}H} = \frac{\gamma a}{a+b|H|^2} \tag{3.8.23}$$

为了使有限差分方程成为线性方程，不能用 $H_i^{(n+1)}$ 去计算新的时间行 $(n+1)$ 中的 β 值。假设 β 的变化不太快，最简单的办法就是用 $H_i^{(n)}$ 去计算新的时间行 $(n+1)$ 中的 β 值。但是，这样做将使克兰克-尼科尔森格式失去可取较大时间步长的优点。由于克兰克-尼科尔森格式是在中间时间行 $\left(n+\frac{1}{2}\right)$ 建立的，所以应该确定在时间行 $\left(n+\frac{1}{2}\right)$ 中结点 i 的 β 值。应用半时间步长克兰克-尼科尔森格式，可以计算出在时间行 $\left(n+\frac{1}{2}\right)$ 中结点 i 处 H 的值，其中 β 为基于在时间行 n 中结点 i 处的值。这样，可得

$$r_i^{(n)} = \frac{\Delta t}{2h^2 \beta_i^{(n)}} = \frac{\Delta t\left(a+b|H_i^{(n)}|^2\right)}{2\gamma a h^2} \tag{3.8.24}$$

在求出 $H_i^{(n+\frac{1}{2})}$ 后，从第 n 次到第 $(n+1)$ 次时间行的全步长克兰克-尼科尔森格式的系数为

$$r_i^{(n+\frac{1}{2})} = \frac{\Delta t}{h^2 \beta_i^{(n+\frac{1}{2})}} = \frac{\Delta t \left(a + b \left| H_i^{(n+\frac{1}{2})} \right|^2 \right)}{\gamma a h^2} \tag{3.8.25}$$

式 (3.8.24) 中，$\beta_i^{(n)}$ 为 β 的预计值；式 (3.8.25) 中，$\beta_i^{(n+\frac{1}{2})}$ 为 β 的修正值。因此，这一方法称为预计-修正法。

在使用相同空间步长和时间步长的情况下，非线性问题需要进行相当于线性问题的两次计算，并且在每一中间或主要的时间行，要对 N 个线性方程联立求解。

可以证明，当克兰克-尼科尔森格式与预计-修正法相结合，应用于非线性问题时仍然是无条件稳定的。

现在，我们来讨论蛙跳格式在非线性问题中的应用。由于两组交替的结点值集之间的彼此独立性，所以 $\beta_i^{(n)}$ 与 $H_i^{(n)}$ 一定没有联系。如果采用 $H_i^{(n+1)}$ 和 $H_i^{(n-1)}$ 的平均值，将使有限差分方程成为非线性方程。因此，在计算 β 时，采用如下平均值：

$$\frac{1}{2} \left| H_{i+1}^{(n)} + H_{i-1}^{(n)} \right| \tag{3.8.26}$$

作为 $|H|$ 值。

总的来说，蛙跳格式既保存了显式格式的基本优点，又没有在容许的空间和时间步长方面付出很大的代价。不过，由于克兰克-尼科尔森格式对所有问题都能无条件稳定，且不受比值 $\frac{\Delta t}{h}$ 的限制，所以它可以采用更大的时间步长。

3.9 轴向磁场通过薄导体管的扩散——薄壁壳模型

本节和 3.10 节将讨论有限电导率薄导体管对磁场分布的影响。根据法拉第电磁感应定律，外施磁场会在薄导体管中感应出电流。然而，根据安培定律，这些感应电流又产生一个趋于阻止外施磁场进入薄导体管内部区域中的感应磁场。因此，合成磁场随时间的变化特征不仅反映了感应磁场对时间的变化特征，而且也反映了薄导体管的电导率和几何尺寸。

例如，含有一个或多个无限长的长直柱形薄导体管，就是一类场分布相当简

单的构型。如图 3.9.1 所示,这些长直柱形薄导体管沿 z 方向是均匀的但有任意几何形状的截面。在这里,假设磁场方向是沿 z 方向取向的,并且感应电流通过薄导体管绕 z 轴环行流动,电磁场和电流的分布却与 z 无关。

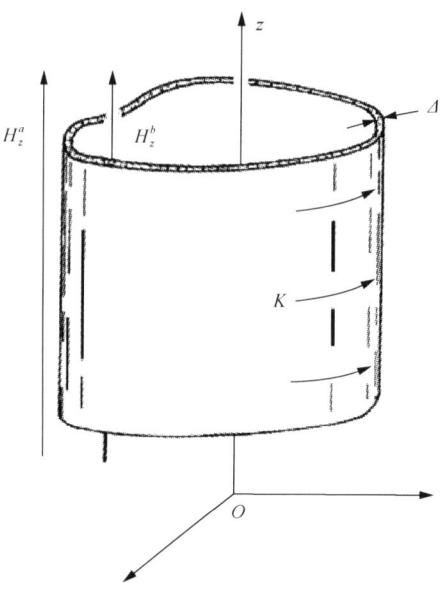

图 3.9.1 电导率为 γ ,厚度为 Δ 的具有任意形状截面的薄导体管
管中的电流 $K(t)$ 沿着垂直于磁场的方向环行流动;磁场与柱体的轴线相平行

假设在薄导体管的厚度内感应电流是近似均匀的,且与方位角坐标无关,即

$$K = K(t) \tag{3.9.1}$$

根据连续性条件,要求在薄导体管内、外表面上的磁场与式(3.9.1)中的面电流密度之间满足如下关系:

$$-H^a + H^b = K \tag{3.9.2}$$

对于单个柱体的系统来说,如果给定面电流密度 K,且在内、外区域中的媒质都是均匀的,那么内部区域中的磁场是均匀的。

一般说来,K 是未知的,但是,K 是均匀的。根据法拉第定律,在穿过柱体环行的周线 C 上,有

$$\oint_C \boldsymbol{E} \cdot \mathrm{d}\boldsymbol{l} = -\frac{\mathrm{d}}{\mathrm{d}t} \int_S \boldsymbol{B} \cdot \mathrm{d}\boldsymbol{S} \tag{3.9.3}$$

若薄导体管的厚度为 Δ,其中的感应电流体密度为 J,则面电流密度 K 与薄壳导

体中电场强度 E 之间的关系如下：

$$K = J\Delta = \gamma E \Delta$$

或

$$E = \frac{K}{\Delta \gamma} \tag{3.9.4}$$

如果 Δ 和 γ 都是均匀的，那么 E（与 K 一样）在薄导体管内是处处相同的。如果给定 Δ 和 γ，由于 K 是常数，即可求出式(3.9.3)中左边的积分。将式(3.9.4)代入式(3.9.3)中，得到

$$K \oint_C \frac{\mathrm{d}l}{\Delta(l)\gamma(l)} = -\frac{\mathrm{d}}{\mathrm{d}t} \int_S \boldsymbol{B} \cdot \mathrm{d}\boldsymbol{S} \tag{3.9.5}$$

式中，$\Delta(l)$ 和 $\gamma(l)$ 分别表示厚度 Δ 和电导率 γ 都可能是方位角坐标的函数。

最感兴趣的情况是，厚度和电导率都是均匀的。此时，式(3.9.5)简化成

$$\frac{Kl}{\Delta \gamma} = -\frac{\mathrm{d}}{\mathrm{d}t} \int_S \boldsymbol{B} \cdot \mathrm{d}\boldsymbol{S} \tag{3.9.6}$$

式中，l 为柱体的周界长度。

实际上，在第 1 章的 1.5 节中介绍的长直导体圆管的涡流屏蔽解就是基于这个模型的问题。这里，再看一个轴向磁场向不均匀电导率管子的扩散问题。对于如图 3.9.1 所示受强加的轴向磁场 $H_o(t)$ 作用的圆柱形管壳，现在电导率是方位角坐标的一个函数，即

$$\gamma = \frac{\gamma_0}{1 + \alpha \cos \phi} \tag{3.9.7}$$

由法拉第定律，得到式(3.9.5)中的积分变为

$$K \oint_C \frac{\mathrm{d}l}{\Delta(l)\gamma(l)} = \frac{K}{\Delta \gamma_0} \int_0^{2\pi} (1 + \alpha \cos \phi) a \mathrm{d}\phi = \frac{2\pi a}{\Delta \gamma_0} K \tag{3.9.8}$$

因此，

$$\frac{2\pi a}{\Delta \gamma_0} K = -\frac{\mathrm{d}}{\mathrm{d}t}(\pi a^2 \mu_0 H_\mathrm{i}) \tag{3.9.9}$$

这样，连续性条件式(3.9.2)成为

$$K = -H_o + H_i \tag{3.9.10}$$

这样，H_i 可由与 1.5 节中同样的表达式来确定，只是需将 γ 用 γ_0 替换。对于外施磁场的阶跃激励，面电流响应的是指数型。

但是，电场分布却与 1.5 节中是不同的。利用式(3.9.7)，由式(3.9.4)可给出薄壳导体内的电场：

$$E = \frac{K}{\Delta\gamma_0}(1+\alpha\cos\phi) \tag{3.9.11}$$

不难求出，在邻近的自由空间区域中的电场分布为

$$\boldsymbol{E} = \begin{cases} -\dfrac{\mu_0 r}{2}\dfrac{\mathrm{d}H_i}{\mathrm{d}t}\boldsymbol{e}_\phi - \nabla\Phi_i & (r<a) \\ -\dfrac{\mu_0 a}{2}\left[\dfrac{a}{r}\dfrac{\mathrm{d}H_i}{\mathrm{d}t} + \left(\dfrac{r}{a}-\dfrac{a}{r}\right)\dfrac{\mathrm{d}H_o}{\mathrm{d}t}\right]\boldsymbol{e}_\phi - \nabla\Phi_o & (r>a) \end{cases} \tag{3.9.12}$$

式中

$$\Phi_i = -\frac{K\alpha}{\Delta\gamma_0}r\sin\phi \tag{3.9.13}$$

$$\Phi_o = -\frac{K\alpha a^2}{\Delta\gamma_0}\frac{\sin\phi}{r} \tag{3.9.14}$$

与面电流和感应磁场一样，电场 $\boldsymbol{E}$ 也是作指数衰减的。在某一给定时刻，$\boldsymbol{E}$ 的分布如图 3.9.2 所示。可以看出，合成解是有旋的特解部分和守恒的齐次解部分之和。在一定程度上，后者对总场的影响与反映电导率不均匀性的系数 α 有关。

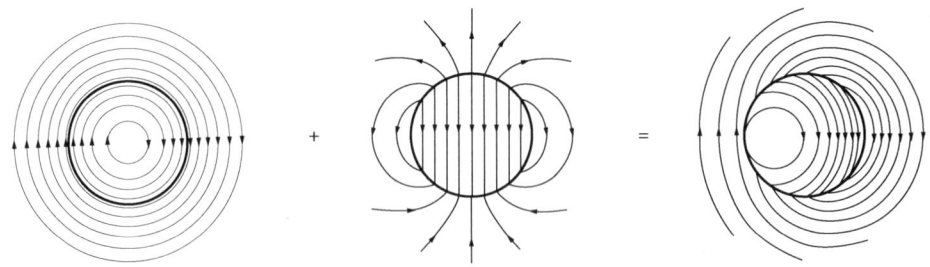

图 3.9.2 圆柱形薄导体管(其电导率随方位角坐标变化)，内、外区域中的感应电场可看成有旋的特解和守恒的齐次解之和。右边的电导率小，左边的电导率大，$\alpha = 0.5$

对于 $\alpha>0$ 的情况，图 3.9.2 中右边($\phi=0$)的电导率小而左边的电导率大。按照不均匀导体中的电荷分布规律 $\rho = -\dfrac{\varepsilon}{\gamma}\boldsymbol{E}\cdot\nabla\gamma + \boldsymbol{E}\cdot\nabla\varepsilon$，在电流从高电导率处流

向低电导率处的过渡区域中感应出正电荷,而负感应电荷出现在电流从低电导率处流向高电导率处的过渡区域中。不难看出,在图 3.9.2 中,场的齐次解起始和终止于这些电荷上。

实际上,上述的薄壁壳模型可用于描述厚导体块中电流的不均匀流动。这种模型在研究对柱形体的感应加热的速率时也是十分有用的。

3.10 横向磁场通过薄导体管的扩散——薄壁壳模型

本节中,我们将研究横向磁场在薄导体管中产生的电流的电磁感应现象。此时,外施磁场一般都有一个与薄导体管表面相垂直的分量。不像在轴向磁场通过薄导体管的扩散情况中的那样,磁场与薄导体管表面是完全相切的。

如图 3.10.1 所示,圆柱导体壳沿 z 方向的长度远大于其半径 a。它的电导率为 γ,厚度 Δ 远小于其半径 a。现在把圆柱壳的内、外区域分别记为 b 和 a。

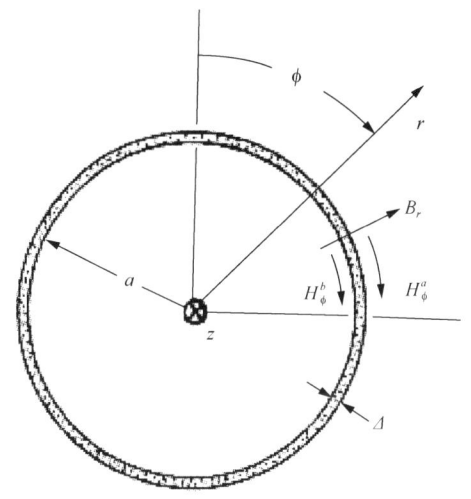

图 3.10.1 其轴与磁场相垂直的圆柱导体壳的截面

假设磁场在与 z 轴垂直的平面内取向,且与 z 无关。壳中电流沿 z 方向。在壳中某处沿 $+z$ 方向的电流将从壳中另一处沿 $-z$ 方向返回。另外,假设圆柱壳近似地有与自由空间相同的磁导率,因此它没有导引磁通密度的趋势。根据连续性条件,在穿过圆柱壳时 $\boldsymbol{B}$ 的法向分量应该是连续的,即

$$B_r^a = B_r^b \tag{3.10.1}$$

假设电流密度 $J_z = \gamma E_z$ 在圆柱壳的径向截面上近似地作均匀分布,那么在壳中的面电流密度表达式为

$$K_z = J_z \Delta = E_z \gamma \Delta \tag{3.10.2}$$

根据法拉第定律，有

$$\frac{1}{a}\frac{\partial E_z}{\partial \phi} = -\frac{\partial B_r}{\partial t} \tag{3.10.3}$$

又根据连续性条件，有

$$K_z = H_\phi^a - H_\phi^b \tag{3.10.4}$$

联立式(3.10.2)、式(3.10.3)和式(3.10.4)，可以得到如下连续性条件：

$$\frac{1}{\gamma a \Delta}\frac{\partial}{\partial \phi}(H_\phi^a - H_\phi^b) = -\frac{\partial B_r}{\partial t} \tag{3.10.5}$$

因此，横向磁场通过薄导体管的扩散问题就由连续性条件式(3.10.1)和式(3.10.5)所表述，称之为薄壁壳模型，或描述薄导体管的动态连续性条件，即将感应电流限制在一个能够用动态连续性条件表示的薄层区域内。它可以用作有效地代替理想化的完纯导电性边界条件。

例如，如图 3.10.2 所示，这里考虑横向磁场向带有导磁铁心的圆柱导电管壳内的扩散问题。场刚施加后，管壳的作用就像完纯导体一样。随着时间增长，管壳电流衰减到零，只有磁化现象持续着。

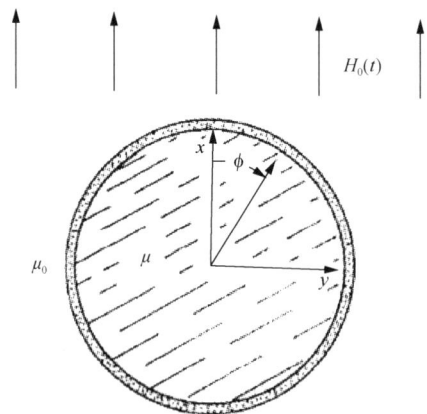

图 3.10.2 由磁导率为 μ 的材料填充并被自由空间包围的导电圆柱壳，在无限远处为均匀的磁场 $H_0(t)$ 施加在与柱体轴线相垂直的方向上

如图 3.10.2 所示，一半径为 a 的导磁圆柱铁心，被一厚度为 Δ 和电导率为 γ 的薄导电管壳包围。沿着与管壳和铁心轴线相垂直的方向施加一均匀的时变磁场

$H_0(t)$。这个结构沿轴向足够长，可以认为场与轴向坐标 z 无关。

在管壳内部区域（i）和外部区域（o）分别有

$$\boldsymbol{B}^{\mathrm{i}} = \mu \boldsymbol{H}^{\mathrm{i}}, \quad \boldsymbol{B}^{\mathrm{o}} = \mu_0 \boldsymbol{H}^{\mathrm{o}} \tag{3.10.6}$$

对于 r-ϕ 平面内的二维磁场来说，其中面电流沿 z 方向，应用标量磁位可以简化磁场的描述，即

$$\boldsymbol{H} = -\nabla \Phi_{\mathrm{m}} \tag{3.10.7}$$

显然，在远离圆柱体处，由于外磁场是均匀的，所以 Φ_{m} 的形式应为

$$\Phi_{\mathrm{m}} = -H_0 r \cos\phi \tag{3.10.8}$$

假设在管壳内部区域和外部区域，标量磁位的解分别有如下形式：

$$\begin{cases} \Phi_{\mathrm{m}}^{\mathrm{i}} = Cr\cos\phi \\ \Phi_{\mathrm{m}}^{\mathrm{o}} = -H_0 r\cos\phi + A\dfrac{\cos\phi}{r} \end{cases} \tag{3.10.9}$$

式中，系数 A 和 C 由连续性条件确定。把式(3.10.9)代入式(3.10.7)中，得到

$$\begin{cases} \boldsymbol{B}^{\mathrm{i}} = -\mu C(\cos\phi \boldsymbol{e}_r - \sin\phi \boldsymbol{e}_\phi) \\ \boldsymbol{B}^{\mathrm{o}} = -\mu_0 \left(H_0 + \dfrac{A}{r^2}\right)\cos\phi \boldsymbol{e}_r - \mu_0 \left(H_0 - \dfrac{A}{r^2}\right)\sin\phi \boldsymbol{e}_\phi \end{cases} \tag{3.10.10}$$

将式(3.10.10)代入式(3.10.1)中，以保证穿过圆柱壳时 $\boldsymbol{B}$ 的法向分量是连续的，得到

$$\mu_0\left(H_0 + \dfrac{A}{a^2}\right) = -\mu C \tag{3.10.11}$$

类似地，再将式(3.10.10)代入式(3.10.5)所表示的连续性条件中，得到

$$-\frac{1}{a\gamma\Delta}\left(H_0 - \frac{A}{a^2}\right) - \frac{C}{\gamma a\Delta} = -\mu_0\left(\frac{\mathrm{d}H_0}{\mathrm{d}t} + \frac{1}{a^2}\frac{\mathrm{d}A}{\mathrm{d}t}\right) \tag{3.10.12}$$

联立解方程(3.10.11)和(3.10.12)，得到 $A(t)$ 的一阶常微分方程：

$$\frac{\mathrm{d}A}{\mathrm{d}t} + \frac{A}{\tau_{\mathrm{m}}} = -a^2\frac{\mathrm{d}H_0}{\mathrm{d}t} + \frac{H_0 a}{\gamma\mu_0 \Delta}\left(1 - \frac{\mu_0}{\mu}\right) \tag{3.10.13}$$

式中，τ_m 为时间常数，其表达式为

$$\tau_m = \mu_0 \gamma a \Delta \left(\frac{\mu}{\mu + \mu_0} \right) \tag{3.10.14}$$

在方程(3.10.13)中，外施磁场 $H_0(t)$ 可以假设随时间作任意变化。这里，我们考虑对外施磁场中阶跃的响应。假设在 $t=0$ 之前，导电管壳内部或外部没有磁场，H_0 是幅值为 H_m 的阶跃函数，在 $t=0$ 时被接入。令 D 是一个由初始条件决定的常数，则方程(3.10.13)的解可表示为

$$A(t) = H_m a^2 \frac{\mu - \mu_0}{\mu + \mu_0} + D e^{-t/\tau_m} \tag{3.10.15}$$

从 $t = 0_-$ 到 $t = 0_+$，对方程(3.10.13)两边分别进行时间 t 积分，得到

$$A(0) = -H_m a^2 \tag{3.10.16}$$

将它代入式(3.10.15)中，可以计算出常数 D。因此，式(3.10.15)成为

$$A(t) = H_m a^2 \left[\frac{\mu - \mu_0}{\mu + \mu_0} (1 - e^{-t/\tau_m}) - e^{-t/\tau_m} \right] \tag{3.10.17}$$

将式(3.10.17)代入式(3.10.11)中，就可以计算出 C。最后，把这两个待定系数 A 和 C 代入式(3.10.9)中，可给出在管壳内部和外部的标量磁位分别为

$$\Phi_m^i = -H_m r \frac{2\mu_0}{\mu + \mu_0} (1 - e^{-t/\tau_m}) \cos\phi \tag{3.10.18}$$

$$\Phi_m^o = -H_m a \left\{ \frac{r}{a} - \frac{a}{r} \left[\frac{\mu - \mu_0}{\mu + \mu_0} (1 - e^{-t/\tau_m}) - e^{-t/\tau_m} \right] \right\} \cos\phi \tag{3.10.19}$$

图 3.10.3 示出了场的变化过程，其中画出的是 **B** 线。当横向磁场被突然接入时，电流在管中沿这样一个方向环形流动以便感应出一个能阻止外施磁场进入的感应磁场。对于一正的外施场，要求面电流一定在右半边沿 $-z$ 方向，而在左半边沿 $+z$ 方向返回。这个面电流密度可以解析地表示为

$$K_z = H_\phi^o - H_\phi^i = \left[-H_0 \left(1 - \frac{\mu_0}{\mu} \right) + \frac{A}{a^2} \left(1 + \frac{\mu_0}{\mu} \right) \right] \sin\phi \tag{3.10.20}$$

再利用式(3.10.16),有

$$K_z = -2H_m \sin\phi e^{-t/\tau_m} \tag{3.10.21}$$

随着 K_z 的衰减，外部磁场从完纯导体磁场模式（这里 $\boldsymbol{n}\cdot\boldsymbol{B}=0$）变化到最终的似乎导电壳不存在时的磁场模式。最后，铁心趋于把这个磁场拉入到圆柱体中。

系数 A 代表了一个产生与管壳电流的磁场的等效场的二维磁偶极子的幅值。当激励刚加上时，A 是负的，因此等效磁偶极矩指向与外施磁场相反的方向。这将产生一围绕管壳转向的磁场。随着时间的增长，这个磁偶极矩会变换符号。只有当 $\mu>\mu_0$ 时，才会发生符号变换，很容易理解这一点是由铁心的磁化引起的。如果没有铁心，最终的场将是均匀的。

在什么条件下，管壳可看成是完纯导体呢？这个答案不仅涉及电导率 γ，而且还涉及几何尺寸和时间尺度，在一定程度上还涉及磁导率 μ。对于阶跃响应来说，在小于由式(3.10.14)给出的 τ_m 时间内，管壳对外施场有屏蔽作用。

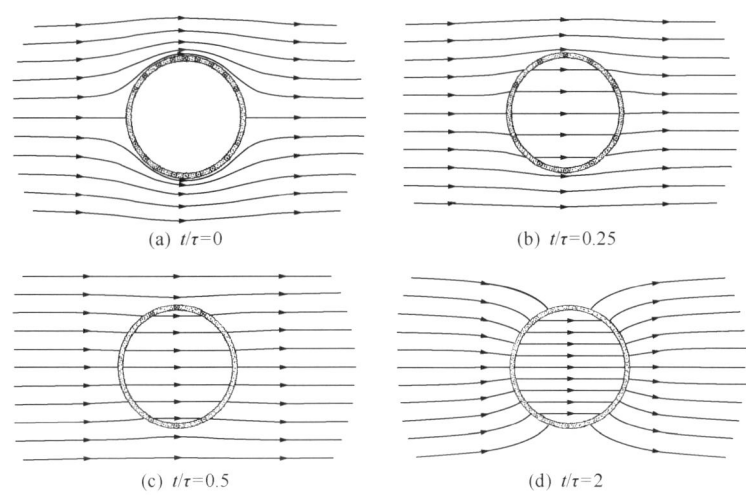

图 3.10.3 横向磁场突然接入时，圆管内、外磁场的变化过程

当 $t=0$ 时，在无限远处为均匀的一个磁场被突然施加于圆柱形的导电壳上，管壳内铁心为磁导率 $\mu=200\mu_0$ 的材料。当 $t/\tau_m=0$ 时即激励加上后的一瞬间，面电流把磁场完全屏蔽出中心区域。随着时间的增长，这些电流不断地衰减，直到最终场不再受导电壳的影响。最终，场分布近似地垂直于铁心。当不存在这个高导磁的铁心时，最后的场将是均匀的。

总之，在 3.9 节和本节中，感应电流都是在薄的导电壳中，即感应电流被限制在一个能够用动态连续性条件表示的薄层区域内。实际上，把薄壁壳模型推广应用于一个大块导体内部的磁扩散问题分析是有可能的，它能给出磁场向大块导体内部扩散的一个直观印象。

如图 3.10.4 所示，可以把同轴薄圆柱壳看成是实心圆柱导体的一个模型。按照 3.9 节中概述的分析方法，假设外部场 H_0 是一个强加的时间函数，那么，薄壁之间的磁场（H_1 和 H_0）和中心区域的磁场（H_3）将通过把 $H_0(t)$ 看成是激励源的三个常微分方程相联立来确定。与这些场的演变过程相关的壳中的面电流趋于把这个场屏蔽在管壳外部。在管壳的数目是无限的情况下，实心导体柱中的场分布可以用这样的耦合薄管壳来描述。

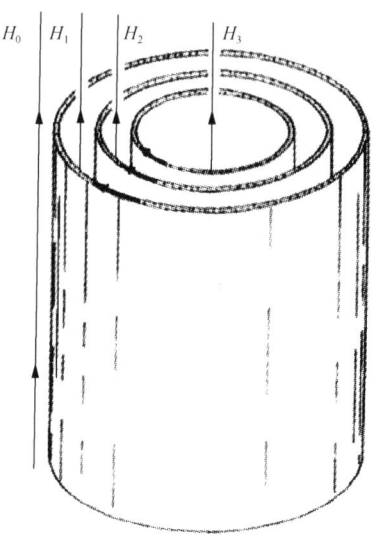

图 3.10.4　由无限长同轴的导电壳构成的一个轴向场结构。当施加一外部场 H_0 时，在管中环形流动的电流趋于屏蔽外磁场

第4章 正弦稳态涡流分析

在实际工程中,许多涡流问题都属于随时间作正弦变化的正弦稳态涡流问题,如薄导体平板的涡流损耗、叠片铁心线圈的涡流损耗、同轴圆柱导体电缆的涡流损耗、电机槽内多层导体的涡流损耗等。本章介绍导体中正弦稳态涡流的解析解法,包括一维、二维和三维问题。

4.1 薄导体平板

作为一个例子,研究变压器铁心叠片中的电磁场,如图 4.1.1 所示。考虑其中一片硅钢片,看成是一薄导体平板,如图 4.1.2 所示。

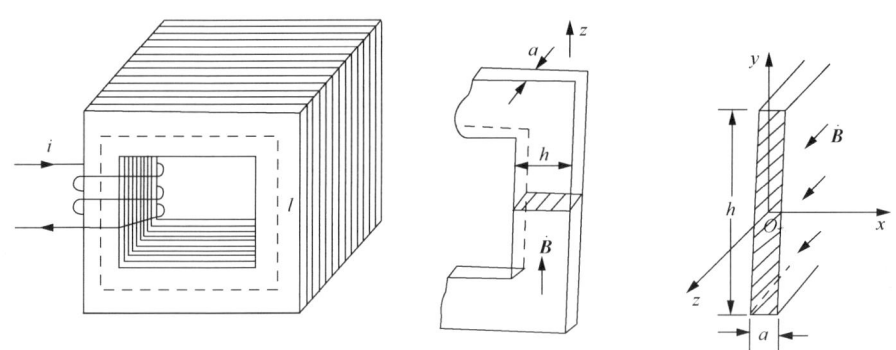

图 4.1.1 变压器铁心叠片 图 4.1.2 薄导体平板

为了分析薄导体平板中的电磁场分布,做如下假设:

(1)由于 l 和 $h \gg a$,所以场量 $\dot{E}$ 和 $\dot{H}$ 等近似为 x 的函数,与 y 和 z 无关;

(2)由于外磁场 $\dot{B}$ 沿 z 方向,所以板中的涡流无 z 分量,在 xOy 平面内呈闭合路径。又因为 $a \ll h$,所以可忽略 y 方向两端的边缘效应,认为 $\dot{E}$ 和 $\dot{J}$ 仅有 y 分量 $\dot{E}_y$ 和 $\dot{J}_y$。显然,$\dot{H}$ 也只有 z 分量 $\dot{H}_z$。

根据以上分析,得知方程(1.2.16)简化后的形式是

$$\frac{\mathrm{d}^2 \dot{H}_z}{\mathrm{d}x^2} = k^2 \dot{H}_z \tag{4.1.1}$$

式中,$k^2 = \mathrm{j}\omega\mu\gamma$。这个方程的一般解是

$$\dot{H}_z = C_1 e^{-kx} + C_2 e^{+kx} \tag{4.1.2}$$

显然，磁场沿 x 方向的分布应是偶对称的，

$$\dot{H}_z\left(\frac{a}{2}\right) = \dot{H}_z\left(-\frac{a}{2}\right)$$

所以取 $C_1 = C_2 = C/2$。因此，式(4.1.2)可改写成

$$\dot{H}_z = C\,\text{ch}\,kx \tag{4.1.3}$$

如果设 $x=0$ 处，$\dot{B}_z(0) = \dot{B}_0$，则 $C\mu = \dot{B}_0$。因此，可得薄导体平板内的磁场强度和磁感应强度分别为

$$\dot{H}_z = \frac{\dot{B}_0}{\mu}\text{ch}\,kx \tag{4.1.4}$$

$$\dot{B}_z = \dot{B}_0\,\text{ch}\,kx \tag{4.1.5}$$

利用 $\nabla \times \dot{H} = \dot{J}$ 和 $\dot{J} = \gamma \dot{E}$，可得电场强度和电流密度分别是

$$\dot{E}_y = -\frac{\dot{B}_0 k}{\mu\gamma}\text{sh}\,kx \tag{4.1.6}$$

$$\dot{J}_y = -\frac{\dot{B}_0 k}{\mu}\text{sh}\,kx \tag{4.1.7}$$

图 4.1.3 示出了磁感应强度的模 B_z 和电流密度的模 J_y 的分布曲线，图中 $K = \sqrt{\omega\mu\gamma/2}$。可以看出，磁场强度在薄板中心处取最小值，这是由涡流的去磁效应引起的。涡流电流密度反对称于中心处，中心处为零，在表面处取最大值；还可看出在薄板内部，电场及磁场的分布并不均匀，愈深入内部，场量愈小。场的分布集中在薄板表面附近，也呈现出集肤效应现象。对电工钢片来说，一般 $\mu \approx 1000\mu_0$，$\gamma = 10^7\,\text{S/m}$，厚度 $a = 0.5\text{mm}$。分析结果表明，当工作频率为 $f = 50\text{Hz}$ 时，$d = \sqrt{\dfrac{2}{\omega\mu\gamma}} = 0.715 \times 10^{-3}\,\text{m}$，$\dfrac{a}{d} = 0.7$，集肤效应不显著，可以认为 $\dot{B}$ 还是沿截面均匀分布的。但当工作频率为 $f = 2000\text{Hz}$ 时，$\dfrac{a}{d} = 4.4$，钢片表面处的 $\dot{B}$ 大约是中间的 4.5 倍。可见在音频时，已不适宜采用 0.5mm 厚的硅钢片了，要用更薄的硅钢片。因此，在设计工作于音频、超音频等较高频率的变压器时，

必须考虑集肤效应的影响。

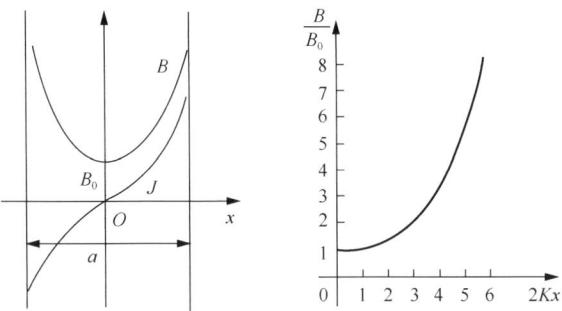

图 4.1.3 $\dot{\boldsymbol{B}}$ 和 $\dot{\boldsymbol{J}}$ 的模值分布曲线

最后，计算硅钢片中的涡流损耗。在体积 V 中消耗的平均功率为

$$P = \int_V \frac{1}{\gamma} |\dot{J}_y|^2 \, dV \tag{4.1.8}$$

通常，人们对沿导体平板截面的磁感应强度的平均值 $\dot{B}_{zav}$ 感兴趣。此平均值的复数值由导体平板厚度上复数值 $\dot{B}_z$ 的平均值而得到，即

$$\dot{B}_{zav} = \frac{1}{a} \int_{-\frac{a}{2}}^{+\frac{a}{2}} \dot{B}_z \, dx = \frac{\dot{B}_0}{a} \int_{-\frac{a}{2}}^{+\frac{a}{2}} \text{ch} kx \, dx = \dot{B}_0 \frac{\text{sh}\frac{ka}{2}}{\frac{ka}{2}} \tag{4.1.9}$$

在音频条件下，硅钢片的厚度应在 0.05～0.1mm 范围内。在无线电频率条件下，就算是这种厚度的硅钢片，磁通沿硅钢片厚度的分布已很不均匀，涡流大大削弱了硅钢片中心处的场。在高频情况下，一般用很细的铁磁性材料粉末和绝缘材料粉末来锻压制作变压器或线圈的铁心。

现在来看式(4.1.8)中的被积函数：

$$\frac{1}{\gamma} |\dot{J}_y|^2 = \frac{|k|^2 B_0^2}{2\mu^2 \gamma} (\text{ch} 2Kx - \cos 2Kx)$$

式中，$K = \sqrt{\frac{\omega\mu\gamma}{2}}$，而 B_0 是 $\dot{B}_0$ 的模值。因为 $|k| = \sqrt{\omega\mu\gamma}$，则

$$\frac{1}{\gamma} |\dot{J}_y|^2 = \frac{\omega}{2\mu} B_0^2 (\text{ch} 2Kx - \cos 2Kx)$$

由式(4.1.9)，用沿导体平板截面的磁感应强度的平均值 $\dot{B}_{zav}$ 的模值来表示 B_0，有

$$B_{zav} = B_0 \left| \frac{\sh \frac{ka}{2}}{\frac{ka}{2}} \right| = B_0 \frac{\sqrt{\ch Ka - \cos Ka}}{Ka}$$

因此，有

$$\frac{1}{\gamma}|\dot{J}_y|^2 = B_{zav}^2 \frac{\omega}{2\mu} K^2 a^2 \frac{\ch 2Kx - \cos 2Kx}{\ch Ka - \cos Ka}$$

将单位体积的损耗 $\frac{1}{\gamma}|\dot{J}_y|^2$ 乘以长度 l、高度 h 和平板的单位厚度 $\mathrm{d}x$，沿厚度方向取积分，就是整个导体平板体积中的损耗：

$$\begin{aligned} P &= lh \int_{-\frac{a}{2}}^{+\frac{a}{2}} \frac{1}{\gamma}|\dot{J}_y|^2 \mathrm{d}x \\ &= B_{zav}^2 lh \frac{\omega}{2\mu} Ka^2 \frac{\sh Ka - \sin Ka}{\ch Ka - \cos Ka} \end{aligned} \quad (4.1.10)$$

这里，讨论当频率较低时的特殊情况，即当 $Ka<1$ 时，公式(4.1.10)可简化成如下公式：

$$P = \frac{1}{12} \omega^2 \gamma a^2 B_{zav}^2 V \quad (4.1.11)$$

此式为忽略集肤效应时的涡流损耗计算公式。式中，V 为薄板的体积；B_{zav} 为磁感应强度在板厚上的平均值。可以看出，为了减小涡流损耗，薄板应尽量薄，电导率应尽量小。因此，交流电器的铁心都是由彼此绝缘的硅钢片叠装而成的。当频率高到一定程度后，式(4.1.11)就不正确了，采用薄板形式也不适宜了，而应该用粉状材料压制而成的铁心。

4.2 叠片铁心线圈

如图4.2.1所示，叠片铁心的矩形截面尺寸为 $2a \times 2b$。考虑比较一般的情况：设平行于叠片方向（x方向）的电导率为 γ_x，垂直于叠片方向（y方向）的电导率为 γ_y，两个方向的磁导率都为 μ。铁心绕组中通有正弦激励电流，它产生沿 z 方向的磁场。这里设铁心表面的磁场强度为 $H_s \sin \omega t$。

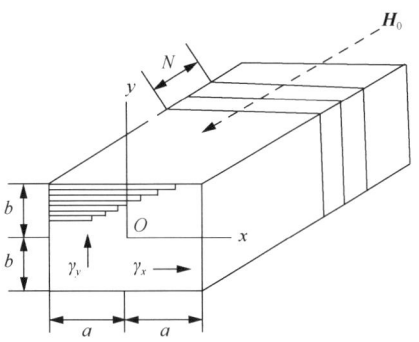

图 4.2.1 叠片铁心线圈

xOy 平面上的涡流将在叠片内流动且趋于抵消绕组中激励电流的磁场,合成磁场将只有 z 方向分量。同时,电场有 y 和 x 方向分量,而 z 方向分量为零。另外,电磁场都与坐标变量 z 无关,只是空间坐标 (x, y) 和时间 t 的函数,即

$$\boldsymbol{H} = H(x, y, t)\boldsymbol{e}_z \quad \text{和} \quad \boldsymbol{E} = E_x(x, y, t)\boldsymbol{e}_x + E_y(x, y, t)\boldsymbol{e}_y \tag{4.2.1}$$

这里,我们认为已达正弦稳态。因此,采用相量法分析,那么 $\boldsymbol{H}$ 和 $\boldsymbol{E}$ 的相量形式为

$$\dot{\boldsymbol{H}} = \dot{H}(x, y)\boldsymbol{e}_z \quad \text{和} \quad \dot{\boldsymbol{E}} = \dot{E}_x(x, y)\boldsymbol{e}_x + \dot{E}_y(x, y)\boldsymbol{e}_y \tag{4.2.2}$$

若把式(4.2.2)代入麦克斯韦方程 $\nabla \times \dot{\boldsymbol{H}} = \gamma \dot{\boldsymbol{E}}$ 和 $\nabla \times \dot{\boldsymbol{E}} = -j\omega\mu\dot{\boldsymbol{H}}$ 中,容易得到

$$\frac{\partial \dot{H}}{\partial y} = \gamma_x \dot{E}_x, \quad -\frac{\partial \dot{H}}{\partial x} = \gamma_y \dot{E}_y, \quad \frac{\partial \dot{E}_y}{\partial x} - \frac{\partial \dot{E}_x}{\partial y} = -j\omega\mu\dot{H}$$

由此得到

$$\eta \frac{\partial^2 \dot{H}}{\partial x^2} + \frac{\partial^2 \dot{H}}{\partial y^2} = \alpha^2 \dot{H} \tag{4.2.3}$$

式中,$\alpha^2 = j\omega\mu\gamma_y$,$\eta = \gamma_x/\gamma_y$。现在,叠片铁心中的磁场问题归结为求满足方程(4.2.3)和如下边界条件:

$$\dot{H} = \dot{H}_s, \quad x = \pm a, \quad y = \pm b$$

的边值问题。应该注意到,这里 $\dot{H}_s$ 是复有效值。

可以考虑所求的解是由两部分叠加而成的,即

$$\dot{H} = \dot{H}_1 + \dot{H}_2 \tag{4.2.4}$$

式中，$\dot{H}_1$ 为方程(4.2.3)的一个与 y 无关的解。设它满足 $x = \pm a$ 处的边界条件，容易求得

$$\dot{H}_1 = \dot{H}_s \frac{\mathrm{ch}\lambda x}{\mathrm{ch}\lambda a} \tag{4.2.5}$$

式中，$\lambda = \alpha/\sqrt{\eta}$。

对于 $\dot{H}_2$，要求它满足如下边界条件：

$$\dot{H}_2 = \begin{cases} \dot{H}_s - \dot{H}_1 & (y = \pm b) \\ 0 & (x = \pm a) \end{cases} \tag{4.2.6}$$

令 $\dot{H}_2$ 的分离变量形式的解为

$$\dot{H}_2 = \dot{H}_s \sum_{n=0}^{\infty} A_n \mathrm{ch}\beta_n y \cos\frac{n\pi x}{2a} \tag{4.2.7}$$

把它代入方程(4.2.3)中，要求

$$\beta_n^2 = \alpha^2 + \frac{\eta n^2 \pi^2}{4a^2} \tag{4.2.8}$$

由于在 $x = \pm a$ 处，$\dot{H}_2 = 0$，所以 n 只能取奇数 $1, 3, 5, \cdots$。此外，常数 A_n 还有待确定。通过式(4.2.5)和式(4.2.6)，可得

$$\dot{H}_s \sum_{n=1,3,5,\cdots}^{\infty} A_n \mathrm{ch}\beta_n b \cos\frac{n\pi x}{2a} = (\dot{H}_s - \dot{H}_1)\big|_{y=\pm b} = \dot{H}_s \left(1 - \frac{\mathrm{ch}\lambda x}{\mathrm{ch}\lambda a}\right)$$

因此，系数 A_n 由傅里叶级数定理定出为

$$\begin{aligned} A_n &= \frac{1}{a\mathrm{ch}\beta_n b} \int_{-a}^{a} \left(1 - \frac{\mathrm{ch}\lambda x}{\mathrm{ch}\lambda a}\right) \cos\frac{n\pi x}{2a} \mathrm{d}x \\ &= \frac{4}{\pi} \frac{\sin\frac{n\pi}{2}}{n} \left(\frac{\alpha}{\beta_n}\right)^2 \frac{1}{\mathrm{ch}\beta_n b} \end{aligned}$$

最终，得到

$$\dot{H} = \dot{H}_1 + \dot{H}_2 = \dot{H}_s \frac{\mathrm{ch}\lambda x}{\mathrm{ch}\lambda a} + \dot{H}_s \sum_{n=1,3,5,\cdots}^{\infty} \frac{4}{\pi} \frac{\sin\frac{n\pi}{2}}{n} \left(\frac{\alpha}{\beta_n}\right)^2 \frac{\mathrm{ch}\beta_n y}{\mathrm{ch}\beta_n b} \cos\frac{n\pi x}{2a} \tag{4.2.9}$$

对于磁通 $\dot{\Phi}_m$，有

$$\dot{\Phi}_m = \int_{-a}^{a}\int_{-b}^{b} \mu \dot{H} \mathrm{d}y\mathrm{d}x$$
$$= 4ab\mu \dot{H}_s \left[\frac{\mathrm{th}\lambda a}{\lambda a} + \frac{8}{\pi^2}\sum_{n=1,3,5,\cdots}^{\infty} \frac{1}{n^2}\left(\frac{\alpha}{\beta_n}\right)^2 \frac{\mathrm{th}\beta_n b}{\beta_n b}\right] \quad (4.2.10)$$

绕组中的感应电动势 $\dot{U}$ 为

$$\dot{U} = -\mathrm{j}\omega N \dot{\Phi}_m$$

式中，N 为沿叠片铁心轴向方向单位长度上的绕组匝数。

相应地，单位长度叠片铁心内的涡流损耗为

$$P = \mathrm{Re}\left(\dot{U}\dot{I}^*\right) = \mathrm{Re}\left(-\mathrm{j}\omega N \dot{\Phi}_m \frac{\dot{H}_s^*}{N}\right) = \omega H_s I_m(\dot{\Phi}_m) \quad (4.2.11)$$

不失一般性，这里取 $\dot{H}_s$ 的相位角为零。

由上面看出，叠片铁心中的涡流问题实质上是一个各向异性截面(沿 x 和 y 方向具有不同的电导率 γ_x 和 γ_y)涡流问题。Bewley 于 1948 年就导出了方程(4.2.3)并给出了通解。

4.3 同轴圆柱导体

在前面已经看到，当平面电磁波穿过导体的平表面透入其内部时，电场强度 $\dot{E}$、磁场强度 $\dot{H}$ 和电流密度 $\dot{J}$ 都要按照指数规律而衰减。如果导体表面具有较复杂的形状，则电场强度 $\dot{E}$、磁场强度 $\dot{H}$ 和电流密度 $\dot{J}$ 改变的规律也都相应地变得比较复杂[7]。

在这里，我们来研究同轴圆柱导体电缆的情形，电缆内导体的半径为 r_0，外导体的内半径为 r_1 和外半径为 r_2 (图 4.3.1)。根据对称性明显看出，如果可以忽略两圆柱导体之间的位移电流，则内导体中和外导体中的 $\dot{E}$ 和 $\dot{J}$ 只有轴向分量，而 $\dot{H}$ 的方向沿电缆导体表面切线的方向且与其轴线相垂直，即

$$\dot{E} = \dot{E}e_z, \quad \dot{J} = \dot{J}e_z \quad (\rho < r_0, \ r_1 < \rho < r_2)$$

而

$$\dot{H} = \dot{H}e_\alpha$$

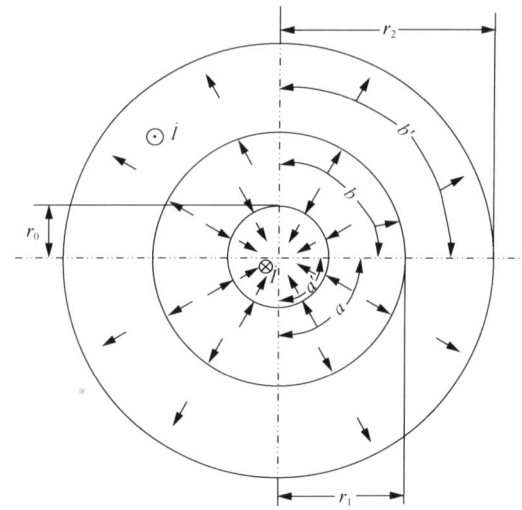

图 4.3.1 同轴圆柱导体电缆

从对称性还看出，在圆柱坐标系中，$\dot{E}$、$\dot{J}$ 和 $\dot{H}$ 都只是坐标 ρ 的函数。这样，例如对于 $\dot{E}$，把它代入方程 (1.2.15) 中，可得相量形式的标量方程：

$$\frac{1}{\rho}\frac{\mathrm{d}}{\mathrm{d}\rho}\left(\rho\frac{\mathrm{d}\dot{E}}{\mathrm{d}\rho}\right) = \mathrm{j}\omega\mu\gamma\dot{E} \tag{4.3.1}$$

引入 $\xi = k\rho$，$k^2 = -\mathrm{j}\omega\mu\gamma$，上式可以化成零阶贝塞尔方程

$$\frac{\mathrm{d}^2\dot{E}}{\mathrm{d}\xi^2} + \frac{1}{\xi}\frac{\mathrm{d}\dot{E}}{\mathrm{d}\xi} + \dot{E} = 0 \tag{4.3.2}$$

这个方程的解为如下形式：

$$\dot{E}(\rho) = \dot{C}_1 J_0(\xi) + \dot{C}_2 Y_0(\xi) \tag{4.3.3}$$

式中，$\dot{C}_1$ 和 $\dot{C}_2$ 为任意常数，而 J_0 和 Y_0 分别为第一类和第二类零阶贝塞尔函数。

这个解也可以用第三类零阶贝塞尔函数来表示：

$$\dot{E} = \dot{D}_1 H_0^{(1)}(\xi) + \dot{D}_2 H_0^{(2)}(\xi) \tag{4.3.4}$$

式中，$\dot{D}_1$ 和 $\dot{D}_2$ 为任意常数，而 $H_0^{(1)}$ 和 $H_0^{(2)}$ 为第三类零阶贝塞尔函数，它们是第一类和第二类贝塞尔函数的线性组合。

当分析内导体中的电场时，应用式 (4.3.3) 较为方便。因为在内导体轴线上电场强度不可能变为无限大，而 $J_0(0)=1$，$Y_0(0)=\infty$，所以在这种情况下，应当取

$\dot{C}_2 = 0$，

$$\dot{E} = \dot{C}_1 J_0(\xi) \tag{4.3.5}$$

对于外导体来说，如果其厚度 $\Delta = r_2 - r_1$ 足够大，以致电磁波将在其中完全衰减掉，则当 $\rho \to \infty$ 时，电场强度 $\dot{E}$ 必须趋近于零。因为当 $\xi \to \infty$ 时，第一类和第二类贝塞尔函数将无限地增长，所以外导体中的场应用式(4.3.4)较为方便。对于第三类贝塞尔函数，如果 $\arg \xi > 0$，当 $|\xi| \to \infty$ 时，$H_0^{(1)} \to 0$；如果 $\arg \xi < 0$，则当 $|\xi| \to \infty$ 时，$H_0^{(2)} \to 0$。

如果考虑到

$$\xi = k\rho = \rho\sqrt{-\mathrm{j}\omega\mu\gamma} = \frac{\rho\sqrt{2}}{d}\sqrt{-\mathrm{j}} = \frac{\rho\sqrt{2}}{d}\mathrm{e}^{-\mathrm{j}\frac{\pi}{4}} = \frac{\rho\eta\gamma}{\mathrm{j}}$$

式中，$d = \sqrt{\dfrac{2}{\omega\mu\gamma}}$，$\eta = \sqrt{\dfrac{\mathrm{j}\omega\mu}{\gamma}}$。显然，$\arg \xi < 0$，则要使条件 $\dot{E}(\infty) = 0$ 成立，必须有 $\dot{D}_1 = 0$。

在这种情形下，有

$$\dot{E} = \dot{D}_2 H_0^{(2)}(\xi) \tag{4.3.6}$$

知道了导体中的 $\dot{E}$，容易求出 $\dot{H}$ 的值。根据麦克斯韦方程，求得

$$\dot{H} = -\frac{\mathrm{j}}{\omega\mu}\frac{\mathrm{d}\dot{E}}{\mathrm{d}\rho}$$

以 $\dot{E}$ 的表达式(4.3.6)代入上式中，对于内导体，得到

$$\dot{H} = \mathrm{j}\frac{\dot{C}_1}{\eta} J_1(\xi) \tag{4.3.7}$$

而对于外导体，有

$$\dot{H} = \mathrm{j}\frac{\dot{D}_2}{\eta} H_1^{(2)}(\xi) \tag{4.3.8}$$

式中，$J_1(\xi)$ 和 $H_1^{(2)}$ 分别为第一类一阶贝塞尔函数和第三类一阶贝塞尔函数。

常数 $\dot{C}_1$ 和 $\dot{D}_2$ 可以根据导体表面上的 $\dot{H}$ 值求出，导体表面上的 $\dot{H}$ 值则由全电流定律来决定。如果让

$$\xi_0 = kr_0, \quad \xi_1 = kr_1 \tag{4.3.9}$$

我们得到

$$\frac{\dot{I}}{2\pi r_0} = \mathrm{j}\frac{\dot{C}_1}{\eta}J_1(\xi_0), \quad \frac{\dot{I}}{2\pi r_1} = \mathrm{j}\frac{\dot{D}_2}{\eta}H_1^{(2)}(\xi_1)$$

从而有

$$\dot{C}_1 = \frac{\dot{I}\eta}{\mathrm{j}2\pi r_0 J_1(\xi_0)}, \quad \dot{D}_2 = \frac{\dot{I}\eta}{\mathrm{j}2\pi r_1 H_1^{(2)}(\xi_1)}$$

因此，最后得到，对于内导体 $(\rho < r_0)$，有

$$\begin{cases} \dot{E} = \dfrac{\dot{I}\eta}{\mathrm{j}2\pi r_0}\dfrac{J_0(\xi)}{J_1(\xi_0)} \\ \dot{H} = \dfrac{\dot{I}}{2\pi r_0}\dfrac{J_1(\xi)}{J_1(\xi_0)} \end{cases} \tag{4.3.10}$$

而对于外导体 $(\rho > r_1)$，有

$$\begin{cases} \dot{E} = \dfrac{\dot{I}\eta}{\mathrm{j}2\pi r_1}\dfrac{H_0^{(2)}(\xi)}{H_1^{(2)}(\xi_1)} \\ \dot{H} = \dfrac{\dot{I}}{2\pi r_1}\dfrac{H_1^{(2)}(\xi)}{H_1^{(2)}(\xi_1)} \end{cases} \tag{4.3.11}$$

实际上，所得到的解式(4.3.10)和式(4.3.11)表示导电媒质中的柱面电磁波。其中，式(4.3.10)表示波向着圆柱体的轴线运动，且随着接近轴线而集中；而式(4.3.11)则相反，它表示波离开圆柱体的轴线运动，且随着离开轴线而分散。

在这里，用透入深度 d 对曲率半径 ρ 的比值来表征圆柱体表面曲率的影响：

$$S = \pm\frac{d}{\rho} \tag{4.3.12}$$

对于凸形的表面，取正号，即 $S > 0$；对于凹形的表面，取负号，即 $S < 0$；而对于平表面，因为 $\rho = \infty$，所以 $S = 0$。

对于凸形的表面来说，容易看出，S 愈小，随着波从表面向材料内部的推进电流密度减小得愈快。根据电磁波传播的概念，容易从物理上对波的衰减随表面曲率变化所表现出的关系加以解释。现在，研究图 4.3.1 所示的两个圆柱导体。

在凸形表面的情况下，随着电磁波进入导体的内部，其携带能量的一部分供给电磁波已通过的导体的损耗所需要的能量，而剩余部分能量则分布在比前一波前表面要小一些的波前表面上，波前表面收缩了(见图 4.3.1 中的 a，a')。由于波前由表面 a 收缩到表面 a' ($a'<a$)，比起像平面那样波前不发生改变的情形，波衰减得要慢一些。

在凹形表面的情形下，相反地，随着波进入导体内部，其波前表面扩大了，而波余下的能量分布在较大的波前表面上(见图 4.3.1 中的 b，b')。由于波前由表面 b 扩大到表面 b' ($b'>b$)，波的衰减比平面波波前不发生改变的情形要快一些。

上述关于曲率对电磁波在金属中透入的影响的解释，也可以用于解释当对复杂形状的物体进行感应加热时所观察到的一些重要现象[7]。例如，为了使钢齿轮加热和淬火，将其安放在由线圈制作成的感应器的磁场中(图 4.3.2)，该线圈通有激磁电流 $\dot{I}_1$，则在这个齿轮中(就像在变压器的副绕组中一样)要感应出电流 $\dot{I}_2$。这个电流沿着齿轮的齿和槽的表面流动，其密度则随着离开表面向内深入而衰减。因为 $\dot{E}$ 在表面上与电流密度同方向，并垂直于表面的法线，而 $\dot{H}$ 则平行于齿轮的轴线，所以坡印亭向量 $\tilde{\dot{S}}$ 处处与表面垂直，而电磁波透入金属内部时与其表面相垂直。

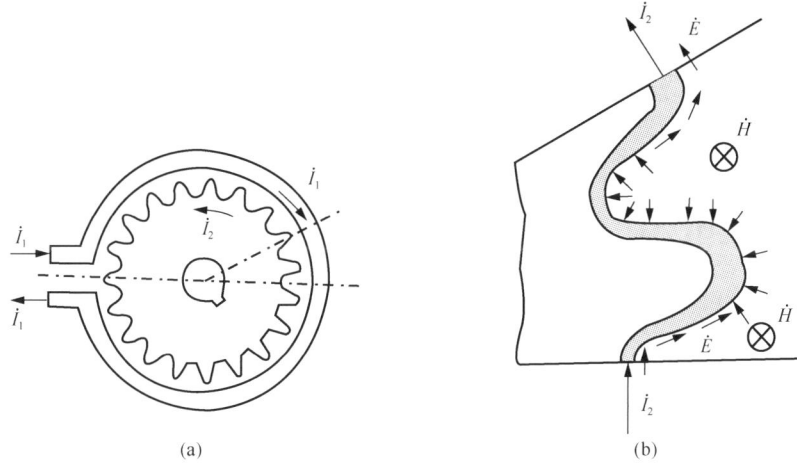

图 4.3.2 钢齿轮加热和淬火示意图[7]

当频率很低时，透入深度 d 可以与曲率半径相比拟时，波在表面凸出部分要比在凹入部分衰减得慢一些。因此，由于电流 I_2 所流过的那一层的厚度不均匀，所以在表面凸出部分比在凹入部分厚一些。由于电流密度衰减的不同，电流 I_2 在凸出的表面处所遇到的电阻小于在凹入的表面处所遇到的电阻，因而凹入的表面要比凸出的表面热一些。

在高频情形下，曲率半径 ρ 远大于透入深度 d，表面的曲率实际上并不影响电流的分布。无论表面是凹入的还是凸出的，在表面附近所给出的功率都是相同的。因为在凹入的表面处，被齿轮金属所吸去的热量比凸出处要大一些，所以在高频下凸出部分比凹入部分要热一些。

如果电缆外导体的厚度不足以使电磁波完全在外导体中衰减掉，则当计及外导体中的场时，表达式(4.3.11)是不适用的。

值得指出，如果圆柱体表面的曲率半径大于透入深度的 7 倍，也就是当集肤效应表现得相当显著时，可以忽略波前的收缩或扩大，并利用平面电磁波的所有关系，而在实际上是足够精确的。

4.4 长直圆管导体

如图 4.4.1 所示，设长直圆管导体内半径为 a，外半径为 b，管壁内沿轴向流过正弦电流 $i(t)=\sqrt{2}I\cos\omega t$。从对称性看出，在圆柱坐标系中，电流密度 $\dot{J}$ 只是坐标 ρ 的函数，且只有轴向方向的电流流动，即电流密度为 $\dot{J}=\dot{J}(\rho)e_z$。

从 4.3 节可知，在正弦稳态下，电流密度 $\dot{J}(\rho)$ 满足的电磁扩散方程为

$$\frac{1}{\rho}\frac{\mathrm{d}}{\mathrm{d}\rho}\left(\rho\frac{\mathrm{d}\dot{J}}{\mathrm{d}\rho}\right)=\mathrm{j}\omega\mu\gamma\dot{J} \tag{4.4.1}$$

式(4.4.1)的解为

$$\dot{J}=AJ_0(k\rho)+BY_0(k\rho) \tag{4.4.2}$$

式中，$k^2=-\mathrm{j}\omega\mu\gamma$。

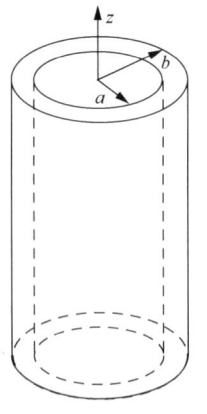

图 4.4.1 长直圆管导体

总电流为

$$\dot{I} = \int_a^b 2\pi\rho \left[AJ_0(k\rho) + BY_0(k\rho) \right] d\rho$$
$$= \frac{2\pi}{k} \left\{ A\left[bJ_1(kb) - aJ_1(ka) \right] + B\left[bY_1(kb) - aY_1(ka) \right] \right\} \quad (4.4.3)$$

由 $\nabla \times \dot{\boldsymbol{E}} = -\mathrm{j}\omega\mu\dot{\boldsymbol{H}}$，得到

$$\frac{1}{\gamma} \frac{d\dot{J}}{d\rho} = \mathrm{j}\omega\mu\dot{H}$$

当 $\rho = a$ 时，$\dot{H} = 0$，因此有

$$\left. \frac{d\dot{J}}{d\rho} \right|_{\rho=a} = 0 \quad (4.4.4)$$

联立式(4.4.3)和式(4.4.4)解之，得到

$$A = \frac{k\dot{I}}{2\pi b} \frac{Y_1(ka)}{Q(a,b)}, \quad B = -\frac{k\dot{I}}{2\pi b} \frac{J_1(ka)}{Q(a,b)}$$

式中，$Q(a,b) = Y_1(ka)J_1(kb) - J_1(ka)Y_1(kb)$。

因此，得到

$$\dot{J} = \frac{k\dot{I}}{2\pi b} \frac{1}{Q(a,b)} \left[Y_1(ka)J_0(k\rho) - J_1(ka)Y_0(k\rho) \right] \quad (4.4.5)$$

长直圆管导体单位长度交流阻抗为

$$Z = \frac{R + \mathrm{j}X}{l} = \frac{\dot{E}(b)}{\dot{I}} = \frac{\dot{J}(b)}{\gamma\dot{I}}$$
$$= \frac{k}{2\pi\gamma b} \frac{1}{Q(a,b)} \left[Y_1(ka)J_0(kb) - J_1(ka)Y_0(kb) \right] \quad (4.4.6)$$

对于实心长直圆柱导体，$a = 0$，所以有

$$Z = \frac{k}{2\pi\gamma b} \frac{J_0(kb)}{J_1(kb)} \quad (4.4.7)$$

实心长直圆柱导体单位长度直流电阻为

$$R_d = \frac{1}{\pi\gamma b^2}$$

那么，有

$$\frac{Z}{R_d} = \frac{kb}{2}\frac{J_0(kb)}{J_1(kb)} \approx \frac{1-\left(\frac{kb}{2}\right)^2+\frac{1}{4}\left(\frac{kb}{2}\right)^4}{1-\left(\frac{kb}{2}\right)^2+\frac{1}{12}\left(\frac{kb}{2}\right)^4} \qquad (4.4.8)$$

在低频情况下，忽略 $\left(\frac{kb}{2}\right)^4$ 以上各项，得到

$$\frac{Z}{R_d} \approx \left[1-\left(\frac{kb}{2}\right)^2+\frac{1}{4}\left(\frac{kb}{2}\right)^4\right]\left[1+\frac{1}{2}\left(\frac{kb}{2}\right)^2-\frac{1}{12}\left(\frac{kb}{2}\right)^4+\frac{1}{4}\left(\frac{kb}{2}\right)^4\right]$$

$$= 1 - \frac{1}{2}\left(\frac{kb}{2}\right)^2 - \frac{1}{12}\left(\frac{kb}{2}\right)^4$$

$$= 1 + \frac{1}{12}\frac{(b\beta)^4}{16} + j\frac{b^2\beta^2}{8}$$

$$= 1 + \frac{1}{3}\left(\frac{b}{2d}\right)^4 + j\left(\frac{b}{2d}\right)^2 \qquad (4.4.9)$$

式中，$d = \sqrt{\frac{2}{\omega\mu\gamma}}$，为透入深度；$\beta = \sqrt{\omega\mu\gamma}$。因此

$$\frac{R}{R_d} \approx 1 + \frac{1}{3}\left(\frac{b}{2d}\right)^4, \qquad \frac{X}{R_d} \approx \left(\frac{b}{2d}\right)^2, \qquad L \approx \frac{R_d}{\omega}\left(\frac{b}{2d}\right)^2 = \frac{\mu}{8\pi} \qquad (4.4.10)$$

式中，$L \approx \frac{R_d}{\omega}\left(\frac{b}{2d}\right)^2 = \frac{\mu}{8\pi}$，它与熟知的长直圆柱导体的单位长度内自感公式完全一样。

在高频情况下，βb 的值很大，于是利用如下关系式：

$$J_n(kb) = \sqrt{\frac{2}{\pi kb}}\cos\left(kb - \frac{n\pi}{2} - \frac{\pi}{4}\right)$$

得到

$$\frac{Z}{R_{\mathrm{d}}} = \frac{kb}{2}\frac{J_0(kb)}{J_1(kb)} = \frac{kb}{2}\frac{\cos\left(kb-\dfrac{\pi}{4}\right)}{\cos\left(kb-\dfrac{\pi}{4}-\dfrac{\pi}{2}\right)}$$

$$= \frac{kb}{2}\frac{\cos\left(\dfrac{1-\mathrm{j}}{\sqrt{2}}\beta b - \dfrac{\pi}{4}\right)}{\sin\left(\dfrac{1-\mathrm{j}}{\sqrt{2}}\beta b - \dfrac{\pi}{4}\right)}$$

$$= \frac{kb}{2}\frac{\cos\dfrac{kb}{\sqrt{2}}\mathrm{ch}\dfrac{\beta b}{\sqrt{2}}+\mathrm{sh}\dfrac{\beta b}{\sqrt{2}}\sin\dfrac{\beta b}{\sqrt{2}}}{\sin\dfrac{\beta b}{\sqrt{2}}\mathrm{ch}\dfrac{\beta b}{\sqrt{2}}-\cos\dfrac{\beta b}{\sqrt{2}}\mathrm{sh}\dfrac{\beta b}{\sqrt{2}}} \times \frac{\left(\sin\dfrac{\beta b}{\sqrt{2}}\mathrm{sh}\dfrac{\beta b}{\sqrt{2}}-\cos\dfrac{\beta b}{\sqrt{2}}\mathrm{sh}\dfrac{\beta b}{\sqrt{2}}\right)}{-\mathrm{j}\left(\cos\dfrac{\beta b}{\sqrt{2}}\mathrm{sh}\dfrac{\beta b}{\sqrt{2}}+\sin\dfrac{\beta b}{\sqrt{2}}\mathrm{sh}\dfrac{\beta b}{\sqrt{2}}\right)}$$

当 βb 的值很大时，$\mathrm{ch}\dfrac{\beta b}{\sqrt{2}} \approx \mathrm{sh}\dfrac{\beta b}{\sqrt{2}}$，上式可以近似地写成

$$\frac{Z}{R_{\mathrm{d}}} \approx \frac{1-\mathrm{j}}{2\sqrt{2}}\beta b\left(\frac{1}{-\mathrm{j}}\right) = \frac{1}{2\sqrt{2}}(1+\mathrm{j})\sqrt{\omega\mu\gamma}b = \frac{1+\mathrm{j}}{2}\frac{b}{d} \tag{4.4.11}$$

即

$$\frac{R}{R_{\mathrm{d}}} \approx \frac{b}{2d}, \quad \frac{X}{R_{\mathrm{d}}} \approx \frac{b}{2d} \tag{4.4.12}$$

如果长直圆柱导体外均匀地绕有线圈，单位长度匝数为 N，流过的电流为 $\dot{I}$。这相当于电流沿长直圆柱导体表面圆周切向流动的情况，磁场强度只有轴向方向分量，即 $\dot{H}(\rho) = \dot{H}\boldsymbol{e}_z$，且在圆柱表面上，$\dot{H}(a) = \dot{H}_0 = N\dot{I}$。此时，$\dot{H}$ 满足如下扩散方程：

$$\frac{\mathrm{d}^2\dot{H}}{\mathrm{d}\rho^2} + \frac{1}{\rho}\frac{\mathrm{d}\dot{H}}{\mathrm{d}\rho} = \mathrm{j}\omega\mu\gamma\dot{H} = -k^2\dot{H} \tag{4.4.13}$$

利用边界条件 $\dot{H}(a) = \dot{H}_0 = N\dot{I}$，解式 (4.4.13)，得到

$$\dot{H} = \dot{H}_0\frac{J_0(k\rho)}{J_0(ka)} \tag{4.4.14}$$

式中，a 为实心长直圆柱导体的半径。在圆柱导体内，感应电流密度为

$$\dot{J} = \gamma \dot{E} = k\dot{H}_0 \frac{J_1(k\rho)}{J_0(ka)} \quad (4.4.15)$$

设单位体积消耗的功率为 p_v，则单位面积的功率为

$$p_S = \frac{p_v V}{S}$$

$$p_S = \mathrm{Re}\left(\dot{E}\dot{H}^*\right) = \mathrm{Re}\left[\frac{k}{\gamma}\frac{\dot{H}_0}{J_0(ka)}J_1(ka)\dot{H}_0^*\right]$$

$$= (NI)^2 \frac{\beta}{\gamma}\mathrm{Re}\left[\frac{(1-\mathrm{j})J_1(ka)}{\sqrt{2}J_0(ka)}\right]$$

$$p_v = p_S\frac{S}{V} = p_S\frac{2}{a} = \frac{2(NI)^2}{a}\frac{\beta}{\gamma}\mathrm{Re}\left[\frac{(1-\mathrm{j})J_1(ka)}{\sqrt{2}J_0(ka)}\right]$$

在高频情况下，由于 $J_1(ka) = -\mathrm{j}J_0(ka)$，所以有

$$p_v \approx \frac{\sqrt{2}(NI)^2}{a}\sqrt{\frac{\omega\mu}{\gamma}} \quad (4.4.16)$$

上式就是感应加热设计经常用到的公式[5]。

4.5 电机槽内的多层导体

不失一般性，这里只考虑电机槽内的双层导体情况。图 4.5.1 为电机槽内双层导体的布置，槽宽为 b（假设忽略导体与铁心之间绝缘层的厚度，那么导体宽也

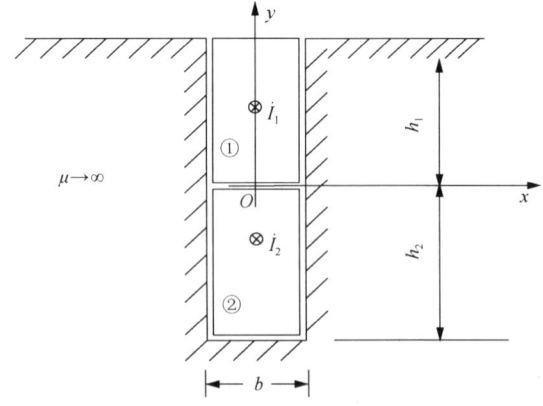

图 4.5.1 电机槽内的双层导体[7]

为 b）。上方导体（标记为①号导体）与下方导体（标记为②号导体）之间有一薄绝缘层存在（其厚度可以忽略不计），它们的高度分别为 h_1 和 h_2，且沿 z 轴方向流过的激励电流分别为 $\dot{I}_1$ 和 $\dot{I}_2$。

为了简化计算，忽略铁心中的磁场强度 $\dot{H}$，并假定槽内磁通垂直于槽壁且与槽底平行。由于铁心叠片之间相互绝缘，所以轴向感应电流可以不计。

现在考虑上方导体，由于电流密度 $\dot{J}_1$ 只有 $\dot{J}_{1z}$ 分量，从而电场强度 $\dot{E}_1$ 只有 $\dot{E}_{1z}$ 分量。而磁场强度 $\dot{H}_1$ 只有 $\dot{H}_{1x}$ 分量，这是因为假定铁心的磁导率 μ_{Fe} 无限大，两根导体中电流产生的槽漏磁通垂直地从槽侧面穿出，平行地跨过槽口而在铁心内闭合。又因槽宽 b 很小，所以可假设磁场 $\dot{H}_{1x}$ 沿 x 方向几乎不变化，即只随 y 方向变化。此时，将 $\dot{H}_1 = \dot{H}_{1x} e_x$ 代入式(1.2.16)中，得到

$$\frac{d^2 \dot{H}_{1x}}{dy^2} = k^2 \dot{H}_{1x} \tag{4.5.1}$$

式中，$k^2 = j\omega\mu\gamma$。它的解是

$$\dot{H}_{1x} = C_1 e^{ky} + C_2 e^{-ky} \tag{4.5.2}$$

由于认为铁心的磁导率 $\mu_{Fe} = \infty$，所以铁心中的 $\dot{H} = 0$。因此，有如下边界条件：

$$y = 0 \text{ 处}, \ \dot{H}_{1x}(0) = \frac{\dot{I}_2}{b}; \quad y = h_1 \text{ 处}, \ \dot{H}_{1x}(h_1) = \frac{\dot{I}_1 + \dot{I}_2}{b} \tag{4.5.3}$$

将式(4.5.3)代入式(4.5.2)中，求得

$$C_1 = \frac{\dot{I}_1 + \dot{I}_2(1 - e^{-kh_1})}{2b\,\text{sh}kh_1}, \quad C_2 = \frac{\dot{I}_2(e^{-kh_1} - 1) - \dot{I}_1}{2b\,\text{sh}kh_1} \tag{4.5.4}$$

代入式(4.5.2)中，得到

$$\dot{H}_{1x} = \frac{\dot{I}_1 \text{sh}ky}{b\,\text{sh}kh_1} + \dot{I}_2 \frac{\text{sh}ky + \text{sh}(kh_1 - ky)}{b\,\text{sh}kh_1}$$

$$= \frac{\dot{I}_1 \text{sh}ky}{b\,\text{sh}kh_1} + \frac{\dot{I}_2}{b} \frac{\text{ch}\dfrac{k(h_1 - 2y)}{2}}{\text{ch}\dfrac{kh_1}{2}} \tag{4.5.5}$$

由 $\dot{J} = \nabla \times \dot{H}$，得电流密度为

$$\dot{J}_{1z} = -\frac{\mathrm{d}\dot{H}_{1x}}{\mathrm{d}y} = -\frac{k\dot{I}_1}{b}\frac{\mathrm{ch}ky}{\mathrm{sh}kh_1} + \frac{k\dot{I}_2}{b}\frac{\mathrm{sh}\dfrac{k(h_1-2y)}{2}}{\mathrm{ch}\dfrac{kh_1}{2}} \tag{4.5.6}$$

单位面积损耗功率为

$$\dot{P}_\mathrm{S} = \frac{1}{\gamma}\dot{J}_1 \dot{H}_1^*$$

进入上方导体的功率为

$$\dot{P} = \int_S \dot{P}_\mathrm{S}\mathrm{d}S = \frac{bl}{\gamma}\left[\dot{J}_1(h_1)\dot{H}_1^*(h_1) - \dot{J}_1(0)\dot{H}_1^*(0)\right]$$

$$= \frac{l}{b\gamma}\left\{\left[\dot{I}_1 k\frac{\mathrm{ch}kh_1}{\mathrm{sh}kh_1}(\dot{I}_1^* + \dot{I}_2^*) + \dot{I}_2^* k\frac{\mathrm{sh}\dfrac{kh_1}{2}}{\mathrm{ch}\dfrac{kh_1}{2}}(\dot{I}_1^* + \dot{I}_2^*)\right] - \left(\dot{I}_1 k\frac{\dot{I}_2^*}{\mathrm{sh}kh_1} + \dot{I}_2 k\frac{\mathrm{sh}\dfrac{kh_1}{2}}{\mathrm{ch}\dfrac{kh_1}{2}}\dot{I}_2^*\right)\right\}$$

$$\tag{4.5.7}$$

考虑到 $\mathrm{cth}kh_1 = \mathrm{th}\dfrac{kh_1}{2} + \dfrac{1}{\mathrm{sh}kh_1}$，$R_\mathrm{d} = \dfrac{l}{\gamma bh_1}$，$R_\mathrm{d}$ 是上方导体的直流电阻，式(4.5.7)可写成

$$\dot{P} = R_\mathrm{d}\left[\dot{I}_1\dot{I}_1^* kh_1\mathrm{cth}kh_1 + (\dot{I}_1\dot{I}_2^* + \dot{I}_1^*\dot{I}_2 + 2\dot{I}_2\dot{I}_2^*)kh_1\mathrm{th}\frac{kh_1}{2}\right] \tag{4.5.8}$$

从式(4.5.8)可以看出，上方导体中的损耗与下方导体的布置位置和高度 h_2 都无关。实际上，式(4.5.8)有普遍意义。也就是说，对于电机槽内多层导体的布置情况来说，第 m 号导体中的损耗与除它之外的其他导体的布置位置和高度都无关。

同样，可以求得下方导体中的电流密度 $\dot{J}_{2z}(y)$ 以及损耗，其边界条件和只有一层导体的情况相同，详细结果见 1.3 节中所述，这里略去。

作为例子，假设两层导体中流过相同的电流，即 $\dot{I}_1 = \dot{I}_2$，我们求出电流密度沿两个矩形截面导体截面的分布。选取 $f = 50\mathrm{Hz}$，$h_1 = h_2 = 5\times10^{-2}\mathrm{m}$，$\gamma = 5.8\times10^7\mathrm{S/m}$。如图 4.5.2 所示，分别给出了电流密度模值 $|\dot{J}_{1z}(y)|$ 和 $|\dot{J}_{2z}(y)|$ 沿导体截面的分布。为了比较起见，同时给出了单层导体时的电流密度模值 $|\dot{J}_z(y)|$ 沿导体截面的分布，如图 4.5.3 所示。可以看出，对于单层导体情况，由于受集肤效应的影响，电流密度分布是十分不均匀的；而对于双层导体情况，不仅有集肤效应的影响，而且还有邻近效应的影响。

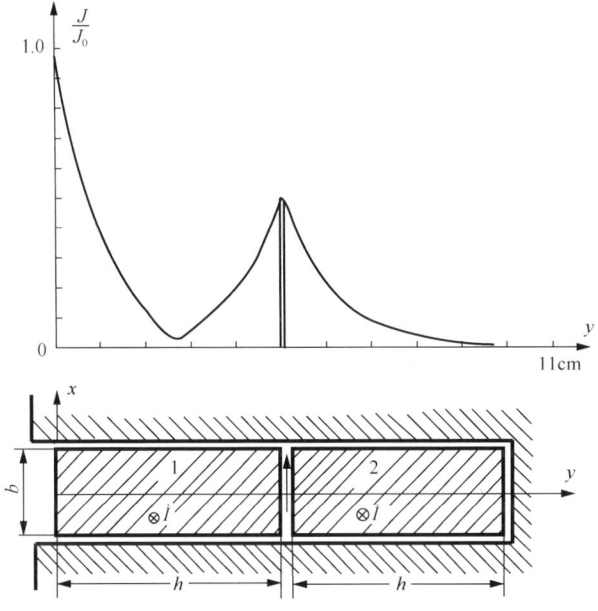

图 4.5.2 电流密度模值 $|\dot{J}_{1z}(y)|$ 和 $|\dot{J}_{2z}(y)|$ 沿导体截面的分布[7]

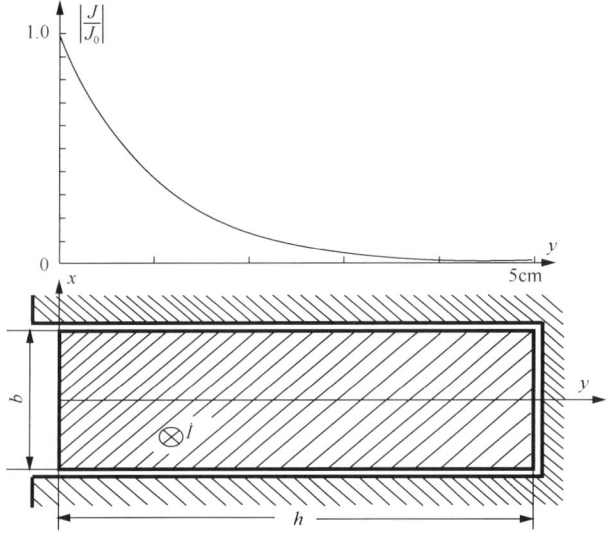

图 4.5.3 电流密度模值 $|\dot{J}_z(y)|$ 沿导体截面的分布[7]

4.6 电机槽内的 T 形导体

在交流异步电机中，定子绕组和转子绕组的导体都是被分别嵌放在由高导磁性铁磁材料做成的定子和转子表面上的齿槽内，这些齿槽常常是半闭合的。为了在电机启动过程中利用涡流的集肤效应，鼠笼式转子感应电机的转子导体条则是被做成一个整体，而完全填满整个转子齿槽。在启动时，转子导体中电流的频率高于正常运行时的频率，因此转子电流将被挤向靠近气隙一侧的导体条表面。于是，在电机启动时鼠笼导体条的有效电阻将因之增大，从而电动机将产生所需用的启动转矩。为了增强这一效果，有时故意地把导体条的顶端做得窄一些。例如，如图 4.6.1 所示，把原来的矩形截面导体条制成具有较窄的矩形延伸部分——称为 T 形导体。

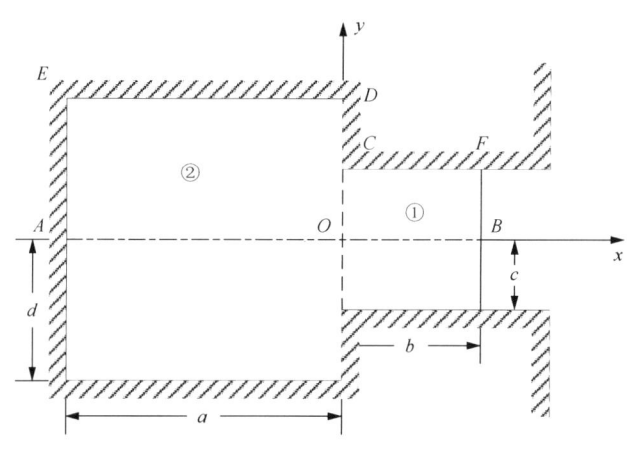

图 4.6.1　铁心槽内的 T 形导体条

在这里，我们介绍一个很有用的分析技巧，可以用来处理 T 形导体，其基本特点是用数学办法把两个矩形段连接起来[1]。

如图 4.6.1 所示，有一根对称于 $y=0$ 平面的 T 形导体条。设导体条中流过的总电流为 $\dot{I}$。我们知道，在高导磁性铁心表面上，磁场的切向分量近似为零。因此，边界条件可根据沿齿槽槽壁的磁场强度切向分量 $\dot{H}_t$ 等于零这个假设来确定。这样，导体电流所产生的总磁势将集中于槽的颈部。假设磁力线与导体顶端的气隙相平行，则当 $x=b$ 时，有

$$\dot{H}_y = \frac{\dot{I}}{2c} \tag{4.6.1}$$

现在，沿 y 轴将 T 形导体条的整个横截面分成两个矩形截面，记为分域①和分域②。设 $\dot{A}_1$ 和 $\dot{A}_2$ 分别为分域①和分域②中的矢量磁位 $\dot{A}$，则边界条件如下所示。

B.C.1：在 $x=-a$，$0 \leqslant y < d$ 处有

$$\frac{\partial \dot{A}_2}{\partial x} = 0 \qquad (4.6.2)$$

B.C.2：在 $y = d$，$-a < x < 0$ 处有

$$\frac{\partial \dot{A}_2}{\partial y} = 0 \qquad (4.6.3)$$

B.C.3：在 $x = 0$，$c < y < d$ 处有

$$\frac{\partial \dot{A}_1}{\partial x} = 0 \qquad (4.6.4)$$

B.C.4：在 $y = c$，$0 \leqslant x < b$ 处有

$$\frac{\partial \dot{A}_1}{\partial y} = 0 \qquad (4.6.5)$$

B.C.5：在 $x = b$，$0 \leqslant y < c$ 处有

$$\frac{\partial \dot{A}_1}{\partial x} = -\frac{\mu_0 \dot{I}}{2c} \qquad (4.6.6)$$

同时，在分界面 $x = 0$，$0 \leqslant y \leqslant c$ 处，有

$$\dot{A}_1 = \dot{A}_2 \qquad (4.6.7)$$

$$\frac{\partial \dot{A}_1}{\partial x} = \frac{\partial \dot{A}_2}{\partial x} = f(y) \qquad (4.6.8)$$

式中，$f(y)$ 是一个未知函数。应该注意到，在这里 d 是 T 形导体条截面的一个几何尺寸(图 4.6.1)，不是导体的透入深度。因此，要将它与在其他章节中出现的 d 加以区别。

应用方程(1.2.21)，在分域①内可得到

$$\frac{\partial^2 \dot{A}_1}{\partial x^2} + \frac{\partial^2 \dot{A}_1}{\partial y^2} = k_1^2 \dot{A}_1 \qquad (4.6.9)$$

式中，$k_1^2 = \mathrm{j}\omega\mu\gamma_1$，$\gamma_1$ 为该分域中导体的电导率。

应用变量分离方法，考虑到对称于 $y = 0$ 平面的特性，不难求得

$$\dot{A}_1 = -\frac{\mu_0 \dot{I}}{2ck_1}\frac{\operatorname{ch} k_1 x}{\operatorname{sh} k_1 b} - \frac{P_0}{ck_1}\frac{\operatorname{ch}[k_1(b-x)]}{\operatorname{sh} k_1 b} - \frac{2}{c}\sum_{n=1}^{\infty}\frac{P_n}{C_n}\frac{\operatorname{ch}[C_n(b-x)]}{\operatorname{sh} C_n b}\cos\frac{n\pi y}{c} \quad (4.6.10)$$

式中

$$C_n^2 = \left(\frac{n\pi}{c}\right)^2 + k_1^2 \quad (4.6.11)$$

且

$$P_n = \int_0^c f(y)\cos\frac{n\pi y}{c}\,\mathrm{d}y \quad (n=0,1,2,\cdots) \quad (4.6.12)$$

应该注意到,式(4.6.10)满足上述边界条件 B.C.4、B.C.5 和式(4.6.8)。

同理,在分域②中,得到

$$\dot{A}_2 = -\frac{Q_0}{dk_2}\frac{\operatorname{ch}[k_2(a+x)]}{\operatorname{sh} k_2 a} - \frac{2}{d}\sum_{r=1}^{\infty}\frac{Q_r}{D_r}\frac{\operatorname{ch}[D_r(a+x)]}{\operatorname{sh} D_r a}\cos\frac{r\pi y}{d} \quad (4.6.13)$$

式中,$k_2^2 = \mathrm{j}\omega\mu\gamma_2$,$\gamma_2$ 为该分域中导体的电导率。且有

$$D_r^2 = \left(\frac{r\pi}{d}\right)^2 + k_2^2 \quad (4.6.14)$$

式(4.6.13)满足边界条件 B.C.1、B.C.2、B.C.3 和式(4.6.8)。此外,有

$$Q_r = -\int_0^c f(y)\cos\frac{r\pi y}{d}\,\mathrm{d}y \quad (r=1,2,\cdots) \quad (4.6.15)$$

上面已求出了在两个分域内用未知函数 $f(y)$ 表示时矢量磁位的各自表达式($f(y)$ 定义为分界面上的 $\frac{\partial \dot{A}}{\partial x}$ 值)。应用式(4.6.7)和式(4.6.8)所表示的分界面衔接条件,以及式(4.6.4),即可求得两组系数 P_n 和 Q_r。因此,$\frac{\partial \dot{A}}{\partial x}$ 既可在直线段($x=0$,$0 \leqslant y \leqslant c$)上表示为 $\frac{\partial \dot{A}_2}{\partial x}$,也可在直线段($x=0$,$0 \leqslant y \leqslant c$)上表示为 $\frac{\partial \dot{A}_1}{\partial x}$,以及在直线段($x=0$,$c \leqslant y \leqslant d$)上表示为 $\frac{\partial \dot{A}_2}{\partial x}$。显然,这两种表达式的傅里叶系数必须相等。于是,当 $x=0$ 时,有

$$\int_0^d \frac{\partial \dot{A}_2}{\partial x} \cos \frac{r\pi y}{d} \mathrm{d}y = \int_0^c \frac{\partial \dot{A}_1}{\partial x} \cos \frac{r\pi y}{d} \mathrm{d}y + \int_c^d \frac{\partial \dot{A}_2}{\partial x} \cos \frac{r\pi y}{d} \mathrm{d}y \qquad (4.6.16)$$

式中

$$\frac{\partial \dot{A}_1}{\partial x} = \frac{P_0}{c} + \sum_{n=1}^{\infty} \frac{2P_n}{c} \cos \frac{n\pi y}{c} \qquad (4.6.17)$$

和

$$\frac{\partial \dot{A}_2}{\partial x} = -\frac{Q_0}{d} - \sum_{r=1}^{\infty} \frac{2Q_r}{d} \cos \frac{r\pi y}{d} \qquad (4.6.18)$$

经过积分后，对于 $r=0$ 情况，可以得到

$$Q_0 = -P_0 \qquad (4.6.19)$$

而对于 $r \geqslant 1$ 情况，则有

$$Q_r = -\frac{P_0}{\dfrac{r\pi c}{d}} \sin \frac{r\pi c}{d} - \sum_{n=1}^{\infty} k_{nr} P_n \qquad (4.6.20)$$

如果下列条件成立：

$$\frac{n}{c} \neq \frac{r}{d} \qquad (4.6.21)$$

则在式(4.6.20)中的

$$k_{nr} = \frac{\sin \pi c \left(\dfrac{n}{c} + \dfrac{r}{d} \right)}{\pi c \left(\dfrac{n}{c} + \dfrac{r}{d} \right)} + \frac{\sin \pi c \left(\dfrac{n}{c} - \dfrac{r}{d} \right)}{\pi c \left(\dfrac{n}{c} - \dfrac{r}{d} \right)} \qquad (4.6.22)$$

若 $\dfrac{n}{c} = \dfrac{r}{d}$，则 $k_{nr} = 1$。

同样，当越过分界面（$x=0$，$0 \leqslant y \leqslant c$）时，由矢量磁位 $\dot{A}$ 的连续性，可以给出

$$\int_0^c \dot{A}_1 \cos \frac{n\pi y}{c} \mathrm{d}y = \int_0^c \dot{A}_2 \cos \frac{n\pi y}{c} \mathrm{d}y \qquad (4.6.23)$$

因此，当 $n=0$ 时，有

$$\frac{\mu_0 \dot{I}}{2k_1} \cdot \frac{1}{\mathrm{sh}k_1 b} + \frac{P_0}{k_1} \mathrm{cth}k_1 b = -\frac{Q_0 c}{k_2 d} \mathrm{cth}k_2 a + \sum_{r=1}^{\infty} \frac{2Q_r}{r\pi D_r} \mathrm{cth}D_r a \sin\frac{r\pi y}{d} \tag{4.6.24}$$

而当 $n \geqslant 1$ 时，则有

$$\frac{P_n}{C_n} \mathrm{cth}C_n b = \frac{c}{d} \sum_{r=1}^{\infty} \frac{Q_r k_{nr}}{D_r} \mathrm{cth}D_r a \tag{4.6.25}$$

为了从式(4.6.19)、式(4.6.20)、式(4.6.24)和式(4.6.25)确定系数 P_n 和 Q_r，需要将无穷级数在 N 项处截断。N 的值可用数值实验求得。从实用上来看，取 10～20 项就已足够了。1969 年，Jones 等概述了一种求解有关矩阵方程的有效方法。(详见文献 Jones D E，Mullineux N，Redd J R，et al. Solid rectangular and T—shaped conductors in semi-closed slots. Journal Engineering Mathematics，1969: 3123-3135)

现在，我们求出导体主体部分(分域②)的磁场分量：

$$\dot{H}_{x2} = \frac{2}{\mu_0 d} \sum_{r=1}^{N} \frac{r\pi}{d} \frac{Q_r}{D_r} \frac{\mathrm{ch}\left[D_r(a+x)\right]}{\mathrm{sh}D_r a} \sin\frac{r\pi y}{d} \tag{4.6.26}$$

和

$$\dot{H}_{y2} = \frac{Q_o}{\mu_0 d} \frac{\mathrm{sh}\left[k_2(a+x)\right]}{\mathrm{sh}k_2 a} + \frac{2}{\mu_0 d} \sum_{r=1}^{N} Q_r \frac{\mathrm{sh}\left[D_r(a+x)\right]}{\mathrm{sh}D_r a} \cos\frac{r\pi y}{d} \tag{4.6.27}$$

显然，在靠近导体条的肩部处，$|\dot{H}_x|$ 达到最大值，其大小与导体中心线处 $|\dot{H}_y|$ 的最大值具有同一数量级。因此，在导体的肩部区域内有一个很强的边缘效应磁场，这与在深槽电机理论中常用的假设相反，该假设认为横跨齿槽槽部的磁力线是一条直线，即磁场只存在 $\dot{H}_y$。

在表面 $x=b$ 处，边界条件是按表面为一条磁力线设定的，即式(4.4.6)；Jones 等发现，对于许多典型导体，该处的比值 $\left|\dfrac{\dot{H}_x}{\dot{H}_y}\right| < 10^{-10}$。因此，对于 T 形导体条来说，导体表面为磁力线是一个合适的假设。

考虑到除了靠近气隙 $x=b$ 的表面之外，与导体的其余表面相切的磁场分量处处为零这一事实，可求得流入导体每单位长度的复功率为

$$\tilde{S} = 2\int_0^c (\dot{E}_1 \dot{H}_1^*)\big|_{x=b} \mathrm{d}y \tag{4.6.28}$$

于是,可得到导体每单位长度的交流内阻抗为

$$Z_i = R_i + jX_i = \frac{j\omega}{2ck_1}\left(\mu_0 \text{cth} k_1 b + \frac{2P_0}{\dot{I}\text{sh} k_1 b}\right) \quad (4.6.29)$$

式中,无功分量仅由导体内的槽漏磁通所产生。大量计算表明,与按单向磁通这一假设求得的值相比较,这里的计算结果的最大差值仅为5%。由此可见,如果所关心的仅仅是交流内阻抗 Z_i,则按单向磁通进行分析,在工程上是完全够用的。

4.7 电机槽内的 L 形导体

如图 4.7.1 所示,在电机铁心槽内有一根 L 形导体条,设导体条中流过的总电流为 $\dot{I}$。边界条件可以根据沿槽壁的磁场强度切向分量 $\dot{H}_t$ 等于零这个假设来确定。这样的话,导体电流所产生的总磁势将集中于槽的颈部。假设磁力线与导体条顶端的气隙相平行,则当 $y = h_1 + h_2$ 时,有

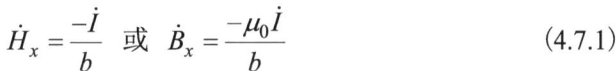

$$\dot{H}_x = \frac{-\dot{I}}{b} \quad \text{或} \quad \dot{B}_x = \frac{-\mu_0 \dot{I}}{b} \quad (4.7.1)$$

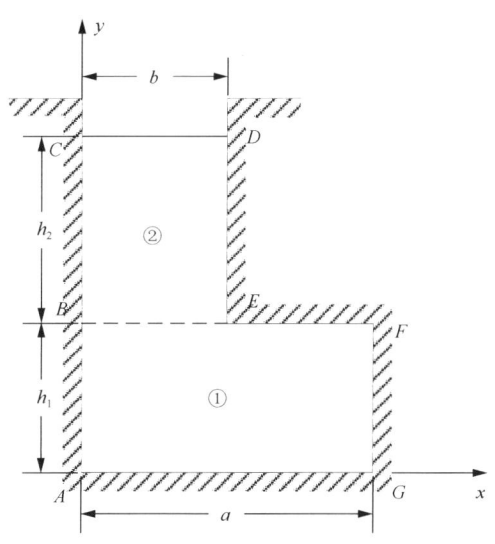

图 4.7.1 电机铁心槽内的 L 形导体条

现在,沿 BE($y = h_1$)将 L 形导体条的整个横截面分成两个矩形截面,记为分域①和分域②。设 $\dot{A}_1$ 和 $\dot{A}_2$ 分别为分域①和分域②中的矢量磁位 $\dot{A}$,则边界条件如下所示:

B.C.1：在 $x=0$，$0 \leqslant y < h_1$ 处，有

$$\frac{\partial \dot{A}_1}{\partial x} = 0 \tag{4.7.2}$$

B.C.2：在 $x=0$，$h_1 < y < h_1+h_2$ 处，有

$$\frac{\partial \dot{A}_2}{\partial x} = 0 \tag{4.7.3}$$

B.C.3：在 $x=b$，$h_1 < y < h_1+h_2$ 处，有

$$\frac{\partial \dot{A}_2}{\partial x} = 0 \tag{4.7.4}$$

B.C.4：在 $y=h_1$，$b \leqslant x < a$ 处，有

$$\frac{\partial \dot{A}_1}{\partial y} = 0 \tag{4.7.5}$$

B.C.5：在 $x=a$，$0 < y < h_1$ 处，有

$$\frac{\partial \dot{A}_1}{\partial x} = 0 \tag{4.7.6}$$

B.C.6：在 $y=0$，$0 \leqslant x < a$ 处，有

$$\frac{\partial \dot{A}_1}{\partial y} = 0 \tag{4.7.7}$$

同时，在分界面 $y=h_1$，$0 \leqslant x \leqslant b$ 处，有

$$\dot{A}_1 = \dot{A}_2 \tag{4.7.8}$$

$$\frac{\partial \dot{A}_1}{\partial y} = \frac{\partial \dot{A}_2}{\partial y} \tag{4.7.9}$$

应用方程(1.2.21)，在分域①和分域②内，$\dot{A}_1$ 和 $\dot{A}_2$ 都满足亥姆霍兹方程：

$$\frac{\partial^2 \dot{A}_1}{\partial x^2} + \frac{\partial^2 \dot{A}_1}{\partial y^2} = k^2 \dot{A}_1 \tag{4.7.10}$$

和

$$\frac{\partial^2 \dot{A}_2}{\partial x^2} + \frac{\partial^2 \dot{A}_2}{\partial y^2} = k^2 \dot{A}_2 \tag{4.7.11}$$

式中，$k^2 = \mathrm{j}\omega\mu\gamma$，$\gamma$ 为该分域中导体的电导率。

应用分离变量方法，不难求得 $\dot{A}_1$ 和 $\dot{A}_2$ 有如下形式：

$$\dot{A}_1(x, y) = A_0 \mathrm{ch} ky + \sum_{n=1}^{\infty} A_n \mathrm{ch} C_n y \cos\frac{n\pi x}{a} \tag{4.7.12}$$

和

$$\dot{A}_2(x, y) = -\frac{\mu_0 \dot{I}}{bk} \frac{\mathrm{ch} ky}{\mathrm{sh} k(h_1 + h_2)} + B_0 \mathrm{ch} k(h_1 + h_2 - y)$$
$$+ \sum_{m=1}^{\infty} B_m \mathrm{ch} D_m (h_1 + h_2 - y) \cos\frac{m\pi x}{b} \tag{4.7.13}$$

式中

$$C_n^2 = \left(\frac{n\pi}{a}\right)^2 + k^2 \tag{4.7.14}$$

和

$$D_m^2 = \left(\frac{m\pi}{b}\right)^2 + k^2 \tag{4.7.15}$$

那么，边界条件(4.7.2)、(4.7.6)和(4.7.7)，边界条件(4.7.1)、(4.7.3)和(4.7.4)，亥姆霍兹方程(4.7.10)和(4.7.11)都能得到满足。

现在，应用在分界面 $y = h_1$，$0 \leqslant x \leqslant b$ 处的衔接条件，有

$$\dot{A}_2 \big|_{y=h_1, 0<x<b} = \dot{A}_1 \big|_{y=h_1, 0<x<b} \tag{4.7.16}$$

和

$$\frac{\partial \dot{A}_1}{\partial y}\bigg|_{y=h_1, 0<x<a} = \begin{cases} \dfrac{\partial \dot{A}_2}{\partial y}\bigg|_{y=h_1, 0<x<b} \\ 0 \big|_{y=h_1, b<x<a} \end{cases} \tag{4.7.17}$$

式(4.7.16)和式(4.7.17)的具体形式分别为

$$-\frac{\mu_0 \dot{I}}{bk}\frac{\mathrm{ch}kh_1}{\mathrm{sh}k(h_1+h_2)} + B_0\mathrm{ch}kh_2 + \sum_{m=1}^{\infty} B_m\mathrm{ch}D_mh_2\cos\frac{m\pi x}{b}$$

$$= A_0\mathrm{ch}kh_1 + \sum_{n=1}^{\infty} A_n\mathrm{ch}C_nh_1\cos\frac{n\pi x}{a} \qquad (0 < x < b) \tag{4.7.18}$$

和

$$A_0 k\mathrm{sh}kh_1 + \sum_{n=1}^{\infty} A_n C_n \mathrm{sh}C_n h_1 \cos\frac{n\pi x}{a}$$

$$=\begin{cases}-\dfrac{\mu_0 \dot{I}}{b}\dfrac{\mathrm{sh}kh_1}{\mathrm{sh}k(h_1+h_2)} + B_0 k\mathrm{ch}kh_2 + \sum_{m=1}^{\infty} B_m D_m\mathrm{sh}D_m h_2 \cos\dfrac{m\pi x}{b} & (0<x<b) \\ 0 & (b<x<a)\end{cases} \tag{4.7.19}$$

式(4.7.18)两边同乘以 $\cos\dfrac{s\pi x}{b}\mathrm{d}x$，并从 $0 \to b$ 对 x 积分，得到

$$B_0 = \frac{\mu_0 \dot{I}}{bk}\frac{\mathrm{ch}kh_1}{\mathrm{sh}k(h_1+h_2)\mathrm{ch}kh_2} + \frac{\mathrm{ch}kh_1}{\mathrm{ch}kh_2}A_0 + \frac{a}{b\pi\mathrm{ch}kh_2}\sum_{n=1}^{\infty}\frac{\mathrm{ch}C_nh_1\sin\dfrac{n\pi b}{a}}{n}A_n \tag{4.7.20}$$

$$B_m = \frac{2(-1)^{m+1}}{ab\pi\mathrm{ch}D_mh_2}\sum_{n=1}^{\infty}\frac{n\mathrm{ch}C_nh_1\sin\dfrac{n\pi b}{a}}{\left(\dfrac{m}{b}\right)^2-\left(\dfrac{n}{a}\right)^2}A_n \quad (m=1,2,\cdots) \tag{4.7.21}$$

同理，式(4.7.19)两边同乘以 $\cos\dfrac{s\pi x}{a}\mathrm{d}x$，并从 $0 \to a$ 对 x 积分，得到

$$A_0 = -\frac{\mu_0 \dot{I}}{bk}\frac{1}{\mathrm{sh}k(h_1+h_2)} + \frac{\mathrm{sh}kh_2}{\mathrm{sh}kh_1}B_0 + \frac{b}{ak\pi\mathrm{sh}kh_1}\sum_{m=1}^{\infty}\frac{D_m\mathrm{sh}D_mh_2\sin\dfrac{m\pi a}{b}}{m}B_m \tag{4.7.22}$$

$$A_n = \frac{2(-1)^n}{ab\pi C_n\mathrm{sh}C_nh_1}\sum_{m=1}^{\infty}\frac{mD_m\mathrm{sh}D_mh_2\sin\dfrac{m\pi a}{b}}{\left(\dfrac{m}{b}\right)^2-\left(\dfrac{n}{a}\right)^2}B_m \quad (n=1,2,\cdots) \tag{4.7.23}$$

4.8 矩形截面镯环形铁心线圈

在电子电路中,电感器件和变压器的线圈通常都是缠绕在由高电阻率材料制成的圆环形磁心上的。尽管磁心体材料的电阻率较高,但仍然会产生显著的涡流损耗。尤其是由于这些器件一般工作在高频状态下,必须考虑涡流损耗的影响。因此,镯环磁心中涡流损耗的计算引起了人们越来越多的兴趣。Gyimesi 和 Lavers 分析了沿轴向穿过的长直电流在圆截面镯环形磁心中产生的涡流损耗,给出了一个半解析解[9]。Fawzi 和 Hussein 分析了沿轴向穿过的长直电流在矩形截面镯环磁心中产生的涡流损耗,也给出了半解析解[10]。Namjoshi 等则分析了螺管线圈电流在矩形截面镯环形磁心中产生的涡流损耗,给出了二重级数式的涡流解[11]。但是,这种解有两个主要缺点:①二重级数收敛非常慢,不便于工程计算;②涉及寻找如下超越方程的根 α_s(有无限个根):

$$J_1(\alpha_s R_1)Y_1(\alpha_s R_2) - J_1(\alpha_s R_2)Y_1(\alpha_s R_1) = 0 \tag{4.8.1}$$

Namjoshi 方法取决于 α_s 数值解的精度。文献[11]中只给出了在 $\lambda = R_2/R_1 < 2$ 时根 α_s 的近似寻找方法,这样使得它的应用范围有很大的局限性。严格地说,Namjoshi 等给出的是一种近似解析解。

在本节中,我们研究螺管线圈电流在矩形截面镯环形磁心体中产生的涡流损耗,得到了单重级数式的涡流解析解,不涉及求超越方程(4.8.1)的根 α_s,没有限制 λ 值的条件。另外,指出了文献[11]中的几个近似公式的概念错误,给出了正确的计算公式。

4.8.1 边值问题和计算方法

1. 边值问题

图 4.8.1 所示为矩形截面镯环形磁心。这里假设螺管线圈(共 N 匝)是均匀密绕于磁心表面上,或磁心的磁导率 μ 很大,不产生漏磁通。考虑到轴对称性,磁心中的磁场强度只有 ϕ 方向的分量,且与坐标 ϕ 无关,记为 $\dot{H}$。在正弦稳态条件下,$\dot{H}$ 满足如下方程:

$$\frac{\partial^2 \dot{H}}{\partial \rho^2} + \frac{1}{\rho}\frac{\partial \dot{H}}{\partial \rho} - \frac{\dot{H}}{\rho^2} + \frac{\partial^2 \dot{H}}{\partial z^2} + k^2 \dot{H} = 0 \tag{4.8.2}$$

式中,$k^2 = -\mathrm{j}\omega\mu\gamma = -2\mathrm{j}/d^2$;$d$ 为透入深度;μ 和 γ 分别为磁心材料的磁导率和电导率;$\omega = 2\pi f$ 为线圈电流的角频率。由于涡流没有 ϕ 方向分量且在磁心的横截

面内自行闭合，所以可把磁心中的涡流想象为多层均匀密绕螺管线圈电流，它仅会对磁心内部的磁场分布产生影响，但不会影响磁心外部及其表面上的磁场分布。因此，磁心表面上的磁场仅由线圈中的电流 I 产生，是已知的。利用安培环路定律，在磁心表面（$\rho = R_1$ 和 $\rho = R_2$，$-a \leqslant z \leqslant a$ 和 $R_1 < \rho < R_2$，$z = \pm a$）上，容易得到如下边界条件[12]：

$$\dot{H} = \frac{N\dot{I}}{2\pi\rho} \tag{4.8.3}$$

式(4.8.2)和式(4.8.3)构成了磁心中磁场分布的边值问题。

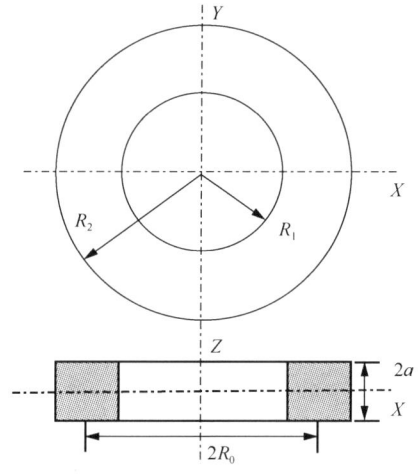

图 4.8.1　矩形截面镯环形磁心

2. 计算方法[12]

若磁场 $\dot{H}$ 的解有如下形式：

$$\dot{H} = \frac{N\dot{I}}{2\pi\rho}\frac{\cos kz}{\cos ka} + \dot{H}_1 \tag{4.8.4}$$

则 $\dot{H}_1$ 也满足式(4.8.2)，但相应的边界条件是

$$\dot{H}_1 = \frac{N\dot{I}}{2\pi\rho}\left(1 - \frac{\cos kz}{\cos ka}\right) \quad (\rho = R_1;\ \rho = R_2;\ -a \leqslant z \leqslant a) \tag{4.8.5}$$

和

$$\dot{H}_1 = 0 \quad (R_1 < \rho < R_2;\ z = \pm a) \tag{4.8.6}$$

考虑到齐次边界条件(4.8.6)，可取满足方程(4.8.2)的解 $\dot{H}_1$ 为如下分离变量形式：

$$\dot{H}_1 = \sum_{n=0}^{\infty}[A_n J_1(\beta_n\rho) + B_n Y_1(\beta_n\rho)]\cos k_n z \quad (4.8.7)$$

式中，$J_1(\beta_n\rho)$ 和 $Y_1(\beta_n\rho)$ 分别为第一类和第二类一阶贝塞尔函数。β_n 为分离常数，有

$$\beta_n^2 = k^2 - k_n^2 \quad (n = 0,1,2,\cdots) \quad (4.8.8)$$

式中，$k_n = (2n+1)\pi/2a$。利用边界条件(4.8.5)，确定出系数 A_n 和 B_n 分别为

$$A_n = (-1)^n \frac{N\dot{I}}{\pi a R_1 R_2} \frac{k^2}{k_n \beta_n^2} \frac{R_2 Y_1(\beta_n R_2) - R_1 Y_1(\beta_n R_1)}{J_1(\beta_n R_1)Y_1(\beta_n R_2) - J_1(\beta_n R_2)Y_1(\beta_n R_1)} \quad (4.8.9)$$

和

$$B_n = (-1)^n \frac{N\dot{I}}{\pi a R_1 R_2} \frac{k^2}{k_n \beta_n^2} \frac{R_1 J_1(\beta_n R_1) - R_2 J_1(\beta_n R_2)}{J_1(\beta_n R_1)Y_1(\beta_n R_2) - J_1(\beta_n R_2)Y_1(\beta_n R_1)} \quad (4.8.10)$$

磁心中的涡流分量为

$$\dot{J}_\rho = -\frac{\partial \dot{H}}{\partial z} = \frac{N\dot{I}}{2\pi\rho}\frac{k\sin kz}{\cos ka} + \sum_{n=0}^{\infty}[A_n J_1(\beta_n\rho) + B_n Y_1(\beta_n\rho)]k_n \sin k_n z \quad (4.8.11)$$

和

$$\dot{J}_z = \frac{\partial \dot{H}}{\partial \rho} + \frac{\dot{H}}{\rho} = \sum_{n=0}^{\infty}[A_n J_0(\beta_n\rho) + B_n Y_0(\beta_n\rho)]\beta_n \cos k_n z \quad (4.8.12)$$

它们满足条件：$J_\rho(R_1,z) = J_\rho(R_2,z) = 0$ 和 $J_z(\rho,\pm a) = 0$。

4.8.2 损耗功率[12]

穿过磁心截面的磁通为

$$\dot{\Phi}_m = \int_S \mu \dot{H} dS = \frac{\mu N\dot{I}}{\pi}\frac{\tan ka}{k}\ln\frac{R_2}{R_1} + \frac{\mu N\dot{I}k^2}{R_1 R_2}\sum_{n=0}^{\infty}\frac{2}{\pi a k_n^2 \beta_n^3}\eta_n(\beta_n) \quad (4.8.13)$$

式中

$$\eta_n(\beta_n) = \frac{[J_0(\beta_n R_1) - J_0(\beta_n R_2)][R_2 Y_1(\beta_n R_2) - R_1 Y_1(\beta_n R_1)]}{[J_1(\beta_n R_1) Y_1(\beta_n R_2) - J_1(\beta_n R_2) Y_1(\beta_n R_1)]}$$
$$+ \frac{[Y_0(\beta_n R_1) - Y_0(\beta_n R_2)][R_1 J_1(\beta_n R_1) - R_2 J_1(\beta_n R_2)]}{[J_1(\beta_n R_1) Y_1(\beta_n R_2) - J_1(\beta_n R_2) Y_1(\beta_n R_1)]} \quad (4.8.14)$$

那么，螺管线圈两端的电压 $\dot{U}$ 为

$$\dot{U} = j\omega N \dot{\Phi}_m \quad (4.8.15)$$

最后，得到磁心中的涡流损耗 P 为

$$P = \mathrm{Re}[\dot{U}\dot{I}^*] = \frac{N^2 I^2}{\pi \gamma} \cdot \frac{\mathrm{th}\frac{a}{d}\left(1 + \tan^2\frac{a}{d}\right) + \tan\frac{a}{d}\left(\mathrm{th}^2\frac{a}{d} - 1\right)}{d\left(1 + \tan^2\frac{a}{d}\mathrm{th}^2\frac{a}{d}\right)} \ln\frac{R_2}{R_1}$$
$$+ \frac{8N^2 I^2}{\pi a d^4 \gamma R_1 R_2} \sum_{n=0}^{\infty} \frac{1}{k_n^2} \mathrm{Re}\left[\frac{\eta_n(\beta_n)}{\beta_n^3}\right] \quad (4.8.16)$$

下面讨论几种特殊情况下损耗功率 P 的近似计算公式。

1. d 较小时

当频率较高时，透入深度 d 远小于 R_0 和 a，涡流几乎集中在磁心表面附近的一个薄层内流动。不难得到损耗功率 P 的近似公式为

$$P = \frac{\omega \mu d N^2 I^2}{2\pi} \left(\frac{a}{R_1} + \frac{a}{R_2} + \ln\frac{R_2}{R_1}\right) \quad (4.8.17)$$

上式右边各项分别表示磁心内表面、外表面、上底面和下底面的损耗功率。但是，Namjoshi 在文献[11]中给出的近似公式(14)有误。

2. d 较大时

当透入深度 d 较大（$R_0/d \ll 1$，$a/d \ll 1$）时，涡流产生的反应磁场可以忽略。此时，可近似地取 $\beta_n \approx jk_n$。而且，当有近似式 $\mathrm{th}(a/d) \approx a/d - (a/d)^3/3$ 和 $\tan(a/d) \approx a/d + (a/d)^3/3$ 成立时，由式(4.8.16)得到损耗功率 P 的近似公式为

$$P = \frac{4a^3 N^2 I^2}{3\pi \gamma d^4} \ln\frac{R_2}{R_1} + \frac{8N^2 I^2}{\pi a d^4 \gamma R_1 R_2} \sum_{n=0}^{\infty} \frac{1}{k_n^5} \mathrm{Re}\{j\eta_n(\beta_n)\} \quad (4.8.18)$$

另外，当有 $\mathrm{th}(a/d) \approx a/d$ 和 $\tan(a/d) \approx a/d$ 成立时，由式(4.8.16)得到损耗

功率 P 的近似公式为

$$P = \frac{2a^3 N^2 I^2}{\pi \gamma d^4} \ln \frac{R_2}{R_1} + \frac{8N^2 I^2}{\pi a d^4 \gamma R_1 R_2} \sum_{n=0}^{\infty} \frac{1}{k_n^5} \text{Re}[j\eta_n(\beta_n)] \tag{4.8.19}$$

3. $a \gg R_0$ 时

当磁心的尺寸沿 z 方向很大时，磁场强度 $\dot{H}$ 仅与坐标 ρ 有关，且涡流沿 ρ 方向的分量可以忽略（即 $\dot{J}_\rho = -\partial \dot{H}/\partial z = 0$）。此时，方程(4.8.2)简化为

$$\rho^2 \frac{d^2 \dot{H}}{d\rho^2} + \rho \frac{d\dot{H}}{d\rho} + \left[(k\rho)^2 - 1\right]\dot{H} = 0 \tag{4.8.20}$$

利用式(4.8.3)，从式(4.8.20)就能得到磁场 $\dot{H}$ 的解。最后，磁心中的损耗功率 P 的近似公式为

$$P = \frac{\omega \mu d N^2 I^2 a}{2\pi R_1 R_2}[\text{Re}(\eta) + \text{Im}(\eta)] \tag{4.8.21}$$

式中，$\eta = -\eta_n(k)$。

值得指出的是，在 $a \gg R_0$ 的情况下，Namjoshi 在得到损耗功率的近似公式时（文献[11]中的式(17)），认为方程(4.8.20)中的 $(k\rho)^2 \dot{H}$ 近似为 $(k\rho)^2 \dot{N I}/2\pi\rho$，即没有计及涡流产生的反应磁场的效应。显然，当频率较高（此时，透入深度 d 很小，导致 $k^2 = -2j/d^2$ 很大）时，会引起较大的误差。例如，当取 $d/R_0 = 0.25$ 时，表 4.8.1 中的计算结果说明 Namjoshi 等的文献中近似公式的计算误差十分严重。

表 4.8.1 当 a/R_0 较大时，式(4.8.16)和式(4.8.21)的计算结果对 $\omega \mu d N^2 I^2$ 的归一化
（$R_1/R_0 = 5/7$，$R_2/R_0 = 9/7$，$a/R_0 = 5$）

d/R_0	损耗功率/W (式(4.8.16))	损耗功率/W (式(4.8.21))	误差/% (式(4.8.21))	误差/% (文献[11])
0.25	1.52×10^{-0}	1.54×10^{-0}	1.3	107
0.50	3.55×10^{-1}	3.67×10^{-1}	3.4	10.4
2.00	5.90×10^{-3}	6.12×10^{-3}	3.7	3.9
10.00	4.72×10^{-5}	4.89×10^{-5}	3.6	3.8

经过一定的数学处理，损耗功率计算公式(4.8.21)可以简化为

$$P = \frac{\omega\mu d N^2 I^2 a(R_1+R_2)}{2\pi R_1 R_2} \cdot \frac{\operatorname{sh}\dfrac{R_2-R_1}{d} - \sin\dfrac{R_2-R_1}{d}}{\operatorname{ch}\dfrac{R_2-R_1}{d} + \cos\dfrac{R_2-R_1}{d}} \qquad (4.8.22)$$

当磁心壁超薄(即有极限情形 $R_1 \approx R_2 \approx R_0$)时，式(4.8.22)又能够近似成

$$P \approx \omega\mu N^2 I^2 \frac{4}{3\pi} \cdot \frac{ab^3}{R_0 d^2} \quad (b=(R_2-R_1)/2) \qquad (4.8.23)$$

这就是 Namjoshi 等在文献[11]中给出的近似公式(18)，可见它是式(4.8.21)当 $(R_2-R_1)/d$ 在一定范围内取值时的结果。

4. $a \ll R_0$ 时

当磁心的尺寸沿 ρ 方向比较大时，涡流沿 z 方向的分量可以忽略(即 $\dot{J}_z = \partial \dot{H}/\partial\rho + \dot{H}/\rho = 0$)。此时，式(4.8.2)简化为

$$\frac{\mathrm{d}^2 \dot{H}}{\mathrm{d}z^2} + k^2 \dot{H} = 0 \qquad (4.8.24)$$

利用式(4.8.3)，从式(4.8.24)不难得到磁场 $\dot{H}$ 的解。最后，磁心中的损耗功率 P 的近似公式为

$$P = \frac{N^2 I^2 \ln\dfrac{R_2}{R_1}}{\pi\gamma d} \cdot \frac{\operatorname{th}\dfrac{a}{d}\left(1+\tan^2\dfrac{a}{d}\right) + \tan\dfrac{a}{d}\left(\operatorname{th}^2\dfrac{a}{d}-1\right)}{1+\tan^2\dfrac{a}{d}\operatorname{th}^2\dfrac{a}{d}} \qquad (4.8.25)$$

同样，在 $a \ll R_0$ 的情况下，Namjoshi 等在得到损耗功率 P 的近似公式时(文献[11]中的式(22))也没有计及涡流产生的反应磁场的效应，即认为式(4.8.24)中的 $k^2\dot{H}$ 近似为 $k^2 N\dot{I}/2\pi\rho$。显然，当频率较高(此时，透入深度 d 很小，导致 $k^2 = -2\mathrm{j}/d^2$ 很大)时，就会引起较大的误差。

当磁心尺寸能使近似公式 $\operatorname{th}(a/d) \approx a/d - (a/d)^3/3$ 和 $\tan(a/d) \approx a/d + (a/d)^3/3$ 成立时，式(4.8.25)可简化为

$$P = \omega\mu N^2 I^2 \frac{2}{3\pi} \cdot \frac{a^3}{d^2} \ln\frac{R_2}{R_1} \qquad (4.8.26)$$

这就是 Namjoshi 等在文献[11]中给出的近似公式(22)。可见它是式(4.8.25)中 a/d 在一定范围内取值时的结果。而当磁心尺寸能使近似公式 $\tanh(a/d) \approx a/d$

和 $\tan(a/d) \approx a/d$ 成立时,式(4.8.25)则应该简化为

$$P = \omega\mu N^2 I^2 \frac{1}{\pi} \cdot \frac{a^3}{d^2} \ln\frac{R_2}{R_1} \tag{4.8.27}$$

很明显,它与 Namjoshi 等在文献[11]中给出的近似公式(22)完全不同。

上述结果表明,当 a/d 的值较大和很小时,由于近似公式 $\text{th}(a/d) \approx a/d - (a/d)^3/3$ 和 $\tan(a/d) \approx a/d + (a/d)^3/3$ 不能成立,Namjoshi 等的文献[11]中给出的近似公式(22)的计算结果将会存在着很大的误差。例如,当取 $d/R_0 = 0.005$(即 $a/d = 1.00$)和 $d/R_0 = 10.00$(即 $a/d = 0.0005$)时,表 4.8.2 中的计算结果已说明了这一事实,Namjoshi 等在文献[11]中给出的近似公式的计算误差十分严重。

表 4.8.2 当 a/R_0 较小时,式(4.8.16)和式(4.8.25)的计算结果对 $\omega\mu d N^2 I^2$ 的归一化
($R_1/R_0 = 5/7$,$R_2/R_0 = 9/7$,$a/R_0 = 0.005$)

d/R_0	损耗功率/W (式(4.8.16))	损耗功率/W (式(4.8.25))	误差/% (式(4.8.25))	误差/% (文献[11])
0.005	7.63×10^{-2}	7.6×10^{-2}	0.4	63.8
0.25	10.00×10^{-7}	9.98×10^{-7}	0.2	1.4
0.50	1.26×10^{-7}	1.25×10^{-7}	0.8	1.4
2.00	1.97×10^{-9}	1.95×10^{-9}	1.0	1.4
10.00	2.36×10^{-11}	2.33×10^{-11}	1.3	33.9

4.8.3 数值结果举例[12]

这里对涡流损耗进行实际计算。首先,利用准确式(4.8.16)计算损耗功率 P,并以参数 $\omega\mu d N^2 I^2$ 对其进行归一化。当 R_0/d 值很大时,损耗功率与式(4.8.17)计算出的极限值相一致。例如,当 $R_0/d = 100$,$R_1/R_0 = 5/7$,$R_2/R_0 = 9/7$ 和 $R_0/a = 3.5$ 时,式(4.8.16)和式(4.8.17)的计算结果分别是 0.194W 和 0.193W。

表 4.8.1 和表 4.8.2 分别给出了 a/R_0 的值较大和较小时,式(4.8.16)、式(4.8.21)和(4.8.25)的计算结果。与文献[11]相比较,本书近似公式的计算结果与准确解吻合得更好。特别是当 d/R_0 的值很小或较大时,效果更明显。

与 Namjoshi 等采用的二重级数方法相比较,利用单重级数方法得到的矩形截面镯环形螺管线圈磁心中磁场分布、涡流分布和涡流损耗解析解,不仅不涉及求超越方程的根 α_s,且没有条件 $\lambda(=R_2/R_1)<2$ 的限制,所以得到的是一个严格的解析解。它具有计算步骤简单、计算精度高、计算速度快和不受应用范围限制的

优点,给问题的分析处理带来了很大的方便,更具实用价值。而现在看来,Namjoshi 等在文献[11]中给出的解是一个半解析的近似解,它取决于根 α_s 的数值解的精度。

计算结果表明,矩形截面镯环形螺管线圈磁心中涡流损耗具有与其他类型磁心相似的频率特征。上面给出的损耗功率公式,对研究在非正弦电流激励时磁心中的涡流损耗有重要的意义。

上面给出的计算公式不仅适用于螺管线圈电流情况,也适用于沿轴向穿过的长直电流情况,此时只需在有关公式中取 $N=1$。

关于部分填充矩形截面镯环形磁心涡流损耗的计算问题,有兴趣的读者可以参见文献[13]。

4.9 线电流作用于厚导体平板

在许多场合,产生涡流的磁场往往是由几根载流导体所产生,导体的截面较小,一般可用细线电流来代替。这里考虑一根平行于极厚导体平板的长直导体(图 4.9.1),比如说用以表示跨过船上甲板的电缆,或平行于变压器外壳的大电流连线。线电流为 $I = \mathrm{Re}\left[\dot{I}\mathrm{e}^{\mathrm{j}\omega t}\right]$[1]。

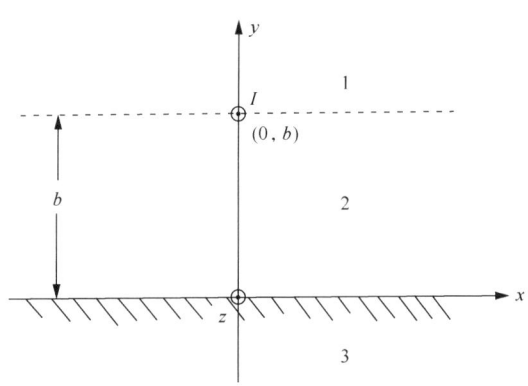

图 4.9.1 平行于厚导体平板表面的线电流[1]

现在,先确定电流 $\dot{I}$ 单独在真空中产生的矢量磁位 $\dot{A}$。从拉普拉斯方程推出所需的乘积解形式为

$$\cos kx \mathrm{e}^{\pm k(y-b)}, \qquad \sin kx \mathrm{e}^{\pm k(y-b)}$$

这里,正负指数分别适用于区域 2 和区域 1。由于问题对 x 的偶对称性,选取余弦函数是合适的。又因电流的分布并非周期性,所以分离常数 k 不是整数,而是一个连续变量。因此,必须用傅里叶积分代替傅里叶级数。例如,对区域 2,有

第4章 正弦稳态涡流分析

$$\dot{A}_2 = \int_0^\infty C(k)\cos kx\, e^{k(y-b)} \mathrm{d}k \tag{4.9.1}$$

在 $y=b$ 这个面上，电流为一总值为 $\dot{I}$ 的单一空间脉冲。设该脉冲位于 $-\tau \leqslant x \leqslant \tau$ 范围内，电流的面密度为常数 K_0，因而 $\dot{I} = K_0 2\tau$，则用傅里叶积分表示时，电流密度为

$$\begin{aligned}
K(x) &= \frac{1}{\pi}\int_0^\infty \cos kx \left[\int_{-\infty}^\infty K(\lambda)\cos k\lambda\, \mathrm{d}\lambda\right] \mathrm{d}k \\
&= \frac{1}{\pi}\int_0^\infty \cos kx \left(\int_{-\tau}^\tau K_0 \cos k\lambda\, \mathrm{d}\lambda\right) \mathrm{d}k \\
&= \frac{1}{\pi}\int_0^\infty \frac{\dot{I}}{k\tau}\cos kx \sin k\tau\, \mathrm{d}k
\end{aligned}$$

如果 τ 趋于零，则 $K(x)$ 最后将变为

$$K(x) = \frac{\dot{I}}{\pi}\int_0^\infty \cos kx\, \mathrm{d}k$$

在 $y=b$ 的面上，应用分界面上的衔接条件

$$\frac{1}{\mu_{i+1}}\frac{\partial \dot{A}_{i+1}}{\partial y} - \frac{1}{\mu_i}\frac{\partial \dot{A}_i}{\partial y} = \mu_0 K_{zi}$$

得到

$$2\int_0^\infty kC(k)\cos kx\, \mathrm{d}k = \mu_0 K(x) = \frac{\mu_0 \dot{I}}{\pi}\int_0^\infty \cos kx\, \mathrm{d}k$$

于是，看出

$$C(k) = \frac{\mu_0 \dot{I}}{2\pi k} \tag{4.9.2}$$

这样，孤立线电流的矢量磁位得以完全确定。

现在，引入半无限厚平板(图4.9.1中区域3)，利用式(4.9.1)和式(4.9.2)，可以得出区域2内的合成矢量磁位为

$$\dot{A}_2 = \frac{\mu_0 \dot{I}}{2\pi}\int_0^\infty \frac{1}{k}\cos kx\left(e^{k(y-b)} + D_2 e^{-ky}\right) \mathrm{d}k \tag{4.9.3}$$

在区域 3 内，有

$$\dot{A}_3 = \frac{\mu_0 \dot{I}}{2\pi} \int_0^\infty \frac{1}{k} \cos kx\, C_3 \mathrm{e}^{\beta y} \mathrm{d}k \tag{4.9.4}$$

式中，$\beta^2 = k^2 + \mathrm{j}\dfrac{2}{d^2}$，$d = \sqrt{\dfrac{2}{\omega \mu_3 \gamma}}$。在交界面 $y=0$ 处应用分界面上的衔接条件，可求得系数 D_2 和 C_3 分别为

$$D_2 = \frac{k\mu_3 - \beta}{k\mu_3 + \beta} \mathrm{e}^{-kb}, \qquad C_3 = \frac{2k\mu_3}{k\mu_3 + \beta} \mathrm{e}^{-kb}$$

于是，有

$$\dot{A}_2 = \frac{\mu_0 \dot{I}}{2\pi} \int_0^\infty \frac{1}{k} \cos kx \left(\mathrm{e}^{k(y-b)} + \frac{k\mu_3 - \beta}{k\mu_3 + \beta} \mathrm{e}^{-k(y+b)} \right) \mathrm{d}k \tag{4.9.5}$$

$$\dot{A}_3 = \frac{\mu_3 \mu_0 \dot{I}}{\pi} \int_0^\infty \frac{\mathrm{e}^{-kb}}{k\mu_3 + \beta} \mathrm{e}^{\beta y} \cos kx\, \mathrm{d}k \tag{4.9.6}$$

至此，区域 2 和区域 3 内的矢量磁位得到了确定。但是，上述两式中积分的数值计算是值得研究的。

4.10 行波磁场作用于扁平导体板[1]

我们知道，在一台交流电机的气隙中，定子铁心中的多相绕组可以产生一个旋转磁场。为了分析简单起见，可以将圆环形状的电机气隙"展开"成平面使之与某一直角坐标系相吻合，如图 4.10.1 所示。如果假设电机转子和定子的轴向长度比转子半径大得多，那么这种"展开"对磁场的计算不会造成太大的影响。这样，转子被展开成为一张厚度为 a 的扁平导体板，定子绕组电流被看成是一种正弦分布面电流层（忽略定子铁心），电流线密度为

$$K_z = K \cos\left(\omega t - \frac{\pi x}{g}\right) = \mathrm{Re}\left(\sqrt{2} \dot{K}_z \mathrm{e}^{\mathrm{j}\omega t}\right) \tag{4.10.1}$$

式中，g 为极矩。

这样，旋转电机的气隙磁场问题就变为一个受到在时间和空间两方面都为交变、平行于扁平导体板面而移动的行波磁场作用的导体板问题。这是分析旋转电机极面损耗的一个比较简单的模型。

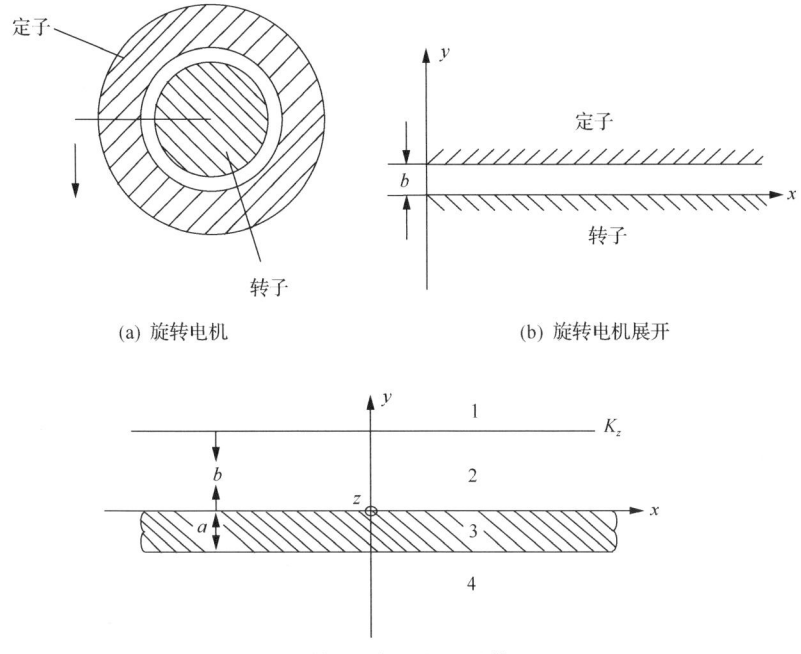

(a) 旋转电机 (b) 旋转电机展开

(c) 平行于导体板的电流片[1]

图 4.10.1 平行于导体板的电流层-旋转电机气隙磁场等效

因为定子绕组电流沿轴向 z 方向流动,所以矢量磁位只有 z 方向分量,即 $\boldsymbol{A} = \dot{A}\boldsymbol{e}_z$。显然,在导体板(即区域 3)内,$\dot{A}$ 满足如下微分方程:

$$\frac{\partial^2 \dot{A}}{\partial x^2} + \frac{\partial^2 \dot{A}}{\partial y^2} = k^2 \dot{A} \tag{4.10.2}$$

式中,$k^2 = \mathrm{j}\omega\mu\gamma$。而在其他区域 1、2 和 4 中,$\dot{A}$ 满足拉普拉斯方程:

$$\frac{\partial^2 \dot{A}}{\partial x^2} + \frac{\partial^2 \dot{A}}{\partial y^2} = 0 \tag{4.10.3}$$

应用分离变量法,式(4.10.2)的合适的解为

$$\dot{A}_3 = (C_3 \mathrm{e}^{py} + D_3 \mathrm{e}^{-py})\mathrm{e}^{-\mathrm{j}qx} \tag{4.10.4}$$

式中,下标 3 表示图 4.10.1 中的区域 3。为了简明起见,定义 $q = \dfrac{\pi}{g}$,且

$$p = \sqrt{q^2 + \mathrm{j}\frac{2}{d^2}}$$

式中，$d = \sqrt{\dfrac{2}{\omega\mu\gamma}}$ 为导体板的透入深度。

同理，式(4.10.3)的解可写成如下形式：

$$\dot{A}_i = (C_i \mathrm{e}^{qy} + D_i \mathrm{e}^{-qy})\mathrm{e}^{-jqx} \quad (i = 1, 2, 4) \tag{4.10.5}$$

式中，下标 i 表示图 4.10.1 中的区域 i。

为了避免 y 趋向 $\pm\infty$ 时矢量磁位无限增大，应选择 $C_1 = 0$ 和 $D_4 = 0$。这样，将剩下 6 个待定系数 D_1、C_2、D_2、C_3、D_3 和 C_4，它们可以用 $y = b$、$y = 0$ 和 $y = -a$ 三个分界面处的衔接条件确定出。一般来说，这个计算过程相当繁复。

如果先求出电流片单独产生的矢量磁位 $\dot{A}'$，就能够使上述 6 个待定系数的计算变得简单许多。对于式(4.10.1)定义的孤立电流片的下方区域 2 中，容易证明：

$$\dot{A}'_2 = \dfrac{\mu_0}{2q} K \mathrm{e}^{q(y-b)} \mathrm{e}^{-jqx} \tag{4.10.6}$$

现在，引进导体平板，则在电流片与导体平板上方之间的区域 2 内，不难知道，矢量磁位具有如下形式：

$$\dot{A}_2 = \left(\dfrac{\mu_0}{2q} K \mathrm{e}^{q(y-b)} + D_2 \mathrm{e}^{-qy}\right) \mathrm{e}^{-jqx} \tag{4.10.7}$$

不难理解，当把导体板移除时，由于它的作用将随之消失，所以式(4.10.7)中不可能有 y 的负指数项。在导体板内，矢量磁位仍由式(4.10.4)给出。在区域 4 中，我们有

$$\dot{A}_4 = C_4 \mathrm{e}^{q(y+a)} \mathrm{e}^{-jqx} \tag{4.10.8}$$

这是因为从导体板下方表面($y = -a$)处 y 趋向于 $-\infty$ 时，$\dot{A}_4$ 将随之衰减。

最后，在 $y = 0$ 和 $y = -a$ 这两个分界面处，应用如下分界面衔接条件：

$$\dot{A}_{i+1} = \dot{A}_i \tag{4.10.9}$$

$$\dfrac{1}{\mu_{i+1}} \dfrac{\partial \dot{A}_{i+1}}{\partial y} - \dfrac{1}{\mu_i} \dfrac{\partial \dot{A}_i}{\partial y} = \mu_0 \dot{K}_i \tag{4.10.10}$$

就能够求出 4 个待定系数 D_2、C_3、D_3 和 C_4。这里，略去详细计算过程，直接给出它们的表达式：

$$D_2 = G\left[\left(q\frac{\mu_3}{\mu_0} - p\right)e^{-pa} - \left(q\frac{\mu_3}{\mu_0} + p\right)e^{pa}\right] - \frac{\mu_0}{2q}Ke^{-qb} \quad (4.10.11)$$

$$C_3 = -G\left(q\frac{\mu_3}{\mu_0} + p\right)e^{pa} \quad (4.10.12)$$

$$D_3 = G\left(q\frac{\mu_3}{\mu_0} - p\right)e^{-pa} \quad (4.10.13)$$

$$C_4 = -2pG \quad (4.10.14)$$

式中

$$G = \mu_3 K e^{-qb}\left[\left(q\frac{\mu_3}{\mu_0} - p\right)^2 e^{-pa} - \left(q\frac{\mu_3}{\mu_0} + p\right)^2 e^{pa}\right]^{-1} \quad (4.10.15)$$

且 μ_3 为导体板的磁导率。

将各个待定系数 D_2、C_3、D_3 和 C_4 分别代入相应的解式(4.10.4)、(4.10.7)和(4.10.8)中，就得到了在区域 2、3 和 4 中的解。为了讨论各个参数的影响，下面写出 $\dot{A}_2$ 的完整表达式。将 p 写成如下形式：

$$p = \sqrt{q^2 + j\frac{2}{d^2}} = \lambda q$$

式中

$$\lambda = \sqrt{1 + j\beta^2} \quad (4.10.16)$$

及

$$\beta = \sqrt{\frac{2}{qd}} = \frac{\sqrt{2}}{\pi}\frac{g}{d} \quad (4.10.17)$$

于是，我们有

$$\dot{A}_2 = \frac{\mu_0}{2q}K\left\{e^{q(y-b)} + \left[\frac{(\mu_3 + \lambda\mu_0)(\mu_3 - \lambda\mu_0)(e^{\lambda qa} - e^{-\lambda qa})}{(\mu_3 + \lambda\mu_0)^2 e^{\lambda qa} - (\mu_3 - \lambda\mu_0)^2 e^{-\lambda qa}}\right]e^{-q(y+b)}\right\}e^{-jqx} \quad (4.10.18)$$

值得注意到，如果 $\lambda = 1$，就相当于除去涡流的影响。此时，式(4.10.18)右边第二项可以看成是位于平面 $y = -b$ 处的一个镜像电流的作用，而中括号内的因子用以修正镜像电流密度的大小。

这个解受到以下 5 个无因次参数的影响：

(1) 电流片离开导体板上表面的距离 b 与电流片的极矩 g 的比值，即 b/g；

(2) 导体板厚度 a 与极矩 g 的比值，即 a/g；

(3) 导体板的相对磁导率 μ_3/μ_0；

(4) 导体板厚度 a 与透入深度 d 的比值，即 a/d；

(5) 极矩 g 与透入深度 d 的比值，即 g/d；

前两个无因次参数包括 3 个几何尺寸，即 g、b 和 a，称之为"尺寸效应"。当极矩 g 比 b 越小时，外加于导体板表面的磁场就越小，导体板的反应也越小。当 g 和 a 相比越小时，导体板的磁化效应就越强。第 3 个无因次参数反映了导体板材料自身的磁化效应，它与形状无关。第 4 个无因次参数 $\dfrac{a}{d}$ 在一维问题中已有很清楚的解释，无须赘述。最后，第 5 个无因次参数 $\dfrac{g}{d}$ 反映了激励源的尺寸对涡流的影响。如果 $\dfrac{g}{d}$ 很小，则涡流反应很小，这是电阻限制性的电流，它不是由空间尺寸很小 $\left(\dfrac{a}{d}\text{可以很大}\right)$ 造成的，而是由外加电磁场的空间周期性所决定的。另外，如果 $\beta \gg \dfrac{\mu_3}{\mu_0}$，则电流将是电感限制性的。

如果导体板很厚，那么板的厚度变化对区域 2 内的场几乎没有影响。换句话说，导体板的下方表面对磁场分布不再有明显的影响。此时，可以把导体板看成半无限厚度平板。不难看出，如果

$$\mathrm{Re}[\lambda qa] \gg 1 \tag{4.10.19}$$

则式(4.10.18)的中括号可简化为 $\dfrac{\mu_3 - \lambda\mu_0}{\mu_3 + \lambda\mu_0}$。这就是把有限厚度导体板近似地看成是半无限厚度平板的条件。

也可以把式(4.10.19)所示的条件表示成如下形式：

$$qa\left[\dfrac{1}{2}\left(1+\sqrt{1+\beta^4}\right)\right]^{1/2} \gg 1 \tag{4.10.20}$$

当 $qa \gg 1$，即 $a \gg \dfrac{g}{\pi}$ 时，上述条件(4.10.20)显然能够成立。

利用坡印亭向量，可求得导体板两侧表面上每单位面积的涡流损耗为

$$P_s = \text{Re}[(\dot{E}_3 \dot{H}_{x3}^*)_{y=-a} - (\dot{E}_3 \dot{H}_{x3}^*)_{y=0}] \quad (4.10.21)$$

然而，即便对于厚导体板这种简单情况，完成式(4.10.21)的计算也要涉及繁复的运算。

如果 $\beta^2 \ll 1$ 和 $\mu_3 \gg \mu_0$，则

$$P_s = \frac{q\beta^4 \mu_0^2}{2\gamma\mu_3^2}(Ke^{-qb})^2 \quad (4.10.22)$$

如果 $\beta^2 \gg 1$，但 $\beta \ll \dfrac{\mu_3}{\mu_0}$，则

$$P_s = \frac{q\beta^3 \mu_0^2}{\sqrt{2}\gamma\mu_3^2}(Ke^{-qb})^2 \quad (4.10.23)$$

如果 $\beta^2 \gg 1$ 和 $\beta \gg \dfrac{\mu_3}{\mu_0}$，则

$$P_s = \frac{1}{\gamma d}(Ke^{-qb})^2 \quad (4.10.24)$$

在上述三种条件下，表4.10.1中给出了涡流损耗 P_s 与极矩 g、角频率 ω、电导率 γ 以及磁导率 μ_3 之间的关系。

表 4.10.1　不同参数对损耗密度的影响[1]

条件	幂次			
	g	ω	γ	μ_3/μ_0
$\beta^2 \ll 1$ $\mu_3 \gg \mu_0$	3	2	1	0
$\beta^2 \gg 1$ $\beta \ll \dfrac{\mu_3}{\mu_0}$	2	3/2	1/2	−1/2
$\beta^2 \gg 1$ $\beta \gg \dfrac{\mu_3}{\mu_0}$	0	1/2	−1/2	1/2

第一个条件表示涡流的作用是微不足道的，属于电阻限制性电流；极矩是主要参数，而损耗与磁导率无关。在第二种情况下，涡流效应已比较明显，但是导

体板的磁化仍然是主要的。在电阻限制性和半电阻限制性两种条件下，减小材料的电导率即可减少涡流损耗。最后，当涡流是电感限制性时，极矩对涡流损耗没有影响，此时必须用增大电导率的办法来减少涡流损耗。

从电感限制性涡流的计算公式，可推断出一个有趣的事实。利用式(4.10.18)，当 $\lambda \gg \dfrac{\mu_3}{\mu_0}$ 时，可得与导体板表面相切的磁场分量为

$$\dot{H}_{x2} = \frac{1}{\mu_0}\frac{\partial \dot{A}_2}{\partial y} = \frac{K}{2q}\frac{\partial}{\partial y}\left(e^{q(y-b)} - e^{-q(y+b)}\right)e^{-jqx}$$

于是，在 $y=0$ 表面上，有

$$\dot{H}_2 = \dot{H}_s = Ke^{-qb}e^{-jqx}$$

显然，表面磁场要比不存在导体板时增加 1 倍，此时，

$$\left|\dot{H}_s\right|^2 = K^2 e^{-2qb}$$

从而，式(4.10.24)可写成如下：

$$P_s = \frac{1}{\gamma d}\left|\dot{H}_s\right|^2 \tag{4.10.25}$$

式中，$\left|\dot{H}_s\right|$ 为表面切向磁场的有效值。不难证明，式(4.10.25)与处于均匀磁场中极厚导体板中涡流损耗的公式 $P_s = \dfrac{1}{\gamma d}\left|\dot{H}_s\right|^2$ 相同。这是由于如果 1.3 节中所述的导体板极厚，则从数学观点来看，可设 $2b$ 趋于无限大。此时，极厚导体板单位表面积的涡流损耗为导体板的单侧表面的涡流损耗，它等于有限厚度导体板的双侧表面涡流损耗 $P_s = \dfrac{2}{\gamma d}\left|\dot{H}_s\right|^2$（见式(1.3.5)）的一半。显然，当满足电感限制性涡流条件时，在行波磁场作用下的扁平导体板问题是一个准一维问题。这是由于电流的透入深度比激励绕组的极矩小很多的缘故。

按照这一分析结果，在电感限制性条件(此时能够计算出具有合理精度的表面切向磁场)下，利用式(4.10.25)，可以求得总涡流损耗的近似值如下：

$$P = \frac{1}{\gamma d}\int_S \left|\dot{H}_s\right|^2 dS \tag{4.10.26}$$

在前面曾经提到过，如果 $\lambda=1$，就相当于除去涡流的影响。如果将 $\lambda=1$ 代入

式(4.10.18)中，可得

$$\dot{A}_2 = \frac{\mu_0}{2q} K \left\{ e^{q(y-b)} + \left[\frac{(\mu_3 + \mu_0)(\mu_3 - \mu_0)(e^{qa} - e^{-qa})}{(\mu_3 + \mu_0)^2 e^{qa} - (\mu_3 - \mu_0)^2 e^{-qa}} \right] e^{-q(y+b)} \right\} e^{-jqx} \quad (4.10.27)$$

式中，右边第二项可以看成是位于平面 $y = -b$ 处的一个镜像电流的作用。中括号内的因子用以修正镜像电流密度的大小，称之为镜像因子。

对于半无限厚的导体板，即当 $a \to \infty$ 时，镜像因子将简化为

$$\frac{\mu_3 - \mu_0}{\mu_3 + \mu_0}$$

这是一种静磁镜像。

把上述观点应用于存在涡流的情况，从式(4.10.18)看出，对于半无限厚的导体板，镜像因子为

$$\frac{\mu_3 - \lambda\mu_0}{\mu_3 + \lambda\mu_0}$$

由于在 λ 中隐含着绕组的极矩，所以不同的绕组就具有不同的镜像因子。

如果导体板的电导率很大，即 $\beta \gg \mu_3/\mu_0$，则镜像因子将变为 -1，称之为"零磁导率"条件。此时，总能建立一个镜像系统，且容易计算出：切向表面磁场是外加磁场切向分量的 2 倍，法向磁场分量等于零。应用零磁导率镜像，可以计算汽轮发电机的端部磁场。这是因为在汽轮发电机定子绕组的端部，具有高磁导率导体压板的缘故。

4.11 铁磁球体

现在，我们考虑铁磁球体处于均匀正弦变化磁场 $\dot{B}_0$ 中的稳态问题。若采用复数形式，电磁扩散方程(3.6.1)写成

$$\nabla^2 \dot{A}_i - \frac{\dot{A}_i}{r^2 \sin^2\theta} = j\omega\mu\gamma \dot{A}_i \quad (4.11.1)$$

用分离变量法，容易得到铁磁球体内的通解为

$$\dot{A}_i(r,\theta) = r^{-1/2} \left[\dot{A}_n P_n^1(\cos\theta) + \dot{A}_n' Q_n^1(\cos\theta) \right] \left[\dot{B}_n I_{n+1/2}(kr) + \dot{B}_n' K_{n+1/2}(kr) \right]$$

$$(4.11.2)$$

和铁磁球体外的通解为

$$\dot{A}_e(r,\theta) = (\dot{C}_n r^n + \dot{C}'_n r^{-(n+1)})\left[\dot{D}_n P_n^1(\cos\theta) + \dot{D}'_n Q_n^1(\cos\theta)\right] \qquad (4.11.3)$$

式中，$k^2 = \mathrm{j}\omega\mu\gamma$。

考虑到外均匀正弦变化磁场 $\dot{B}_0$ 的矢量磁位为

$$\dot{A} = \frac{1}{2}\dot{B}_0 r\sin\theta \boldsymbol{e}_\alpha = \frac{1}{2}\dot{B}_0 r P_1^1(\cos\theta)\boldsymbol{e}_\alpha$$

因此，通解式(4.11.2)和式(4.11.3)中应取 $n=1$，而且由于涡流在无限远处引起的矢量磁位必定为零，所以应取 $\dot{C}_n = 0$；另外，考虑到 $\dot{A}_i$ 在 $r=0$ 处有限，所以应取 $\dot{B}'_n = 0$；由于场域中包含极轴 $\theta=0$ 和 π，还应取 $\dot{A}'_n = 0$ 和 $\dot{D}'_n = 0$。于是，得到球内、外的矢量磁位的解的形式分别为

$$\dot{A}_i = \frac{1}{2}\dot{B}_0 \dot{C} r^{-1/2} I_{3/2}(kr)\sin\theta \qquad (4.11.4)$$

$$\dot{A}_e = \frac{1}{2}\dot{B}_0(r + \dot{D}r^{-2})\sin\theta \qquad (4.11.5)$$

在 $r=a$ 处的分界面衔接条件为

$$\dot{A}_i = \dot{A}_e, \quad \mu_0 \frac{\partial}{\partial r}(r\sin\theta \dot{A}_i) = \mu \frac{\partial}{\partial r}(r\sin\theta \dot{A}_e)$$

由此能够确定出式(4.11.4)和式(4.11.5)中的待定系数 $\dot{C}$ 和 $\dot{D}$ 分别为

$$\dot{C} = \frac{3\mu k a^{5/2}}{(\mu-\mu_0)ka I_{-1/2}(ka) + \left[\mu_0(1+k^2a^2) - \mu\right]I_{1/2}(ka)}$$

和

$$\dot{D} = \frac{(2\mu+\mu_0)ka I_{-1/2}(ka) - \left[\mu_0(1+k^2a^2) + 2\mu\right]I_{1/2}(ka)}{(\mu-\mu_0)ka I_{-1/2}(ka) + \left[\mu_0(1+k^2a^2) - \mu\right]I_{1/2}(ka)}a^3$$

它们也可以表示成双曲函数的形式。

在铁磁球体外，任一点的磁场分量为

$$\dot{B}_{e\theta} = -\left(1 - \frac{\dot{D}}{2r^3}\right)\dot{B}_0\sin\theta$$

$$\dot{B}_{er} = \left(1 + \frac{\dot{D}}{r^3}\right)\dot{B}_0 \cos\theta$$

与恒定磁场相比较，便可看出，涡流的磁场如同半径为 a 和电流为 $\dot{I}$ 的磁偶极子的磁场，这里 $\mu_0 a^2 \dot{I} = 2\dot{B}_0 \dot{D}$。

如果磁场不是交变的，即 $\omega = 0$，因此从 $k^2 = j\omega\mu\gamma$ 看出，$k = 0$，并且利用分数阶贝塞尔函数的渐近公式，简化系数 $\dot{C}$ 和 $\dot{D}$，从而使式(4.11.4)和式(4.11.5)变成

$$\dot{A}_i = \frac{3\mu_r}{2(\mu_r + 2)} B_0 r \sin\theta \tag{4.11.6}$$

$$\dot{A}_e = \frac{1}{2}\left[r + \frac{2(\mu_r - 1)a^3}{(\mu_r + 2)r^2}\right]\dot{B}_0 \sin\theta \tag{4.11.7}$$

这就是恒定磁场的准确表达式。

当频率很高时，我们发现

$$\dot{A}_i \to 0, \qquad \dot{A}_e = \frac{1}{2}(r - a^3/r^2)\dot{B}_0 \sin\theta \tag{4.11.8}$$

因此，在铁磁球体内无磁场，涡流只在球面上流动，这是我们预期的结果。

现在，我们来计算铁磁球体所吸收的功率。在体积元 dV 中所吸收的功率为

$$dP = \frac{\dot{J} \cdot \dot{J}^*}{\gamma} dV = \frac{\pi}{\gamma} \dot{J} \cdot \dot{J}^* r^2 \sin\theta dr d\theta$$

式中，$\dot{J} = -k^2\mu^{-1}\dot{A}_i$。于是，整个球所吸收的功率为

$$P = \frac{2\pi\gamma\omega^2 B_0^2}{3} \dot{C}\dot{C}^* \int_0^a I_{3/2}(kr) I_{3/2}(jkr) r dr \tag{4.11.9}$$

积分上式就能得最后结果。应该注意到，式中 B_0 为外加均匀正弦变化磁场的有效值。

上述方法同样能用于任何数目的同心厚球壳。例如，可以用来计算它们的屏蔽效应。但是，所得结果要比这里给出的复杂得多。当给定材料总量时，采用几层隔开的球壳将增强屏蔽效果，存在着最佳的厚度和间距分布。这是一个值得注意的问题。

4.12 集肤效应和邻近效应的近似计算方法

设已知电流 $\dot{I}$，要计算长直导线截面上的电流密度 $\dot{J}$。作为第一次近似，认为电流在截面上为均匀分布，其密度为 $\dot{J}_1 = \dot{I}/S$，其中 S 为导线截面面积。根据这一电流密度，可直接利用如下公式确定导线内的矢量磁位：

$$\dot{A}_1 = \frac{\mu_0}{4\pi} \int_V \frac{\dot{J}_1 \mathrm{d}V'}{R} \tag{4.12.1}$$

此时，利用 Maxwell 方程组的第一方程又可求出电场强度

$$\nabla \times \dot{E}_1 = -\mathrm{j}\omega \dot{B}_1 = -\mathrm{j}\omega \nabla \times \dot{A}_1 = \nabla \times (-\mathrm{j}\omega \dot{A}_1)$$

因此，

$$\dot{E}_1 = -\mathrm{j}\omega \dot{A}_1 - \nabla \dot{\varphi}_1 \tag{4.12.2}$$

式中，标量位函数 $\dot{\varphi}_1$ 应满足方程 $\nabla^2 \dot{\varphi}_1 = 0$。

作为第二次近似，电场强度 $\dot{E}_1$ 乘以导线的电导率 γ，就得到电流密度 $\dot{J}$ 的一个新值为

$$\dot{J}_2 = \gamma \dot{E}_1 = -\mathrm{j}\omega\gamma \dot{A}_1 - \gamma\nabla \dot{\varphi}_1 = -\mathrm{j}\omega\gamma \dot{A}_1 + \dot{C}_1 \tag{4.12.3}$$

而且，未知复矢量 $\dot{C}_1$ 由以下条件确定：

$$\int_S \dot{J}_2 \cdot \mathrm{d}S = \int_S (-\mathrm{j}\omega\gamma \dot{A}_1 + \dot{C}_1) \cdot \mathrm{d}S = \dot{I} \tag{4.12.4}$$

重复上述步骤，还可以求得更进一步的近似计算结果。在下面，我们用两个例子来说明这种近似计算方法。

1. 直导线[6]

设截面的半径为 a，导线轴线与 z 轴重合。这时，

$$\dot{J}_1 = \frac{\dot{I}}{\pi a^2}$$

$$\dot{B}_1 = \mu_0 \dot{H}_1 = \mu_0 \frac{1}{2\pi r} \dot{J}_1 \pi r^2 = \frac{\mu_0 \dot{J}_1}{2} r$$

$$\dot{A}_1 = \int -\dot{B}_1 \mathrm{d}r = -\frac{\mu_0 \dot{J}_1}{4} r^2 + \dot{C}'$$

其次，因为导线内的 $\dot{\varphi}$ 仅沿 z 变化，则

$$\nabla^2 \dot{\varphi}_1 = \frac{\mathrm{d}^2 \dot{\varphi}_1}{\mathrm{d}z^2} = 0$$

以及

$$-\gamma \nabla \dot{\varphi}_1 = -\gamma \frac{\mathrm{d}\dot{\varphi}_1}{\mathrm{d}z} \boldsymbol{e}_z = \dot{C}'' \boldsymbol{e}_z$$

因此，

$$\dot{J}_2 = -\mathrm{j}\omega\gamma \dot{A}_1 + \dot{C}'' = \mathrm{j}\frac{\omega\mu_0 \gamma \dot{J}_1}{4} r^2 + \dot{C}_1$$

式中，$\dot{C}_1 = \dot{C}' + \dot{C}''$。它由以下要求条件来确定：

$$\int_S \dot{J}_2 \mathrm{d}S = \dot{I}$$

或

$$\int_0^a \left(\mathrm{j}\frac{\omega\mu_0 \gamma \dot{J}_1}{4} r^2 + \dot{C}_1 \right) 2\pi r \mathrm{d}r = \dot{I} = \pi a^2 \dot{J}_1$$

完成上述积分后，得到

$$\mathrm{j}\frac{\pi\omega\mu_0 \gamma a^4}{8} \dot{J}_1 + \dot{C}_1 \pi a^2 = \pi a^2 \dot{J}_1$$

则

$$\dot{C}_1 = \left(1 - \mathrm{j}\frac{\omega\mu_0 \gamma a^2}{8} \right) \dot{J}_1$$

而待求的电流密度（第二次近似）为

$$\dot{J}_2 = \left[1 + \mathrm{j}\frac{\omega\mu_0 \gamma}{4} \left(r^2 - \frac{a^2}{2} \right) \right] \dot{J}_1$$

每单位长度导线内的损耗为

$$P = \int_V \frac{\dot{J}_2 \dot{J}_2^*}{\gamma} dV = \frac{J_1^2}{\gamma} \int_0^a \left[1 + \frac{\omega^2 \mu_0^2 \gamma^2}{16} \left(r^2 - \frac{a^2}{2} \right)^2 \right] 2\pi r dr$$

$$= \pi^2 a^4 \left(\frac{1}{\pi a^2 \gamma} + \frac{\omega^2 \mu_0^2 \gamma^2 a^2}{192 \pi \gamma} \right) J_1^2$$

考虑到导线的交流电阻

$$R_s = \frac{P}{I^2} = \frac{P}{\pi a^4 J_1^2}$$

而直流电阻

$$R_d = \frac{1}{\pi a^2 \gamma}$$

最后，得到

$$\frac{R_s}{R_d} = 1 + \frac{\omega^2 \mu_0^2 \gamma^2 a^4}{192}$$

当以下条件

$$\frac{a}{2} \sqrt{\frac{\omega \mu_0 \gamma}{2}} < 1$$

成立时，这个结果与由精确计算所推荐的公式是一致的。

2. 双导线线路[6]

在这种情况下，往返两电流引起的矢量磁位为

$$\dot{A}_1 = -\frac{\mu_0 \dot{J}_1}{4} r^2 + \frac{\mu_0 a^2 \dot{J}_1}{2} \ln \sqrt{1 + 2\frac{r}{d} \cos\alpha + \frac{r^2}{d^2}} + C'$$

而电流密度的新值为

$$\dot{J}_2 = j\frac{\omega \mu_0 \gamma}{4} \dot{J}_1 \left[r^2 - a^2 \ln\left(1 + 2\frac{r}{d}\cos\alpha + \frac{r^2}{d^2}\right) \right] + \dot{C}_1$$

与上面一样，常数 $\dot{C}_1$ 由以下条件决定：

$$\int_S \dot{J}_2 \mathrm{d}S = \frac{\mathrm{j}\omega\mu_0\gamma}{4}\dot{J}_1\left[\int_0^a r^2 2\pi r\mathrm{d}r - a^2\int_0^a\int_0^{2\pi}\ln\left(1+2\frac{r}{d}\cos\alpha+\frac{r^2}{d^2}\right)r\mathrm{d}\alpha\mathrm{d}r\right] + \dot{C}_1\pi a^2$$

$$= \dot{I} = \dot{J}_1\pi a^2$$

因第二个积分等于零，则

$$\dot{C}_1 = \left(1 - \mathrm{j}\frac{\omega\mu_0\gamma a^2}{8}\right)\dot{J}_1$$

最后，有

$$\dot{J}_2 = \left\{1 + \mathrm{j}\frac{\omega\mu_0\gamma}{4}\left[\left(r^2 - \frac{a^2}{2}\right) - a^2\ln\left(1+2\frac{r}{d}\cos\alpha+\frac{r^2}{d^2}\right)\right]\right\}\dot{J}_1$$

可以看到，在导线截面上相距最远的点($\alpha=0$)，电流密度的模值最小，而在相反的点($\alpha=\pi$)则有最大值。这是由邻近效应所引起的结果。当两导线之间的距离很大($d \gg r$)时，方括号中的 $\ln\left(1+2\dfrac{r}{d}\cos\alpha+\dfrac{r^2}{d^2}\right)$ 趋于零，则上述结果简化为单根导线的电流密度表达式。

每单位长度的损耗为

$$P = \int_V \frac{\dot{J}_2\dot{J}_2^*}{\gamma}\mathrm{d}V = \frac{J_1^2}{\gamma}\int_0^a\left\{1 + \frac{\omega^2\mu_0^2\gamma^2}{16}\left[\left(r^2 - \frac{a^2}{2}\right) - a^2\ln\left(1+2\frac{r}{d}\cos\alpha+\frac{r^2}{d^2}\right)\right]^2\right\}2\pi r\mathrm{d}r$$

把对数函数展开成级数，经过积分运算，最后可得导线交流电阻与直流电阻之比为

$$\frac{R_\mathrm{s}}{R_\mathrm{d}} = 1 + \frac{\omega^2\mu_0^2\gamma^2 a^4}{192}\left[1 + 48\left(\frac{1}{1\times 4}\frac{a^2}{d^2} + \frac{1}{4\times 6}\frac{a^4}{d^4} + \frac{1}{9\times 8}\frac{a^6}{d^6} + \cdots\right)\right]$$

4.13 钢的磁滞和非线性的近似计算

在前面各节中，我们假设磁导率 μ 是一个与磁场强度 H 值无关的常数，且磁滞损耗很小，因而可以忽略。然而，在实际所采用的钢材中，这些假设就不再是

正确的。当计算钢导体的损耗和交流阻抗时，就必须考虑磁滞损耗和磁导率因 H 而变化的关系（非线性）来加以修正。

可以引用复磁导率

$$\dot{\mu} = \mu_1 - j\mu_2 = \mu e^{-j\delta} \tag{4.13.1}$$

对磁滞进行最简单的计算。

如果将复磁导率 $\dot{\mu} = \mu e^{-j\delta}$ 代入良导体的波阻抗公式 $\eta = \sqrt{\dfrac{j\omega\mu}{\gamma}}$ 中，得到

$$\eta = \sqrt{\dfrac{\omega\mu}{\gamma}} e^{j\left(\dfrac{\pi}{4} - \dfrac{\delta}{2}\right)} \tag{4.13.2}$$

可以看到，磁滞损耗越大，即角 δ 越大，波阻抗 η 的实部和虚部相差也越大。

对于极厚的铁磁体（波透不过去），有 $\eta = \eta_{\max}$，而交流内阻抗为

$$Z = R + jX = \eta_{\max} \dfrac{l}{p} \tag{4.13.3}$$

式中，l 为导体的轴向长度；p 为导体截面的周长。此时，因为

$$\cos\left(\dfrac{\pi}{4} - \dfrac{\delta}{2}\right) > \sin\left(\dfrac{\pi}{4} - \dfrac{\delta}{2}\right) \tag{4.13.4}$$

所以

$$R > X \tag{4.13.5}$$

根据反复研究的结果，对于波透不过的铁磁体，苏联科学院院士聂孟教授建议采用下列经验公式：

$$\eta_{\max} = \sqrt{\dfrac{\omega\mu_{\text{eff}}}{\gamma}}(1.4 + j0.84) \tag{4.13.6}$$

式中，磁导率 μ_{eff} 是按照磁化曲线对钢表面上 H 的有效值所求出的。

式(4.13.6)既考虑了钢的磁滞效应，又考虑了钢的非线性。这一结果指出，在铁磁导体中，电阻约等于内感抗的 1.67 倍。

4.14 用集肤效应法计算导体中的损耗

在微波理论中,为了简化计算波导、谐振腔、传输线等微波元件中的电磁场,一般都是假设作为边界的导体壳的电导率为无限大。这意味着电磁波透入导体壳中的深度为零,因此在导体中没有能量损耗。

实际上,尽管作为边界的导体壳的电导率的值很大,但却不是无穷大,这样电磁波便会透入到导体壳内的一定厚度,并引起能量损耗。如果利用透入深度的公式

$$d = \sqrt{\frac{2}{\omega\mu\gamma}} \tag{4.14.1}$$

就能以比较高的精度来计算这种损耗。

根据透入深度 d 的定义,在导体的整个厚度内,有效值为 I 的正弦电流给出的有功功率,等于同一值为 I 的直流电在有同一长度 b 和电导率 γ 而宽度为 a、高为 d 的导体中所给出的功率。已经知道,在透入深度远小于导体表面曲率半径的条件下,可用这一事实来计算一段导体的交流电阻。

若已知在理想导体表面上磁场强度 $\dot{H}$ 的切向分量 $\dot{H}_t$ 的有效值为

$$H_t = J \tag{4.14.2}$$

式中,J 为表面电流密度的有效值(H_t 与 J 在方向上相互垂直)。现在,来研究导体表面上的一个表面层单元,此表面层单元的厚度为 d,与 $\dot{H}_t$ 平行的宽度为 $d\tau$,与 $\dot{H}_t$ 垂直的长度为 dl(图 4.14.1)。这时,设在该表面层单元中流过的面电流的有效值为

$$I = J d\tau = H_t d\tau \tag{4.14.3}$$

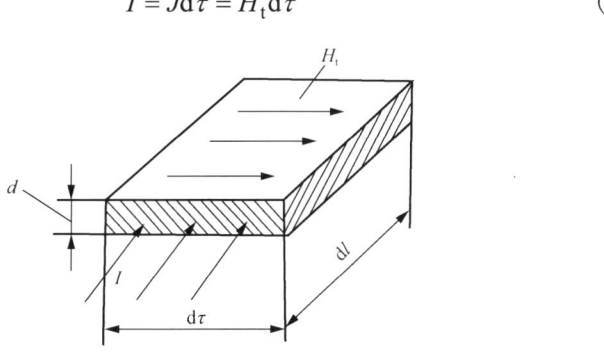

图 4.14.1 导体表面上的一个表面层单元

考虑到导体的电导 γ 为有限值，可计算出该表面层单元的电阻：

$$R = \frac{dl}{\gamma d d\tau} \tag{4.14.4}$$

而该表面层单元所吸收的有功功率为

$$dP = I^2 R = H_t^2 (d\tau)^2 \frac{dl}{\gamma d d\tau}$$

或者

$$dP = \sqrt{\frac{\omega\mu}{2\gamma}} H_t^2 dS \tag{4.14.5}$$

式中，$dS = d\tau dl$，为导体表面的单元表面面积。

例如，作为用集肤效应法计算损耗的第一个例子，这里我们研究计算同轴传输线衰减常数的方法。在任何一本关于电磁场与波的教材中，都可以找到无损耗同轴传输线中磁场强度 $\dot{H}$ 和电场强度 $\dot{E}$ 的复振幅分别为

$$\begin{cases} \dot{H}_{\phi m} = \dfrac{\sqrt{2}\dot{C}e^{-j\beta z}}{r} \\ \dot{E}_{rm} = \sqrt{\dfrac{\mu}{\varepsilon}} \dfrac{\sqrt{2}\dot{C}e^{-j\beta z}}{r} \end{cases} \tag{4.14.6}$$

式中，$\dot{C}$ 为复数，其模值为 C。

现在，考虑到同轴线导体的电导率是有限的，电磁波在传播时所产生的损耗必然引起波的衰减。也就是说，波的振幅将与 z 有关，因此常数 $\dot{C}$ 也就与 z 有关。在长度为 dz 的一段同轴线上，功率损耗 dP 应该等于穿过此段同轴线两端截面的复坡印亭矢量的通量的实部之差。如果通过同轴线某一截面(位于 z 处)的复坡印亭矢量通量的实部等于 P，在离该截面的距离为 dz 处，这个值将有一微小的改变，并等于 $P + \dfrac{\partial P}{\partial z} dz$。因此，

$$dP = P - \left(P + \frac{\partial P}{\partial z} dz\right)$$

或

$$\frac{\partial P}{\partial z} dz = -dP \tag{4.14.7}$$

根据式(4.14.6)，复坡印亭矢量为实数

$$\tilde{S} = \frac{1}{2}\dot{E}_{rm}\dot{H}_{\phi m}^* = \sqrt{\frac{\mu}{\varepsilon}}\frac{C^2}{r^2} \tag{4.14.8}$$

它通过同轴线的内、外导体之间介质横截面的通量为

$$P = \int_{r_1}^{r_2}\sqrt{\frac{\mu}{\varepsilon}}\frac{C^2}{r^2}2\pi r\mathrm{d}r = 2\pi\sqrt{\frac{\mu}{\varepsilon}}C^2\ln\frac{r_2}{r_1}$$

式中，μ 和 ε 分别为内、外导体间介质的磁导率和介电常数。由此得到

$$\frac{\partial P}{\partial z} = 4\pi\sqrt{\frac{\mu}{\varepsilon}}\ln\frac{r_2}{r_1}C\frac{\mathrm{d}C}{\mathrm{d}z} \tag{4.14.9}$$

另外，同轴线中的功率损耗为内、外导体中的功率损耗之和：

$$\mathrm{d}P = \mathrm{d}P_1 + \mathrm{d}P_2$$

式中，每一项都可按公式(4.14.5)计算。

对于同轴线内导体$(r = r_1)$，有

$$H_t^2 = H_\phi^2 = \frac{C^2}{r_1^2}; \quad \mathrm{d}S = 2\pi r_1\mathrm{d}z$$

而

$$\mathrm{d}P_1 = 2\pi\sqrt{\frac{\omega\mu_1}{2\gamma_1}}\frac{C^2}{r_1}\mathrm{d}z$$

式中，μ_1 和 γ_1 分别为同轴线内导体的磁导率和电导率。与此类似，对于外导体，有

$$\mathrm{d}P_2 = 2\pi\sqrt{\frac{\omega\mu_2}{2\gamma_2}}\frac{C^2}{r_2}\mathrm{d}z$$

式中，μ_2 和 γ_2 分别为同轴线外导体的磁导率和电导率。

因此，内、外导体中的功率损耗之和为

$$\begin{aligned}\mathrm{d}P &= \mathrm{d}P_1 + \mathrm{d}P_2 \\ &= 2\pi\left(\frac{1}{r_1}\sqrt{\frac{\omega\mu_1}{2\gamma_1}} + \frac{1}{r_2}\sqrt{\frac{\omega\mu_2}{2\gamma_2}}\right)C^2\mathrm{d}z\end{aligned} \tag{4.14.10}$$

如果把式(4.14.9)和式(4.14.10)代入式(4.14.7)中的左边和右边，经过简单的变换后，得到

$$\frac{\mathrm{d}C}{\mathrm{d}z} = -\frac{1}{2\ln\frac{r_2}{r_1}}\sqrt{\frac{\omega\varepsilon}{2\mu}}\left(\frac{1}{r_1}\sqrt{\frac{\mu_1}{\gamma_1}} + \frac{1}{r_2}\sqrt{\frac{\mu_2}{\gamma_2}}\right)C$$

由此解得

$$C = C_0 \mathrm{e}^{-\alpha z} \quad (4.14.11)$$

式中，C_0 为与 z 无关的常数，而 α 为常数：

$$\alpha = \frac{1}{2\ln\frac{r_2}{r_1}}\sqrt{\frac{\omega\varepsilon}{2\mu}}\left(\frac{1}{r_1}\sqrt{\frac{\mu_1}{\gamma_1}} + \frac{1}{r_2}\sqrt{\frac{\mu_2}{\gamma_2}}\right) \quad (4.14.12)$$

称之为同轴线的衰减常数。

这样，无损耗同轴线中磁场强度 $\dot{H}$ 和电磁强度 $\dot{E}$ 的复振幅分别为

$$\dot{H}_{\phi m} = \frac{\sqrt{2}C_0}{r}\mathrm{e}^{-\alpha z}\mathrm{e}^{-\mathrm{j}\beta z}, \quad \dot{E}_{rm} = \sqrt{\frac{\mu}{\varepsilon}}\frac{\sqrt{2}C_0}{r}\mathrm{e}^{-\alpha z}\mathrm{e}^{-\mathrm{j}\beta z} \quad (4.14.13)$$

例如，作为用集肤效应法计算损耗的第二个例子，这里研究计算谐振腔品质因数的方法。品质因数 Q 是谐振系统中的一个重要参数，对于集中参数的振荡回路来说，通常由下式来确定：

$$Q = \frac{\omega_0 L}{r_0} \quad (4.14.14)$$

如果把上式中的分子和分母都乘以 $\frac{1}{2}I_\mathrm{m}^2$：

$$Q = \omega_0 \frac{\frac{1}{2}LI_\mathrm{m}^2}{\frac{1}{2}r_0 I_\mathrm{m}^2} = \frac{\omega_0 W_\mathrm{m}}{P}$$

就容易把品质因数的概念加以推广，以适用于谐振器。式中，W_m 为在体积 V 内磁场能的最大值：

$$W_\mathrm{m} = \int_V \frac{1}{2}\mu H_\mathrm{m}^2 \mathrm{d}V$$

P 是在谐振腔的内壁表面上一个周期内的平均功率损耗，可由下式求出：

$$P = \oint_S \sqrt{\frac{\omega\mu}{2\gamma}} H_t^2 dS \qquad (4.14.15)$$

式中，S 为谐振腔的内壁的闭合表面。

4.15 实心转子感应电机的损耗[14]

如图 4.15.1 所示，实心转子感应电机的转子是由实心钢块做成的，它既作为导磁体又作为导电体。当电流在多相定子绕组中流动时，就会产生一个基波旋转磁场。这个基波旋转磁场会在实心钢块中感生电流，此感生电流与基波旋转磁场相互作用产生一个转矩，驱动转子旋转。可以看出，实心转子感应电机的工作原理与普通鼠笼型感应电机是相同的。但它具有结构简单、运行可靠、启动和调速性能好的优点，使得此类电机在重载启动、频繁制动和启动的工况下有着广泛的应用。然而，由于受到涡流效应、磁饱和效应等的影响，所以实心转子感应电机的转子参数极难计算。

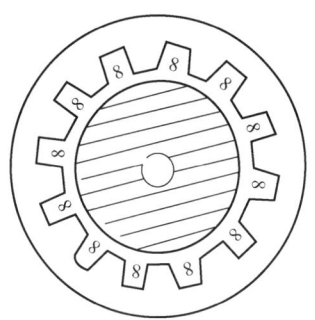

图 4.15.1 实心转子感应电机

虽然采用解析法不能准确地考虑电机工况和材料饱和对电机参数计算的影响，但是通过修正系数法依然能得到满足误差要求的结果。实心转子感应电机的简化结构，如图 4.15.2 所示。采用圆柱坐标系，且将坐标固定在转子上，为了方便计算起见，做出如下假设：

(1) 在转子区域 1 内，转子材料的工作点有恒定的磁导率 μ_1 和电导率 γ_1，那么转子的阻抗角 $\varphi_r = \dfrac{\pi}{4}$。

(2) 在气隙区域 2 内，气隙的磁导率为 μ_0，电导率为 $\gamma = 0$。

(3) 在定子区域 3 内，磁导率 $\mu_3 \to \infty$，即忽略定子饱和效应，电导率 $\gamma_3 = 0$。

(4) 电机轴向无限长，端部效应用端部系数 k_{end} 来计及，定子开槽的影响用卡氏系数 k_δ 来修正，三维电磁场简化为二维线性磁场。

(5) 电源角频率为 ω_1，转差率为 s，转子电流频率为 $s\omega_1$。

(6) 全部场量在时间上按照正弦规律变化，采用矢量磁位 $\dot{A}$ 计算，并且其只存在轴向分量 $\dot{A}_z$。

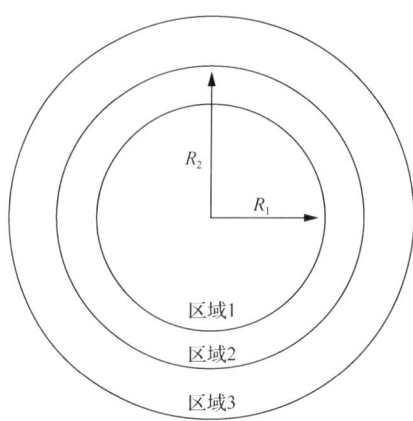

图 4.15.2　实心转子感应电机的简化结构

根据电磁场基本方程组，在圆柱坐标系中有如下微分方程：

$$\frac{\partial^2 \dot{A}_z}{\partial r^2} + \frac{1}{r}\frac{\partial \dot{A}_z}{\partial r} + \frac{1}{r^2}\frac{\partial^2 \dot{A}_z}{\partial \phi^2} = \mu\gamma\frac{\partial \dot{A}_z}{\partial t} \tag{4.15.1}$$

假设在转子区域 1 内矢量磁位 $\dot{A}_{1z} = A_{1zm}\mathrm{e}^{\mathrm{j}(s\omega_1 t - p\phi)}$，气隙区域 2 内矢量磁位 $\dot{A}_g = A_{gm}\mathrm{e}^{\mathrm{j}(\omega_1 t - p\phi)}$，其中 p 为电机极对数，A_{1zm} 和 A_{gm} 分别是在转子区域 1 内和气隙区域 2 内的矢量磁位的幅值。根据式(4.15.1)，在转子区域 1 内和气隙区域 2 内分别建立如下方程：

$$\frac{\partial^2 A_{1zm}}{\partial r^2} + \frac{1}{r}\frac{\partial A_{1zm}}{\partial r} - \left(\frac{p^2}{r^2} + \mathrm{j}s\omega_1\mu_1\gamma_1\right)A_{1zm} = 0 \tag{4.15.2}$$

$$\frac{\partial^2 A_{gm}}{\partial r^2} + \frac{1}{r}\frac{\partial A_{gm}}{\partial r} - \frac{p^2}{r^2}A_{gm} = 0 \tag{4.15.3}$$

显然，方程(4.15.2)是 p 阶贝塞尔方程，其通解可以写成：$A_{1zm} = C_1 J_p(kr) + C_2 Y_p(kr)$。其中，$k = \sqrt{-\mathrm{j}s\omega_1\mu_1\gamma_1}$，$J_p(kr)$ 和 $Y_p(kr)$ 分别为第一类和第二类贝塞尔方程。根据贝塞尔函数的性质，当 $r \to 0$ 时，$Y_p(kr) \to \infty$，但此时 A_{1zm} 应为有限值，所以应有 $C_2 = 0$。那么，方程(4.15.2)的通解简化为

$$A_{1zm} = C_1 J_p(kr) \tag{4.15.4}$$

而方程(4.15.3)的通解可为

$$A_{gm} = C_3 r^p + C_4 r^{-p} \tag{4.15.5}$$

应该注意到，通解中的系数 C_1、C_3 和 C_4 由边界条件决定。

假设将定子绕组中的电流用沿定子内圆表面分布的正弦变化的电流片代替，即 $\dot{K}_z = K_{zm} e^{j(\omega t - p\phi)}$，那么在定子内圆表面和气隙的交界面上有边界条件：$H_{1t} - H_{2t} = K_{zm}$，即 $-\dfrac{1}{\mu_0}\dfrac{\partial A_{gm}}{\partial r}\bigg|_{r=R_2} = K_{zm}$；在气隙和转子的交界面上有边界条件：$A_{1zm}\big|_{r=R_1} = A_{gm}\big|_{r=R_1}$，$\dfrac{1}{\mu_0}\dfrac{\partial A_{gm}}{\partial r}\bigg|_{r=R_1} = \dfrac{1}{\mu_1}\dfrac{\partial A_{1zm}}{\partial r}\bigg|_{r=R_1}$。

将通解式(4.15.4)和式(4.15.5)代入上述边界条件中，可得

$$\begin{cases} -\dfrac{p}{\mu_0}(C_3 R_2^{p-1} - C_4 R_2^{-p-1}) = K_{zm} \\ C_3 R_1^p + C_4 R_1^{-p} = C_1 J_p(kR_1) \\ \dfrac{p}{\mu_0}(C_3 R_1^{p-1} - C_4 R_1^{-p-1}) = \dfrac{C_1}{\mu_1}\dfrac{\partial J_p(kr)}{\partial r}\bigg|_{r=R_1} \end{cases} \tag{4.15.6}$$

利用贝塞尔函数的递推公式：

$$J_{n-1}(x) + J_{n+1}(x) = \dfrac{2n}{x} J_n(x), \qquad \dfrac{\mathrm{d}J_n(x)}{\mathrm{d}x} = \dfrac{J_{n-1}(x) - J_{n+1}(x)}{2}$$

并解方程组(4.15.6)，得到

$$\begin{cases} C_1 = \dfrac{4K_{zm}\mu_0}{k}\dfrac{\lambda_1}{J_{p-1} + J_{p+1}} & \left(\lambda_1 = \dfrac{1}{\left(\dfrac{R_2}{R_1}\right)^{p-1} - \left(\dfrac{R_1}{R_2}\right)^{p+1}}\right) \\ C_3 = -\dfrac{\mu_0 K_{zm}}{p}\lambda_2 & \left(\lambda_2 = \lambda_1 R_1^{-p+1}\right) \\ C_4 = -\dfrac{\mu_0 K_{zm}}{p}\lambda_3 & \left(\lambda_3 = \lambda_1 R_1^{p+1}\right) \end{cases} \tag{4.15.7}$$

为了书写方便起见，引入了简写：$J_{p-1} = J_{p-1}(kR_1)$，$J_{p+1} = J_{p+1}(kR_1)$，$\mu_r \gg 1$。

将系数 C_1、C_3 和 C_4 分别代入通解式(4.15.4)和式(4.15.5)中，得到

$$\begin{cases} \dot{A}_{1z} = -\dfrac{2\mu_0 K_{zm}\lambda_1}{p} \dfrac{r[J_{p-1}(kr) + J_{p+1}(kr)]}{J_{p-1} + J_{p+1}} \mathrm{e}^{\mathrm{j}(s\omega_1 t - p\phi)} \\ \dot{A}_g = -\dfrac{\mu_0 K_{zm}}{p}(\lambda_2 r^p + \lambda_3 r^{-p}) \mathrm{e}^{\mathrm{j}(\omega_1 t - p\phi)} \end{cases} \quad (4.15.8)$$

根据电磁能量与矢量磁位之间的关系，可得以下电磁量：

$$\begin{cases} \dot{B}_r = \dfrac{1}{r}\dfrac{\partial \dot{A}_{1z}}{\partial \phi} = 2\mu_0 K_{zm}\lambda_1 \dfrac{J_{p-1}(kr) + J_{p+1}(kr)}{J_{p-1} + J_{p+1}} \mathrm{e}^{\mathrm{j}(s\omega_1 t - p\phi)} \\ \dot{B}_\theta = -\dfrac{\partial \dot{A}_{1z}}{\partial r} = 2\mu_0 K_{zm}\lambda_1 \dfrac{J_{p-1}(kr) - J_{p+1}(kr)}{J_{p-1} + J_{p+1}} \mathrm{e}^{\mathrm{j}(s\omega_1 t - p\phi)} \\ \dot{B}_z = \dfrac{1}{r}\dfrac{\partial \dot{A}_{1z}}{\partial t} = \mathrm{j}s\omega_1 \dfrac{2\mu_0 K_{zm}\lambda_1}{p} \dfrac{[J_{p-1}(kr) + J_{p+1}(kr)]}{J_{p-1} + J_{p+1}} \mathrm{e}^{\mathrm{j}(s\omega_1 t - p\phi)} \end{cases} \quad (4.15.9)$$

进入转子表面的单位复功率密度为

$$\tilde{S} = P + \mathrm{j}Q = \dfrac{1}{2}(\dot{E}_z \dot{H}_\phi^*)\Big|_{r=R_1}$$

$$= \dfrac{1}{2}\dfrac{s\omega_1 R_1 (2\mu_0 K_{zm}\lambda_1)^2}{p\mu_1}\xi + \mathrm{j}\dfrac{1}{2}\dfrac{s\omega_1 R_1 (2\mu_0 K_{zm}\lambda_1)^2}{p\mu_1}\eta \quad (4.15.10)$$

式中，$\eta + \mathrm{j}\xi = \dfrac{J_{p-1} - J_{p+1}}{J_{p-1} + J_{p+1}}$。

将转子侧电流 I_2、电阻 R_2 和电抗 X_2 折算到定子侧，则有如下关系成立：

$$\begin{cases} 2\pi R_1 l P = s m_1 I_2'^2 R_2' \\ I_2' = \dfrac{\pi D_1 |H_\phi|_{r=R_1}}{2\sqrt{2}(k_{\mathrm{d}p_1} N_1) m} \\ 2\pi R_1 l Q = s m_1 I_2'^2 X_2' \end{cases} \quad (4.15.11)$$

式中，l 为电机轴向长度；$k_{\mathrm{d}p_1}$ 为基波绕组系数；N_1 为每相串联匝数；D_1 为转子直径；s 为转差率；I_2'、R_2' 和 X_2' 分别为折算后转子电流、转子电阻和转子电抗。

根据式(4.15.10)和式(4.15.11)，可解得

$$\begin{cases} R_2' = 4m_1(k_{dp_1}N_1)^2 \dfrac{l}{\pi D_1} \dfrac{\omega_1 \mu_1 R_1}{p} \dfrac{\xi}{\eta^2 + \xi^2} \\ X_2' = 4m_1(k_{dp_1}N_1)^2 \dfrac{l}{\pi D_1} \dfrac{\omega_1 \mu_1 R_1}{p} \dfrac{\eta}{\eta^2 + \xi^2} \\ \varphi_r = \arctan \dfrac{\eta}{\xi} \end{cases} \quad (4.15.12)$$

由式(4.15.10)知，P 为转子涡流损耗，可理解为转子铜耗，因此求得电磁功率和电磁转矩分别为

$$P_{em} = \frac{2\pi R_1 l P}{s} = \frac{\pi \omega_1 l R_1^2}{p \mu_1} (2\mu_0 K_{zm} \lambda_1)^2 \xi \quad (4.15.13)$$

$$T_{em} = \frac{P_{em}}{\Omega_1} = \frac{\pi l R_1^2}{p \mu_1} (2\mu_0 K_{zm} \lambda_1)^2 \xi \quad (4.15.14)$$

式中，$K_{zm} = \dfrac{\sqrt{2} m_1 k_{dp_1} N_1}{p\tau} I_1$，$\tau$ 为电机极矩，I_1 为定子电流。

关于在实心转子感应电动机中综合考虑材料的非线性和涡流效应，这里就不讨论了。其等效电路分析可参见文献[14]。等效电路分析结果表明，实心转子感应电机的效率曲线和普通鼠笼型异步电机相比是截然不同的，这是由于转子参数的特殊性所致的。

4.16 直线感应电机的损耗

直线电机是一种直线运动的电机，早在 18 世纪就有人提出用直线电机驱动织布机的梭子，也有人想用它作为列车的动力，但只是停留在试验论证阶段。直到 19 世纪 50 年代随着新型控制元件的出现，为直线电机的使用创造了条件。特别最近 30 多年来，直线电机应用于工件传送、开闭阀门、开闭窗帘及门户、平面绘图仪、笔式记录仪、磁分离器、交通运输以及作为压缩机、锻压机械的动力源等，显示出很大的优越性，才逐渐引起人们的重视。

直线电机是由旋转电机演化而来的。从原则上讲，各种型式的旋转电机都能演化成相应型式的直线电机。例如，交流直线感应电机由一般旋转感应电机演变而成，主要可以分为三种类型：①扁平型；②弧形；③圆筒型。这里就扁平型交流直线感应电机的工作原理作一简要说明。图 4.15.1 是一台普通实心转子感应电

机的剖面图，在它的定子绕组中通以多相交流电，在气隙中就会产生一个基波旋转磁场，气隙磁场会在转子(由实心钢块做成，既作为磁导体又作为导电体)中感生电流，此感生电流与气隙磁场相互作用，产生转矩去驱动转子旋转。假设把图 4.15.1 所示的实心转子感应电机的定子和转子沿径向分别锯开后展开，就成为如图 4.16.1 所示的单边扁平型直线感应电机。

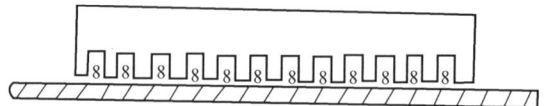

图 4.16.1　单边扁平型直线感应电机

初级定子绕组如通以多相交流电，在气隙中就会形成行波磁场，此磁场沿气隙做直线运动，在次级钢板中感应电流而产生推力，驱动钢板做直线运动。在实际应用中，我们也可将次级固定不动，而让初级运动。另外，为了提高直线电机产生的推力，还可以在次级钢板上覆盖一层电导率较高的金属板，如钢板、铝板，就成为复合次级的单边扁平型直线感应电机。

由于存在边端效应，直线电机的工作特性与一般的旋转电机不同。这些效应的大小与电机的型式有关。在直线感应电机中，这种效应比较明显。因此，从理论上来看，直线感应电机问题的分析就要困难得多。各国学者都对直线电机进行了长期的研究，积累了大量的文献资料。分析直线感应电机的方法主要有三种：①分离变量法；②分层法；③数值方法。

1. 分离变量法

对于媒质运动速度为 v 时，三维麦克斯韦方程可表示为

$$\nabla \times \frac{1}{\mu} \nabla \times \boldsymbol{A} = -\gamma \frac{\partial \boldsymbol{A}}{\partial t} - \gamma(\boldsymbol{v} \cdot \nabla)\boldsymbol{A} + \boldsymbol{J}_\mathrm{s} \tag{4.16.1}$$

式中，μ 为媒质的磁导率；γ 为媒质的电导率；$\boldsymbol{J}_\mathrm{s}$ 为源电流密度；$\boldsymbol{A}$ 为矢量磁位。

早期的研究工作采用一维电磁场方程直接求取气隙磁场分布。对于图 4.16.2 所示的模型，经过一系列简化假定后，可以得到下列方程：

$$\frac{g}{\mu}\frac{\mathrm{d}^2 B}{\mathrm{d} x^2} - \frac{v}{\rho_\mathrm{s}}\frac{\mathrm{d} B}{\mathrm{d} x} - \frac{-\mathrm{d} J_1}{\rho_\mathrm{s}\mathrm{d} x} = \frac{\mathrm{d} J_1}{\mathrm{d} x} \tag{4.16.2}$$

式中，ρ_s 为次级钢板的电导率；J_1 为初级电流片的电流密度。

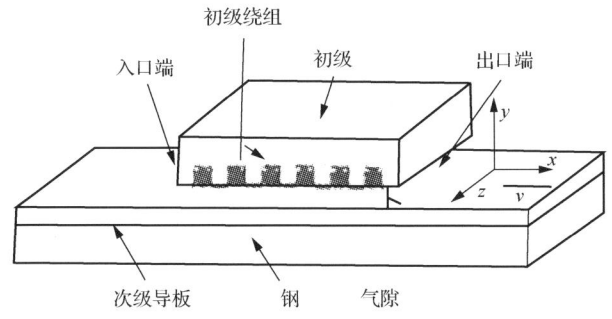

图 4.16.2　单边扁平型直线感应电机模型

由式(4.16.2)，采用分离变量法，可求得气隙磁场为

$$B = B_0 e^{j\left(\omega t - \frac{\pi}{\tau}x\right)} + B_1 e^{-\frac{x}{\alpha_1}} e^{j\left(\omega t - \frac{\pi}{\tau_1}x\right)} + B_2 e^{\frac{x}{\alpha_2}} e^{j\left(\omega t + \frac{\pi}{\tau_1}x\right)} \tag{4.16.3}$$

式中，α_1、α_2 和 τ_1 分别为与次级速度、次级电导率和气隙有关的常数。

式(4.16.3)中右边第一项为正向运动的行波磁场；第二项为由入口端引起的磁场，它沿着 x 轴逐渐衰减并做正向运动；第三项为由出口端引起的磁场，它沿着 x 轴逐渐增加，但做反向运动。第二项和第三项的磁场使得直线感应电机的工作特性稍次于旋转电机。

为了简化计算，常在电磁场分析的基础上，利用"路"的方法来求取直线感应电机的工作特性，通常用一个等效阻抗参数来计及边端效应的影响。

2. 分层法

直线电机一般气隙均比较大，用一维场来计算气隙磁场是很粗糙的分析方法。在单边直线感应电机中，次级通常由钢板上覆盖铝板组成。次级中电流分布应进行准确计算。如图 4.16.3 所示，分层法就是一种比较准确的计算方法，它把直线电机分层进行计算。如果用二维场进行计算，并假设第 n 层中的场量按滑差频率 ω_n 变化，可写出如下的麦克斯韦方程：

$$\frac{d^2 \dot{B}_y}{dy^2} = \dot{B}_y \gamma_n^2 \tag{4.16.4}$$

式中，$\dot{B}_y$ 为复磁感应强度。且

$$\gamma_n = \left(K^2 \frac{\mu_x}{\mu_y} + j\frac{\mu_0 \mu_x \omega_n}{\rho}\right)^{1/2} \tag{4.16.5}$$

式中，$K = 2\pi/\lambda$，λ 为波长；μ_x, μ_y 分别为 x, y 方向的磁导率。式(4.16.4)的解可以写为

$$\dot{B}_y = \dot{C}_1 \mathrm{ch}\gamma_n y + \dot{C}_2 \mathrm{sh}\gamma_n y \tag{4.16.6}$$

式中，系数 $\dot{C}_1$ 和 $\dot{C}_2$ 由边界条件决定。因为 $\nabla \cdot \dot{\boldsymbol{B}} = 0$，由此算出 $\dot{B}_x$ 和 $\dot{B}_y$。

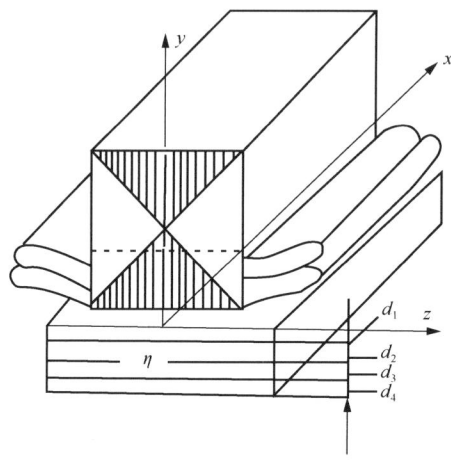

图 4.16.3 直线感应电机分层模型

3. 数值方法

数值方法包括有限差分法、有限元法、边界元法等，特别是有限元法在直线电机的电磁场及工作特性的计算应用中最为普遍。在 20 世纪 80 年代，应用有限元法已经能够方便地计算电机的二维场。到了 90 年代，随着计算机容量和运算速度的提高，已发展到计算电机中的三维场，可以较全面地计及纵向和横向边端效应的影响，极大地提高了计算的精确度。受本书篇幅的限制，这里就不再介绍数值方法的应用。

4.17 电磁阀铁心中的损耗[15]

如图 4.17.1 所示，电磁阀是一种利用通电线圈激磁产生电磁力，去驱动阀心运动以开启或关闭阀门的电磁元件，是在自动控制领域应用中的一个重要部件。电磁阀的设计主要是应用磁路的方法，具有简单、方便的优点，但却难以处理磁场不均匀分布及涡流问题。

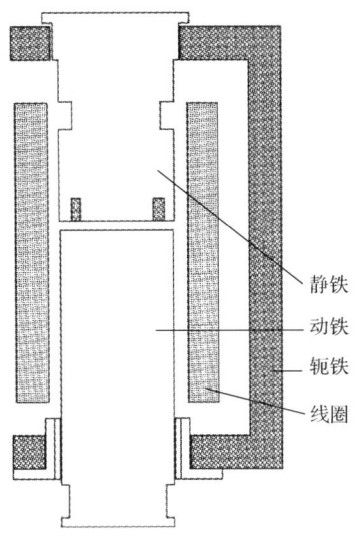

图 4.17.1 电磁阀的结构

在变压器和电机中，为减小集肤效应对铁心中涡流损耗（简称"铁耗"）的影响，铁心都是由硅钢片叠压而成。但在电磁阀中，由于结构及尺寸特点，一般采用整块的磁心和磁轭，因此集肤效应现象相当严重。通常，在电磁阀铁耗的计算中，不考虑集肤效应，都是根据磁感应强度的平均值来计算其铁耗。在这里，我们利用解析方法来计算集肤效应对铁心中磁感应强度、涡流分布的影响。

4.17.1 涡流计算模型

当工作频率比较低，在计算铁心中的涡流损耗时，可以认为位移电流忽略不计。那么，对于线性、各向同性、均匀的铁心材料，从电磁场基本方程组，不难导得在铁心中磁感应强度 $\boldsymbol{B}$ 满足如下微分方程：

$$\nabla^2 \boldsymbol{B} = \mu\gamma \frac{\partial \boldsymbol{B}}{\partial t} \tag{4.17.1}$$

在正弦稳态情况下，方程(4.17.1)的复数形式是

$$\nabla^2 \dot{\boldsymbol{B}} = \mathrm{j}\omega\mu\gamma \dot{\boldsymbol{B}} \tag{4.17.2}$$

式中，ω 为角频率。

如果给定边界条件，就可以根据方程(4.17.2)求出电磁阀铁心中的磁场分布以及涡流分布。

如图 4.17.1 所示，电磁阀的铁心按其结构特点分为静铁、动铁和轭铁三部分。由于静铁和动铁结构、材料均相同，可采用相同的计算方法，所以电磁阀铁心中的磁场和涡流分为心铁(静铁和动铁)和轭铁两部分分别计算。由于心铁呈圆柱状，可按照轴对称场进行计算；而轭铁的截面为扁平的矩形，可按照平行平面场进行计算。

4.17.2 铁心中涡流的解析解

1. 心铁中涡流的解析解

对于心铁，由于场分布呈轴对称性，所以采用圆柱坐标比较方便。假定心铁沿轴向无限长，那么磁场大小只与半径 r 有关，且只有轴向分量，即 $\dot{B}(r) = \dot{B}(r)e_z$。涡流只有周向分量 $\dot{J}(r) = \dot{J}(r)e_\phi$。

对于心铁中的磁场和涡流计算，方程(4.17.2)简化成如下形式：

$$\frac{d^2 \dot{B}(r)}{dr^2} + \frac{1}{r}\frac{d\dot{B}(r)}{dr} = k^2 \dot{B}(r) \tag{4.17.3}$$

式中，$k = \alpha + j\beta = (1+j)\sqrt{\dfrac{\omega\mu\gamma}{2}}$。

上述方程(4.17.3)是一个零阶贝塞尔方程，其通解可以表示为

$$\dot{B}(r) = C_1 J_0(\sqrt{2}\alpha e^{-j\pi/4} r) + C_2 Y_0(\sqrt{2}\alpha e^{-j\pi/4} r) \tag{4.17.4}$$

式中，C_1 和 C_2 为待定常数，它们由边界条件决定；函数 $J_0(x)$ 和 $Y_0(x)$ 分别为第一类零阶贝塞尔函数和第二类零阶贝塞尔函数。

假定给定心铁中心轴线上的磁感应强度值为

$$\dot{B}(0) = B_0 \tag{4.17.5}$$

由于 $Y_0(0) = -\infty$，因此应该取 $C_2 = 0$。由于 $J_0(0) = 1$，利用条件(4.17.5)，得到 $C_1 = B_0$。那么，式(4.17.4)将简化成

$$\dot{B}(r) = B_0 J_0(\sqrt{2}\alpha e^{-j\pi/4} r) \tag{4.17.6}$$

这就是心铁中磁场分布的解析解。

在心铁横截面上，磁感应强度的平均值为

$$\dot{B}_{av} = \frac{1}{\pi R^2}\int_0^R \dot{B}(r)2\pi r\mathrm{d}r$$

$$= \frac{1}{\pi R^2}\int_0^R B_0 J_0\left(\sqrt{2}\alpha e^{-j\pi/4}r\right)2\pi r\mathrm{d}r$$

$$= \frac{\sqrt{2}}{R\alpha}B_0 J_1\left(\sqrt{2}\alpha e^{-j\pi/4}R\right)e^{j\pi/4} \tag{4.17.7}$$

式中，$J_1(x)$为第一类一阶贝塞尔函数。磁感应强度平均值的模值为

$$B_{av} = \frac{\sqrt{2}}{R\alpha}B_0\left|J_1\left(\sqrt{2}\alpha e^{-j\pi/4}R\right)\right| \tag{4.17.8}$$

由 $\dot{J} = \frac{1}{\mu}\nabla\times\dot{B}$，不难求得在心铁中感应涡流密度为

$$\dot{J}_\phi(r) = \frac{B_0}{\mu}J_1\left(\sqrt{2}\alpha e^{-j\pi/4}r\right)\sqrt{2}\alpha e^{-j\pi/4} \tag{4.17.9}$$

式(4.17.9)表明，感应涡流密度只有周向分量。

可以计算出，单位长度圆柱心铁中的涡流损耗为

$$P = \int_V \frac{\left|\dot{J}_\phi(r)\right|^2}{\gamma}\mathrm{d}V$$

$$= \int_0^R \omega\frac{B_0^2}{\mu}\left|J_1\left(\sqrt{2}\alpha e^{-j\pi/4}r\right)\right|^2 2\pi r\mathrm{d}r \tag{4.17.10}$$

2. 轭铁中涡流的解析解

对于轭铁中磁场和涡流计算，可以近似采用平行平面场。假定磁场只有沿轭的长度(为l)方向(z轴)上的分量，轭的宽度(为h)方向沿y轴方向，厚度(为a)方向为x轴。如果l和h都远远大于a，则磁场满足的场方程为

$$\frac{\mathrm{d}^2\dot{B}(x)}{\mathrm{d}x^2} = k^2\dot{B}(x) \tag{4.17.11}$$

假设给定轭铁中心平面的磁感应强度值为

$$\dot{B}(0) = B_0 \tag{4.17.12}$$

那么，不难求得方程(4.17.11)的解为

$$\dot{B}(x) = B_0 \mathrm{ch} kx \tag{4.17.13}$$

在轭铁横截面上，磁感应强度的平均值为

$$\dot{B}_{\mathrm{av}} = \frac{2}{a} \int_0^{a/2} B_0 \mathrm{ch} kx \mathrm{d}x = \frac{2}{ka} B_0 \mathrm{sh} \frac{ka}{2} \tag{4.17.14}$$

磁感应强度平均值的模值为

$$B_{\mathrm{av}} = \frac{\sqrt{2}}{\alpha a} B_0 \left| \mathrm{sh} \frac{ka}{2} \right| \tag{4.17.15}$$

进一步地，求得感应涡流密度为

$$\dot{\boldsymbol{J}}(x) = \left(-\frac{B_0 k}{\mu} \mathrm{sh} kx \right) \boldsymbol{e}_y \tag{4.17.16}$$

由此，可以计算出单位长度、单位宽度轭铁中的涡流损耗为

$$P = \int_V \frac{|\dot{\boldsymbol{J}}(x)|^2}{\gamma} \mathrm{d}V = \int_{-a/2}^{a/2} \frac{1}{\gamma} \left| \frac{B_0 k}{\mu} \mathrm{sh} kx \right|^2 \mathrm{d}x$$

$$= \frac{B_0^2 \alpha}{\gamma \mu^2} (\mathrm{sh}\alpha a - \sin\alpha a) \tag{4.17.17}$$

4.17.3 铁心中磁场均匀分布时涡流的近似解

1. 心铁中涡流的近似解

在采用磁路法计算时，一般都是假设铁心中的磁场均匀分布，使用其磁感应强度平均值的模值 B_{av}。也就是说，忽略了感应涡流的去磁效应，或者忽略了集肤效应。当心铁中磁场均匀分布时，感应涡流为

$$\dot{J}_\phi(r) = -\mathrm{j} \frac{\omega \gamma B_{\mathrm{av}}}{2} r \tag{4.17.18}$$

单位长度圆柱心铁中的涡流损耗为

$$P = \int_V \frac{|\dot{J}_\phi(r)|^2}{\gamma} \mathrm{d}V = \frac{\pi}{8} \gamma \omega^2 B_{\mathrm{av}}^2 R^4 \tag{4.17.19}$$

那么，单位体积圆柱心铁中的涡流损耗为 $p = \gamma\omega^2 B_{av}^2 R^2 / 8$。

将磁场不均匀分布情况下的涡流损耗计算公式(4.17.10)与以磁感应强度平均值的模值式(4.17.8)代入式(4.17.19)中得到的磁场均匀分布时的涡流损耗进行比较，可得心铁涡流损耗的修正系数为

$$K_{core} = \frac{P_{\text{不平均}}}{P_{\text{平均}}} = \frac{4\int_0^R \left|J_1\left(\sqrt{2}\alpha e^{-j\pi/4}r\right)\right|^2 r dr}{R^2 \left|J_1\left(\sqrt{2}\alpha e^{-j\pi/4}r\right)\right|^2} \quad (4.17.20)$$

由此可得，当磁场不均匀分布时，单位体积圆柱心铁中的涡流损耗为

$$p = K_{core} \frac{\gamma\omega^2 B_{av}^2 R^2}{8} \quad (4.17.21)$$

2. 轭铁中涡流的近似解

当轭铁中磁密均匀分布时，感应涡流为

$$\dot{J}(x) = \left(-j\frac{\omega\gamma}{k}B_{av}x\right)e_y \quad (4.17.22)$$

单位长度、单位宽度轭铁中的涡流损耗为

$$P = \int_V \frac{|\dot{J}(x)|^2}{\gamma}dV = \frac{1}{24}\gamma\omega^2 B_{av}^2 a^3 \quad (4.17.23)$$

式中，P 为总涡流损耗。那么，单位体积轭铁中的涡流损耗为 $p = \gamma\omega^2 B_{av}^2 a^2 / 24$。

将磁场不均匀分布情况下的涡流损耗计算公式(4.17.17)与以磁感应强度平均值的模值式(4.17.15)代入式(4.17.23)中得到的磁场均匀分布时的涡流损耗进行比较，可得轭铁涡流损耗的修正系数为

$$K_{yoke} = \frac{P_{\text{不平均}}}{P_{\text{平均}}} = \frac{3}{\alpha a} \frac{\sh\alpha a - \sin\alpha a}{\ch\alpha a - \cos\alpha a} \quad (4.17.24)$$

由此可得，当磁场不均匀分布时，单位体积轭铁中的涡流损耗为

$$p = K_{yoke} \frac{\gamma\omega^2 B_{av}^2 a^2}{12} \quad (4.17.25)$$

4.17.4 实例设计

根据上述计算的思想，这里对某一电磁阀进行实例计算。已知心铁半径为 3.4mm，材料为 QMR5L 型号的电磁不锈钢，轭铁厚 2.0mm，材料为 DT4E 型号的电工纯铁。

在心铁中，磁感应强度 $\dot{B}$ 和涡流密度 $\dot{J}$ 的模值分布如图 4.17.2 所示。可以看出，由于涡流的去磁效应，心铁中的磁场分布不均匀，按磁场均匀分布计算出的涡流密度要比其实际值大，其涡流损耗的修正系数为 $K_{\text{core}} = 0.862$。

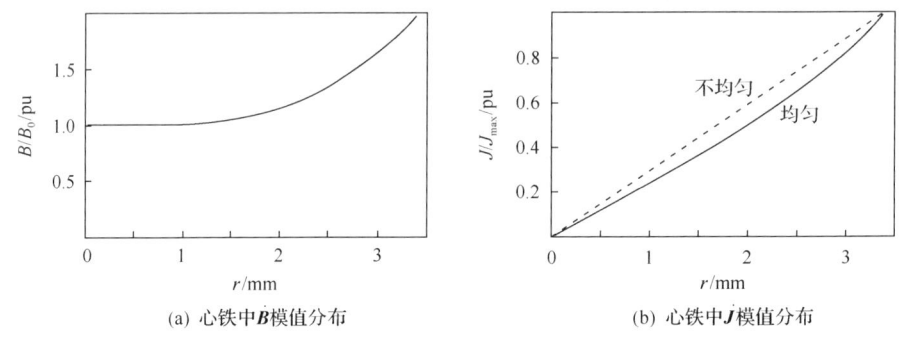

(a) 心铁中 B 模值分布　　　　(b) 心铁中 J 模值分布

图 4.17.2　心铁中磁感应强度 $\dot{B}$ 和涡流密度 $\dot{J}$ 的模值分布

在轭铁中，磁感应强度 $\dot{B}$ 和涡流密度 $\dot{J}$ 的模值分布如图 4.17.3 所示。可以看到，由于涡流的去磁效应，轭铁中的磁场分布也不均匀。但是，磁感应强度 $\dot{B}$ 的不均匀分布并不严重，其涡流损耗的修正系数 $K_{\text{yoke}} = 0.915$。

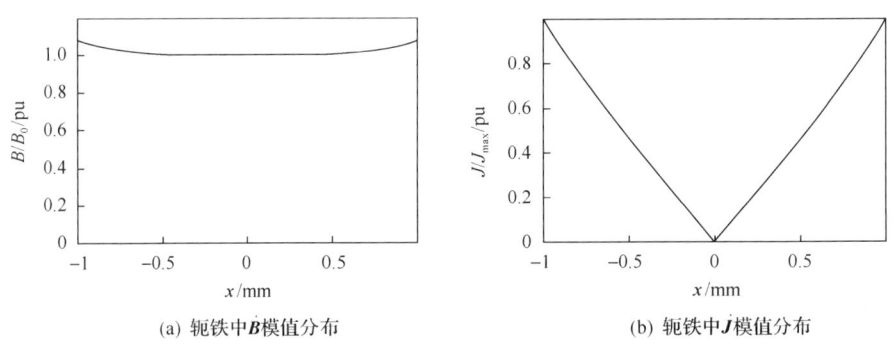

(a) 轭铁中 B 模值分布　　　　(b) 轭铁中 J 模值分布

图 4.17.3　轭铁中磁感应强度 $\dot{B}$ 和涡流密度 $\dot{J}$ 的模值分布

从心铁和轭铁中的磁场分布可知，在心铁中集肤效应更严重，应当予以关注。另外，当应用磁路法设计电磁阀时，采用涡流损耗的修正系数 K_{core} 和 K_{yoke} 来分布计及心铁和轭铁中集肤效应的影响，具有结果简单和容易计算的优点。

第5章 变压器线圈涡流损耗近似计算

在变压器中或多或少都会存在漏磁场,它会在变压器线圈导线、油箱壁、压板、夹件和其他结构元件中引起涡流损耗。涡流损耗对变压器线圈及其他部件的温升起着决定性的作用。要准确地计算出变压器漏磁场的分布是相当复杂的。在对漏磁场分布作一定假设下,这里将介绍变压器线圈涡流损耗的近似计算方法。

5.1 变压器漏磁场及其引起的损耗

5.1.1 漏磁场

当变压器空载运行时,其铁心内产生的磁通可分为两部分:主磁通和漏磁通。如图 5.1.1 所示,主磁通 Φ_m 是以闭合铁心为路径,既与原绕组相匝链,又与副绕组相匝链,它是变压器传递能量的主要因素。与主磁通相应的磁场称为主磁场。漏磁通 $\Phi_{1\sigma}$ 仅与原绕组相匝链而不与副绕组相匝链,主要通过非磁性媒质(变压器油或空气)而形成回路,这部分磁通称为原绕组的漏磁通。与漏磁通相应的磁场称为漏磁场。由于空载时副绕组中没有电流,所以也就没有副绕组的漏磁通。

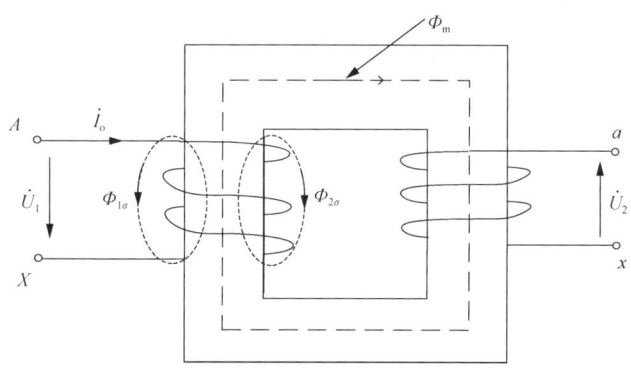

图 5.1.1 单相变压器空载运行示意图

由于变压器负载运行时副绕组中有电流,所以不仅有主磁通 Φ_m 和原绕组的漏磁通 $\Phi_{1\sigma}$,还有副绕组的漏磁通 $\Phi_{2\sigma}$。漏磁通 $\Phi_{2\sigma}$ 仅与副绕组相匝链,它也是主要通过非磁性媒质(变压器油或空气)而形成回路。

在电机学中,详细分析了与主磁场有关的变压器特性。在这里将专门分析漏磁场对变压器的附加损耗以及变压器中金属结构元件损耗的影响。它对变压器线圈及其他部件的温升起着决定性的作用。要准确地计算出变压器漏磁场的分布是相当复杂的。在对漏磁场分布作一定假设下，这里将介绍线圈损耗的近似计算方法。为了简单起见，在开始的第 5.1 节至第 5.5 节中不考虑涡流去磁效应的影响。仅在第 5.6 节中考虑涡流去磁效应的影响。

我们将看到，漏磁场在线圈导线中所引起的涡流损耗与导线在垂直于漏磁场方向的尺寸的 4 次方成正比。由于同心式线圈导线的径向尺寸通常小于轴向尺寸，所以在其他条件相同的情况下，横向漏磁场在同心式线圈中所引起的涡流损耗大于轴向漏磁场所引起的涡流损耗。此外，横向漏磁场还会明显地增大油箱壁中以及其他金属结构件中的涡流损耗[8]。

5.1.2 漏磁场引起的涡流损耗

漏磁场会在变压器线圈导线中感应出电流。这种电流不流过负载，而是在各导线内部闭合，也在线圈各并联导线之间闭合，称之为涡流。涡流不仅使得流过线圈导线截面的电流分布不均匀，也使得各并联导线之间的电流分布不均匀。这就是电流排挤效应，电流排挤效应与导线所处位置的磁场分布有关。如图 5.1.2 所示[8]，在

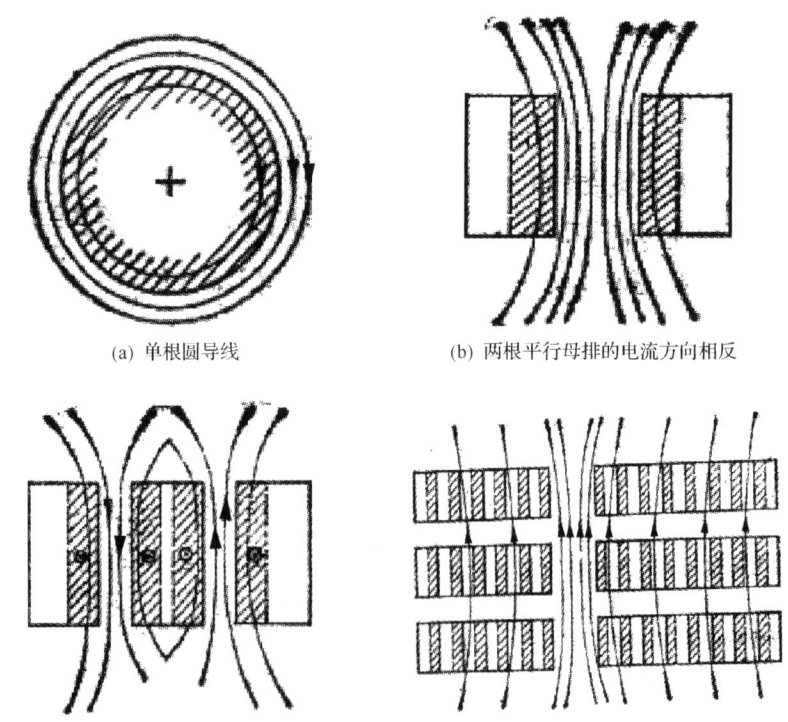

(a) 单根圆导线　　　　　　　(b) 两根平行母排的电流方向相反

(c) 三根平行母排，中间母排电流与两边相反　　(d) 变压器线圈

图 5.1.2　电流排挤效应[8]

单根圆导线中,由于内层交链的磁通比外层多,具有较大的感抗,所以电流被挤向表面(集肤效应)。在两根平行母排中,由于内层交链的磁通比外层少,所以电流被挤向靠近两母排相对的内侧面。在三根平行母排中,如果中间母排中的电流方向与两边母排中的电流方向相反,那么三个母排中的最大电流密度均出现在靠近母排间相对的一侧。在线圈导线串联的情况下,双线圈变压器中的最大电流密度将出现在靠近相邻线圈的那一部分导线中。

在导线截面中交流电流的不均匀分布以及在并联导线之间电流的分配不均匀,都会使得变压器线圈的损耗远大于通过直流电流(电流分布均匀)时的损耗。

对于变压器线圈导线损耗的近似计算来说,可以认为,均匀流过并联分支和导线截面的负载电流、在并联分支间闭合流动的电流和在每根导线中闭合的电流所引起的损耗之和,就等于实际电流引起的损耗。把在并联分支间闭合流动的电流和在每根导线中闭合的电流所引起的损耗之和,称作是变压器线圈的附加损耗。

实际上,在变压器的油箱壁、压板、夹件和其他结构元件中,漏磁场也会引起附加损耗。但是,对于大型变压器来说,关于油箱壁、压板、夹件、铁心边缘叠片组以及夹心柱夹紧元件损耗的计算是一件十分困难的工作。一般说来,经验公式的计算结果与实测值的偏差较大。

5.2 同心式线圈的涡流损耗

由于电力变压器的工作频率一般在 50~100Hz,且通常所采用的扁导线尺寸比较小,所以涡流去磁效应的作用不大,可以认为漏磁场在线圈导线中引起的涡流是一种电阻性限制涡流。

一般地说,在双线圈变压器中,一个同心式线圈所在位置处漏磁感应强度 $\dot{B}$ 的分布可以近似看成沿径向是呈线性变化的,如图 5.2.1 所示。图 5.2.2 中给出了一根导线的局部放大图及其漏磁感应强度 $\dot{B}$ 沿径向的分布。

5.2.1 单匝导线的涡流损耗

为了近似计算线圈导线中的涡流损耗,做如下假设:

(1)线圈的直径 D 很大,把线圈导线近似看成是一根矩形截面长直导线,其尺寸为 $a \times b$。由于 a 和 b 都远小于 πD,所以场量 $\dot{E}$、$\dot{J}$ 和 $\dot{B}$ 等都近似为 x 的函数,与 y 无关。

(2)由于漏磁场 $\dot{B}$ 沿 y 方向,所以线圈导线中的涡流无 y 分量,在 xoy 平面内呈闭合路径。又因 $b \ll \pi D$,所以可忽略 z 方向两端的边缘效应,认为 $\dot{E}$ 和 $\dot{J}$ 仅有 z 方向分量,即 $\dot{E} = \dot{E}(x)e_z$ 和 $\dot{J} = \dot{J}(x)e_z$。显然,$\dot{B}$ 也只有 y 分量,即 $\dot{B} = \dot{B}(x)e_y$。

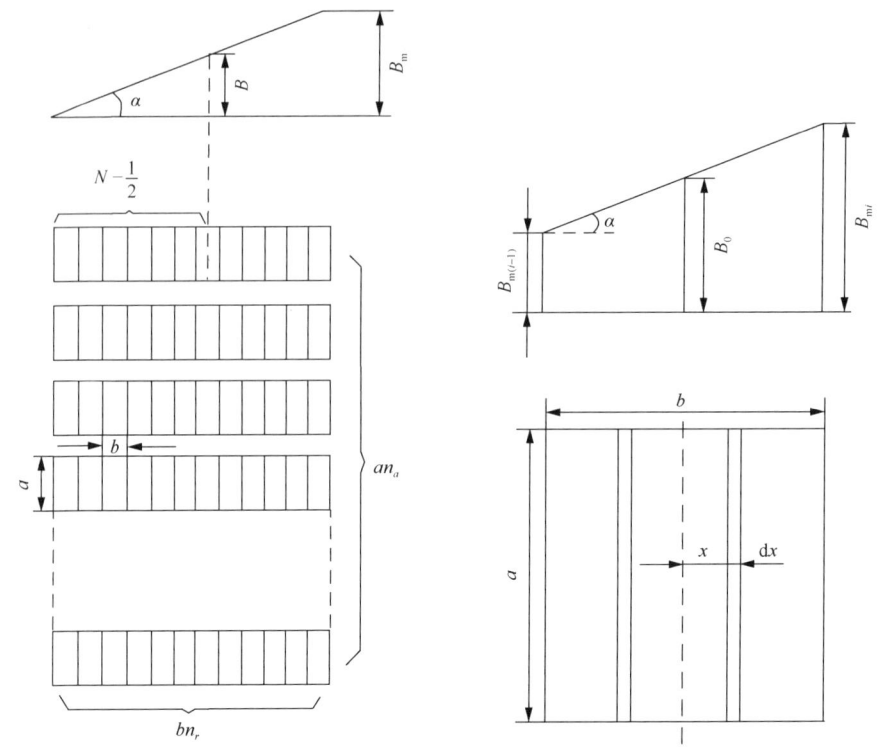

图 5.2.1 线圈纵截面及漏磁感应强度沿径向的分布[8]

图 5.2.2 磁感应强度沿线圈导线呈阶梯分布[8]

根据以上分析,由电磁场基本方程中的 $\nabla \times \dot{E} = -\mathrm{j}\omega \dot{B}$,得到

$$\frac{\mathrm{d}\dot{E}(x)}{\mathrm{d}x} = \mathrm{j}\omega\dot{B} \tag{5.2.1}$$

根据 $\dot{J} = \gamma\dot{E}$,上式可以写成

$$\frac{1}{\gamma}\frac{\mathrm{d}\dot{J}(x)}{\mathrm{d}x} = \mathrm{j}\omega\dot{B} \tag{5.2.2}$$

当忽略涡流去磁效应时,就可以近似认为磁感应强度 $\dot{B}$ 为变压器线圈导线所在位置处的励磁感应强度 $\dot{B}_0(x)$,那么式(5.2.2)将近似写成

$$\frac{1}{\gamma}\frac{\mathrm{d}\dot{J}(x)}{\mathrm{d}x} = \mathrm{j}\omega\dot{B}_0(x) \tag{5.2.3}$$

如图 5.2.2 所示,$\dot{B}_0(x)$ 的表达式如下:

$$\dot{B}_0(x) = B_0 + kx \tag{5.2.4}$$

式中，B_0 为导线中心的漏磁感应强度的有效值，$k = \tan\alpha$。把式(5.2.4)代入式(5.2.3)中，得到

$$\frac{\mathrm{d}\dot{J}(x)}{\mathrm{d}x} = \mathrm{j}\omega\gamma(B_0 + kx) \tag{5.2.5}$$

不难得到，方程(5.2.5)的解为

$$\dot{J}(x) = \mathrm{j}\omega\gamma\left(B_0 x + \frac{k}{2}x^2\right) + \dot{C} \tag{5.2.6}$$

式中，$\dot{C}$ 为复积分常数。

从物理意义上来看，涡流在导线横截面中的积分应为零，即

$$\int_{-b/2}^{b/2} \dot{J}(x) a \mathrm{d}x = \int_{-b/2}^{b/2}\left[\mathrm{j}\omega\gamma\left(B_0 x + \frac{k}{2}x^2\right) + \dot{C}\right] a \mathrm{d}x = 0$$

由此解得

$$\dot{C} = -\frac{\mathrm{j}\omega\gamma k b^2}{24}$$

将 $\dot{C} = -\frac{\mathrm{j}\omega\gamma k b^2}{24}$ 代入式(5.2.6)中，得到导线中的电流密度为

$$\dot{J}(x) = \mathrm{j}\omega\gamma\left(\frac{k}{2}x^2 + B_0 x - \frac{kb^2}{24}\right) \tag{5.2.7}$$

不难得到，长度为 πD 的单匝导线(沿径向方向的第 i 根)中的涡流损耗为

$$\begin{aligned}
P_{ei} &= \int_{-b/2}^{b/2} \frac{\pi D a}{\gamma}\left|\dot{J}(x)\right|^2 \mathrm{d}x \\
&= \pi D a \gamma \omega^2 \int_{-b/2}^{b/2}\left(\frac{k}{2}x^2 + B_0 x - \frac{kb^2}{24}\right) \mathrm{d}x \\
&= \frac{\pi D a b^3 \omega^2 \gamma}{12}\left(B_0^2 + \frac{k^2 b^2}{60}\right)
\end{aligned} \tag{5.2.8}$$

式中，D 为线圈平均直径。不难看出，当漏磁感应强度 $\dot{B}_0(x)$ 沿径向分布为常数 B_0 时，即在式(5.2.4)中取 $k=0$，则式(5.2.8)与式(1.3.7)完全相同。

5.2.2 整个线圈导线的涡流损耗

为了计算整个线圈导线的涡流损耗，假设线圈分别在轴向方向和径向方向有 n_a 和 n_r 根导线。因为漏磁感应强度 $\dot{B}_0(x)$ 沿轴向方向不变化，即它在导线任一竖直方向是相同的，所以整个线圈导线的涡流损耗为

$$P_e = n_a \sum_{i=1}^{n_r} P_{ei} = \frac{n_a \pi D a b^3 \omega^2 \gamma}{12} \sum_{i=1}^{n_r} \left(B_{0i}^2 + \frac{k^2 b^2}{60} \right) \tag{5.2.9}$$

式中，B_{0i} 为沿径向方向第 i 根导线中心处的漏磁感应强度的有效值。

由图 5.2.1 不难看出，$k = \tan\alpha = \dfrac{B_m}{b n_r}$ 是一个常数，其中 B_m 为最大漏磁感应强度的有效值。那么，式(5.2.9)可简化成

$$P_e = \frac{\pi D n_a a b^3 \omega^2 \gamma}{12} \left(\frac{k^2 b^2 n_r}{60} + \sum_{i=1}^{n_r} B_{0i}^2 \right) \tag{5.2.10}$$

第 i 根导线中心处的漏磁感应强度的有效值为

$$B_{0i} = \left(i - \frac{1}{2} \right) b \frac{B_m}{b n_r} = \left(i - \frac{1}{2} \right) \frac{B_m}{n_r}$$

式中，i 为沿径向方向由左边缘算起的导线序号。因此，

$$\sum_{i=1}^{n_r} B_{0i}^2 = \frac{B_m^2}{n_r^2} \sum_{i=1}^{n_r} \left(i - \frac{1}{2} \right)^2 = \frac{B_m^2}{n_r^2} \frac{4 n_r^2 - 1}{12}$$

将这一结果代入式(5.2.10)中，得到

$$P_e = \frac{\pi D n_a a b^3 \omega^2 \gamma B_m^2}{36 n_r} (n_r^2 - 0.2)$$

一般说来，$0.2 \ll n_r^2$，可以忽略不计。因此，上式近似为

$$P_e = \frac{\pi D n_a n_r a b^3 \omega^2 \gamma B_m^2}{36} \tag{5.2.11}$$

由于假设负载电流沿导线截面均匀流过，所以它在线圈导线中引起的损耗为

$$P_o = \frac{\pi D a b n_a n_r J_0^2}{\gamma} \tag{5.2.12}$$

式中，J_0 为负载电流密度的有效值。

容易求得，涡流损耗的相对值为

$$P_\eta = \frac{P_e}{P_o} = 0.548\left(\frac{B_m \gamma f b}{J_0}\right)^2 \tag{5.2.13}$$

式中，f 为电力变压器的工作频率。

在电力变压器中，一般认为最大漏磁感应强度的有效值为

$$B_m \approx \mu_0 \frac{Iw}{h} \tag{5.2.14}$$

式中，h 为线圈的高度；w 为变压器线圈的总匝数，且 $w = n_a n_r$；I 为线圈电流，$I = J_0 ab$。因此，有

$$B_m \approx \mu_0 J_0 b n_r \beta \tag{5.2.15}$$

式中，$\beta = \dfrac{an_a}{h}$ 为导线的总宽度与线圈高度之比。显然，$\beta < 1$。将式(5.2.15)代入式(5.2.13)中，得到

$$P_\eta = 1.095 \mu_0^2 f^2 \gamma^2 b^4 n_r^2 \beta^2 \tag{5.2.16}$$

这一结果说明，在 n_r 一定的情况下，涡流损耗的相对值正比于导线在垂直于漏磁场方程上的尺寸 b 的 4 次方。应该指出，只有在可以忽略涡流去磁效应时，应用上述计算公式得到的结果才是正确的。但是，当频率升高或者导线径向尺寸增大到一定程度时，或者它们都同时增加，涡流去磁效应将明显增强，使得上述公式就不再正确[8]。

在上述分析中，认为线圈的导线为矩形截面导线。另外，对于圆截面导线，其损耗要小得多。如果导线尺寸 $b = d$（d 是圆导线的直径），那么圆导线线圈的涡流损耗几乎是扁导线线圈涡流损耗的一半。

通常，减小线圈导线中损耗的办法是增大导线截面。显然，这种办法能有效地降低线圈的直流电阻，但仅能使损耗降低到某一个限度。虽然增大导线截面能降低欧姆损耗，但涡流损耗却会增大。这意味着，在垂直于漏磁场方向上的导线根数不变的情况下，如果导线厚度 a 超过某一临近值，反而会增大线圈导线的损耗。一般说来，当涡流损耗与欧姆损耗之比为 33%时，同心式线圈的总损耗最小。

5.2.3 横向漏磁场引起的涡流损耗

从上面的分析看出，当纵向漏磁感应强度确定之后，就不难计算出线圈中的涡流损耗。实际上，漏磁感应强度不仅有纵向分量或轴向分量 $\dot{B}_d$，也有横向分量

或径向分量 $\dot{B}_q$。线圈中的涡流损耗等于这两个漏磁感应强度 $\dot{B}_d$ 和 $\dot{B}_q$ 所引起的涡流损耗之和。

与纵向分量引起的涡流损耗计算一样，也可以应用式(5.2.8)来计算横向分量 $\dot{B}_q$ 在导线中引起的涡流损耗。但是，需要将式(5.2.8)中的径向尺寸 b 与轴向尺寸 a 互换。如果忽略在一根导线范围内的漏磁感应强度的变化，即认为 $k=0$，那么，有

$$P_{ei} = \frac{\pi D b a^3 \omega^2 \gamma}{12} B_0^2 \tag{5.2.17}$$

显然，如果绕制线圈的扁导线的轴向尺寸较大，那么径向漏磁场所引起的涡流损耗将大大超过轴向漏磁场。这是因为在垂直于漏磁场方向的导线根数一定的情况下，涡流损耗正比于导线在该方向上的尺寸的 4 次方[8]。

5.3 多层线圈的涡流损耗[8]

如图 5.3.1 所示，双线圈变压器有多层线圈。一根导线的损耗可按式(5.2.8)计算，式中的系数 k 为

$$k = \tan\alpha = \frac{B_{mk(k+1)} - B_{m(k-1)k}}{bn_r} = \frac{B_m\left(a_{k(k+1)} - a_{(k-1)k}\right)}{bn_r} \tag{5.3.1}$$

式中，$B_{m(k-1)k}$ 和 $B_{mk(k+1)}$ 分别为第 k 层两边油道的漏磁感应强度的有效值；B_m 为一、二次线圈主漏磁空道的最大磁感应强度的有效值；n_r 是在径向方向一层的导线根数。

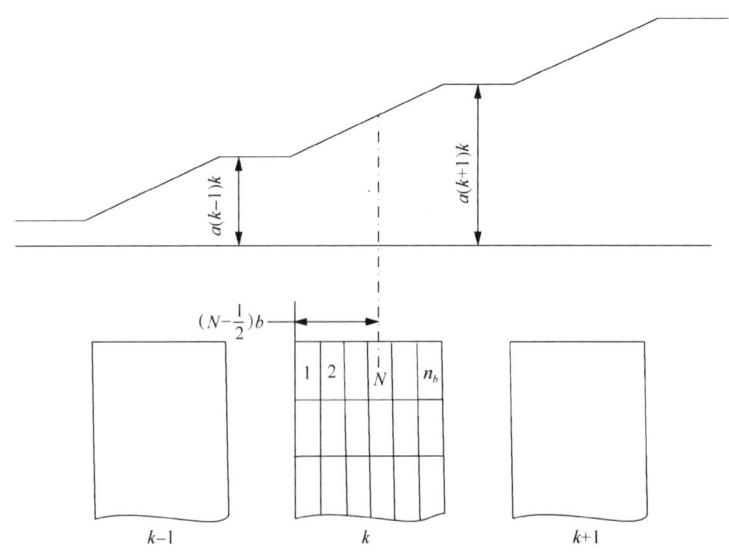

图 5.3.1 双线圈变压器多层线圈的漏磁场分布

由层边算起，第 k 层中的第 N 根导线中心的磁感应强度有效值为

$$\begin{aligned}
B_{m0} &= B_{m(k-1)k} + \left(N - \frac{1}{2}\right) b\tan\alpha \\
&= B_{m(k-1)k} + \left(N - \frac{1}{2}\right)\frac{B_{mk(k+1)} - B_{m(k-1)k}}{n_r} \\
&= B_m a_{(k-1)k} + \left(N - \frac{1}{2}\right)\frac{B_m \left(a_{k(k+1)} - a_{(k-1)k}\right)}{n_r}
\end{aligned} \quad (5.3.2)$$

那么，第 k 层的涡流损耗为

$$\begin{aligned}
P_{ek} &= \frac{\pi D_k ab^3 n_a \omega^2 \gamma}{12}\sum_{N=1}^{n_r}\left(B_{m0}^2 + \frac{k^2 b^2}{60}\right) \\
&= \frac{\pi D_k ab^3 n_a \omega^2 \gamma}{12}\left[\frac{B_m^2\left(a_{k(k+1)} - a_{(k-1)k}\right)^2}{60 n_r} + \sum_{N=1}^{n_r}B_{m0}^2\right]
\end{aligned} \quad (5.3.3)$$

式中，D_k 为第 k 层的平均直径；a 和 b 分别为导线的轴向和径向尺寸；n_a 为在轴向方向一层的导线根数。

不难得到

$$\begin{aligned}
\sum_{N=1}^{n_r}B_{m0}^2 &= B_m^2 \sum_{N=1}^{n_r}\left[a_{(k-1)k} + \left(N + \frac{1}{2}\right)\frac{a_{k(k+1)} - a_{(k-1)k}}{n_r}\right]^2 \\
&= \frac{B_m^2 n_r}{3}\left[a_{(k-1)k}^2 + a_{(k-1)k}a_{k(k+1)} + a_{k(k+1)}^2 - \frac{\left(a_{k(k+1)} - a_{(k-1)k}\right)^2}{4 n_r^2}\right]
\end{aligned}$$

因此，式(5.3.3)可以写成

$$P_{ek} = \frac{\pi D_k ab^3 n_a n_r \omega^2 \gamma B_m^2}{36}\left[a_{(k-1)k}^2 + a_{(k-1)k}a_{k(k+1)} + a_{k(k+1)}^2 - \frac{\left(a_{k(k+1)} - a_{(k-1)k}\right)^2}{5 n_r^2}\right] \quad (5.3.4)$$

考虑到 $B_m \approx \mu_0 \dfrac{Iw}{h}$，那么由 s_1 层构成的线圈的涡流损耗为

$$\begin{aligned}
P_e &= \sum_{k=1}^{s_1} P_{ek} \\
&= \frac{\pi \mu_0^2 ab^3 n_a n_r \omega^2 \gamma (Iw)^2}{18 h^2}\sum_{k=1}^{s_1}\left\{D_k\left[a_{(k-1)k}^2 + a_{(k-1)k}a_{k(k+1)} + a_{k(k+1)}^2 - \frac{\left(a_{k(k+1)} - a_{(k-1)k}\right)^2}{5 n_r^2}\right]\right\}
\end{aligned}$$

$$(5.3.5)$$

当径向方向导线根数 $n_r > 1$ 时，可以忽略式(5.3.5)括号中的后一项。此外，如果由同一种导线绕制线圈并且在轴向和径向方向具有相同的导线根数，那么：

$$P_e = \frac{\pi\mu_0^2 ab^3 n_a n_r \omega^2 \gamma (Iw)^2}{18h^2} \sum_{k=1}^{s_1}\left[D_k \left(a_{(k-1)k}^2 + a_{(k-1)k}a_{k(k+1)} + a_{k(k+1)}^2 \right) \right] \quad (5.3.6)$$

5.4 三线圈变压器线圈的涡流损耗

从图 5.4.1 所示多线圈变压器的纵截面及漏磁场分布中可以看出，它的边缘线圈所处的漏磁场分布与双线圈变压器的线圈是相同的，而中间线圈所处的漏磁场分布则有所不同，这里专门研究它的涡流损耗计算问题。

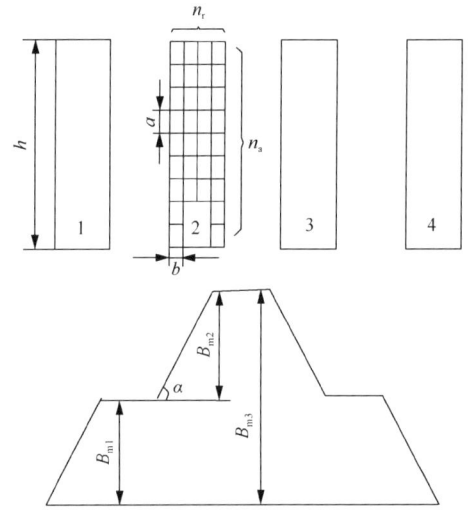

图 5.4.1 多线圈变压器的纵截面及漏磁场分布[8]

5.4.1 单匝导线的涡流损耗

现在，在线圈 2 的一根导线中(图 5.2.2)，磁感应强度与涡流密度之间的关系可按式(5.2.2)确定。而点 x 处的磁感应强度为

$$\dot{B}(x) = \dot{B}_1 + \dot{B}_2(x)$$

式中，$\dot{B}_1$ 为线圈一边磁感应强度的有效值；$\dot{B}_2(x)$ 为与线圈 2 电流相对应 x 处的附加磁感应强度的有效值。

一般说来，因为多线圈变压器的各个线圈电流之间有相位差，所以 $\dot{B}_1$ 和 $\dot{B}_2(x)$ 不同相。那么，设

$$\dot{B}_1 = B_1 \angle \psi, \qquad \dot{B}_2(x) = B_0 + kx$$

式中，B_0 为导线中心处漏磁感应强度的有效值；$k = \tan\alpha$。因此，有

$$\dot{B}(x) = B_1 \angle \psi + (B_0 + kx)$$

将上式代入式(5.2.2)中，并完成积分，则得到

$$\dot{J}(x) = j\omega\gamma \left[B_1 x \angle \psi + \left(B_0 x + \frac{k}{2} x^2 \right) \right] + \dot{C} \tag{5.4.1}$$

式中，$\dot{C}$ 为复积分常数。

从物理意义上来说，在同一根导线横截面中涡流之和应为零，即

$$\int_{-b/2}^{b/2} \dot{J}(x) a \mathrm{d}x = \int_{-b/2}^{b/2} \left\{ j\omega\gamma \left[B_1 x \angle \psi + \left(B_0 x + \frac{k}{2} x^2 \right) \right] + \dot{C} \right\} a \mathrm{d}x = 0$$

由此解得积分常数为

$$\dot{C} = -\frac{j\omega\gamma k b^2}{24}$$

因此，式(5.4.1)可以写成

$$\dot{J}(x) = j\omega\gamma \left[B_1 x \angle \psi + \left(B_0 x + \frac{k}{2} x^2 - \frac{k b^2}{24} \right) \right]$$
$$= \dot{J}_1(x) + \dot{J}_2(x) \tag{5.4.2}$$

在导线中心处的漏磁感应强度的有效值为

$$B_0 = \left(N - \frac{1}{2} \right) b \frac{B_2}{b n_r} = \left(N - \frac{1}{2} \right) \frac{B_2}{n_r}$$

式中，N 为导线序号(图 5.2.1)；n_r 为中间线圈在径向方向的导线根数。将 $B_0 = \left(N - \frac{1}{2} \right) \frac{B_2}{n_r}$ 和 $k = \frac{B_2}{b n_r}$ 代入式(5.4.2)中，得到

$$\dot{J}(x) = \dot{J}_1(x) + \dot{J}_2(x)$$
$$= j\omega\gamma B_1 x \angle \psi + j\omega\gamma \frac{B_2}{n_r} \left[\left(N - \frac{1}{2} \right) x + \frac{1}{2b} x^2 - \frac{b}{24} \right] \tag{5.4.3}$$

不难得到，长度为 D（D 为线圈的平均直径）的单匝导线（沿径向方向的第 N 根）中的涡流损耗为

$$P_{eN} = \int_{-b/2}^{b/2} \frac{\pi Da}{\gamma} |\dot{J}(x)|^2 \, dx$$

$$= \frac{\pi Dab^3 \omega^2 \gamma}{12} \left\{ B_1^2 + \frac{B_2^2}{n_r^2} \left[\left(N - \frac{1}{2}\right)^2 + \frac{1}{60} \right] + \frac{2B_1 B_2 \cos\psi}{n_r} \left(N - \frac{1}{2}\right) \right\} \quad (5.4.4)$$

5.4.2 整个线圈导线的涡流损耗

整个线圈导线的涡流损耗等于各根导线的涡流损耗之和，即

$$P_e = n_a \sum_{N=1}^{n_r} P_{eN}$$

$$= \frac{\pi Dab^3 \omega^2 \gamma n_a}{12} \left\{ n_r B_1^2 + \frac{B_2^2}{n_r^2} \sum_{N=1}^{n_r} \left[\left(N - \frac{1}{2}\right)^2 + \frac{1}{60} \right] + \frac{2B_1 B_2 \cos\psi}{n_r} \sum_{N=1}^{n_r} \left(N - \frac{1}{2}\right) \right\}$$

$$= \frac{\pi Dab^3 \omega^2 \gamma n_a n_r}{36} \left[3B_1^2 + \frac{B_2^2}{n_r^2}(n_r^2 - 0.2) + 3B_1 B_2 \cos\psi \right]$$

通常，$0.2 \ll n_r^2$，可以忽略不计。因此，得到

$$P_e = \frac{\pi Dab^3 \omega^2 \gamma n_a n_r}{36} \left(3B_1^2 + B_2^2 + 3B_1 B_2 \cos\psi \right) \quad (5.4.5)$$

从图 5.4.2 所示漏磁场的相量图中，不难得到

$$3B_1^2 + B_2^2 + 3B_1 B_2 \cos\psi = B_1^2 + B_3^2 + B_1 B_3 \cos\varphi$$

因此，

$$P_e = \frac{\pi Dab^3 \omega^2 \gamma n_a n_r}{36} \left(B_1^2 + B_3^2 + B_1 B_3 \cos\varphi \right) \quad (5.4.6)$$

式中，B_1 和 B_3 分别为线圈内、外边缘的漏磁感应强度的有效值；φ 为相量 $\dot{B}_1$ 和 $\dot{B}_2$ 的相角差。

对于多线圈变压器中的任一个线圈来说，式(5.4.6)都是适用的。例如，对于左或右边缘线圈，只要取磁感应强度 B_1 或 B_3 等于零，它就简化成双线圈变压器的式(5.2.11)。

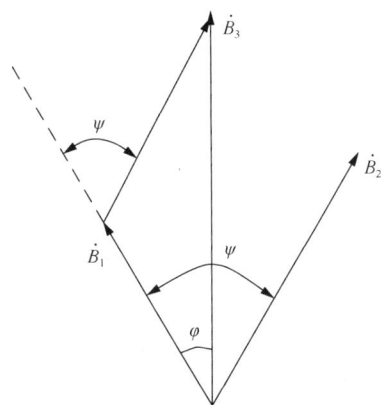

图 5.4.2　多线圈变压器漏磁感应强度的相量图[8]

从式(5.4.6)不难看到,在没有电流通过时中间线圈的涡流损耗最大。此时,由于 $B_1 = B_3$ 和 $\cos\varphi = 1$,所以中间线圈的涡流损耗是通电的边缘线圈的 3 倍[8]。

5.5　交错式线圈中的涡流损耗

对于如图 5.5.1 所示的对称交错式线圈中的一个单元,通常线圈的径向尺寸 $n_r b$ 小于其平均直径 D,在任意纵截面中漏磁感应强度几乎是相同的,且等于截面中心处的磁感应强度。

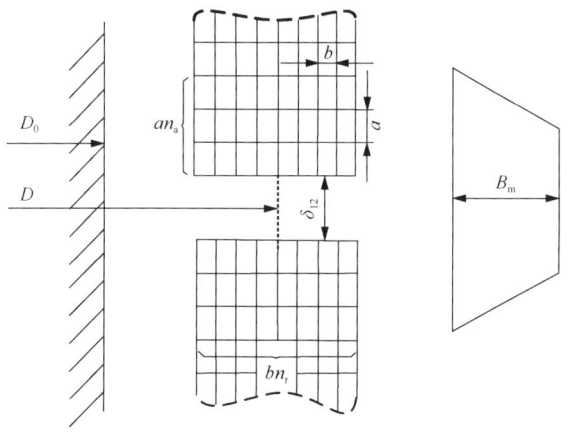

图 5.5.1　对称交错式线圈中的一个单元[8]

对称交错式线圈中的一个单元的漏磁场分布与一对同心式线圈(图 5.5.2)漏磁场分布是相同的,但导线尺寸和根数在漏磁场磁感应强度方向上却恰好相反。因此,利用式(5.2.11),可以计算对称交错式线圈中一个单元的涡流损耗,有

$$P_{ei} = \frac{\pi D a^3 b n_a n_r \omega^2 \gamma B_m^2}{36} \tag{5.5.1}$$

式中，n_a 为单元的层数，即半个线圈的层数。

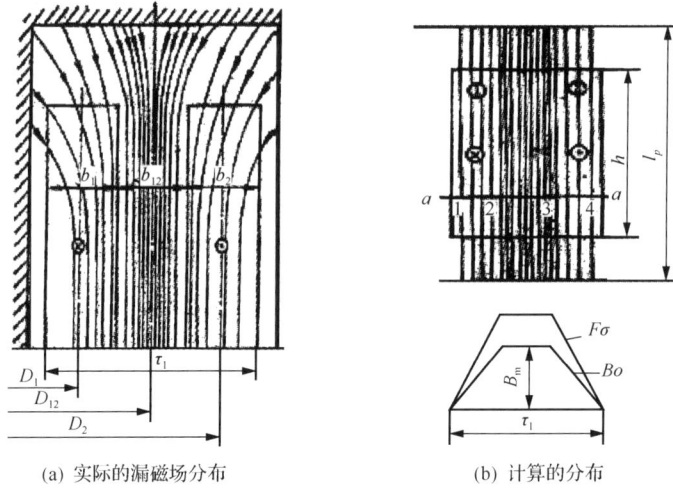

(a) 实际的漏磁场分布　　　　(b) 计算的分布

图 5.5.2　磁势沿线圈高度均匀分布的同心式线圈的漏磁场[8]

如果整个线圈有 n 个单元，那么其损耗为

$$P_e = n P_{ei} = \frac{\pi D n a^3 b n_a n_r \omega^2 \gamma B_m^2}{36} \tag{5.5.2}$$

对于所有导线串联的单元，线圈的欧姆损耗为

$$P_o = \frac{\pi D a b n_a n_r J_0^2}{\gamma}$$

这样，涡流损耗的相对值为

$$P_\eta = 0.548 \left(\frac{B_m \gamma f a}{J_0} \right)^2 \tag{5.5.3}$$

可以看出，如果在交错式线圈中导线的宽度方向平行于线圈的轴线，由于涡流损耗与垂直于漏磁场方向的导线尺寸的平方成正比，它的涡流损耗比同心式线圈的大。

对于对称交错式线圈中的单元有多层的情况，如图 5.5.3 所示，应用与同心式多层线圈相似的方法也可以计算其涡流损耗。在对称交错式线圈中，各层的直径相同。如果单元的各层导线相同，并且在轴向和径向分别都具有相同的导线根数，那么单元的涡流损耗为

$$P_{ek} = \frac{\pi D a^3 b n_a n_r \omega^2 \gamma B_m^2}{36} \sum_{k=1}^{s_1} \left(a_{(k-1)k}^2 + a_{(k-1)k} a_{k(k+1)} + a_{k(k+1)}^2 \right) \quad (5.5.4)$$

式中，s_1 为组成单元的层数。

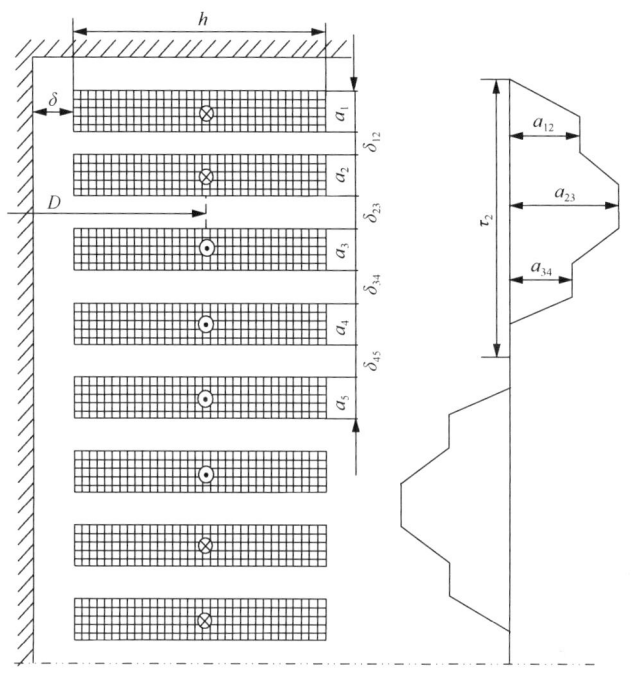

图 5.5.3 线段分层的对称交错式线圈

5.6 涡流去磁效应对导线损耗的影响

在前面几节中，假设了漏磁场仅由负载电流产生，即忽略了涡流去磁效应的影响。实际上，涡流去磁效应的作用会大大地削弱在线圈周围空间中的漏磁场。

随着导线在垂直于漏磁场方向的尺寸 b 和频率 f 的乘积 bf 的增大，涡流去磁效应的作用会变得十分明显。因此，在计算截面较大的导线绕制的线圈或高频变压器中的涡流损耗时，就不能不考虑涡流去磁效应的影响。

当考虑涡流去磁效应时，应该从如下方程：

$$\nabla \times \dot{H} = \gamma \dot{E} \quad \text{和} \quad \nabla \times \dot{E} = -j\omega \dot{H} \quad (5.6.1)$$

出发，并且假定电磁波是平面波，即认为线圈的曲率为零。

例如，对于由扁导线绕制的同心式线圈，如图 5.6.1 所示，水平油道把线圈分成平面的线段。假定所有导线串联或者并联完全换位，即流过所有导线中的电流相等。

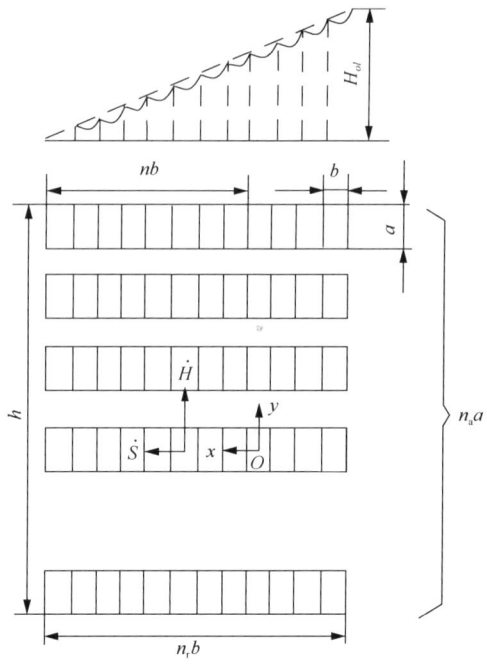

图 5.6.1　线圈纵截面及考虑涡流去磁效应时漏磁场强度在横截面上的分布[8]

当导线的轴向尺寸大于层间油道时，可以认为，漏磁场只有轴向方向分量，且在任意导线竖直平面上的磁场强度为常数。如图 5.6.2 所示，在每根导线的截面上，从磁场强度值最大的一个边上取一点作为坐标原点，x 轴指向导线的窄边。

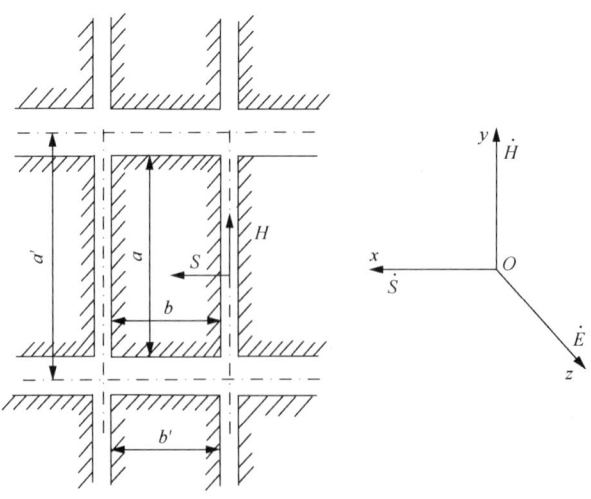

图 5.6.2　线圈导线的横截面

由于在线圈的轴向空间中，没有被载流导线全部填充，所以用轴向尺寸为 a' 的等效导线代替轴向尺寸为 a 的实际导线。这时，线圈导线的等效电导率为 $\gamma' = \beta_1 \gamma$，其中 $\beta_1 = \dfrac{a'}{a}$[8]。

假定磁场强度仅有 x 方向分量，而电场强度仅有 z 方向分量，且它们都只是坐标 x 的函数，即 $\dot{H} = \dot{H}(x)e_x$ 和 $\dot{E} = \dot{E}(x)e_z$，将它们代入式(5.6.1)中，得到

$$\frac{d\dot{H}(x)}{dx} = -\beta_1\gamma \dot{E}(x) \quad \text{和} \quad \frac{d\dot{E}(x)}{dx} = -j\omega\mu_0 \dot{H}(x) \tag{5.6.2}$$

不难得到

$$\frac{d^2\dot{H}(x)}{dx^2} = q^2 \dot{H}(x) \tag{5.6.3}$$

式中，$q = \sqrt{j\omega\mu_0\beta_1\gamma} = \sqrt{\dfrac{\omega\mu_0\beta_1\gamma}{2}}(1+j) = k_1(1+j)$。这个方程的通解是

$$\dot{H}(x) = A_1 e^{-qx} + A_2 e^{qx} \tag{5.6.4}$$

式中，A_1 和 A_2 为待定的复常数。

对从磁场强度小的线圈边算起的第 n 根导线来说，如果在导线两侧竖直表面（$x=0$ 和 $x=b$）的磁场强度复有效值分别为 $\dot{H}_{0n}$ 和 $\dot{H}_{0(n-1)}$，那么将它们代入式(5.6.4)中，就不难求得

$$A_1 = \frac{1}{2\text{sh}qb}\left(\dot{H}_{0n}e^{qb} - \dot{H}_{0(n-1)}\right) \quad \text{和} \quad A_2 = \frac{1}{2\text{sh}qb}\left(\dot{H}_{0(n-1)} - \dot{H}_{0n}e^{-qb}\right)$$

将得到的 A_1 和 A_2 代入式(5.6.4)中，得到

$$\dot{H}(x) = \dot{H}_{0n}\frac{\text{sh}q(b-x)}{\text{sh}qb} + \dot{H}_{0(n-1)}\frac{\text{sh}qx}{\text{sh}qb} \tag{5.6.5}$$

电场强度为

$$\dot{E}(x) = -\frac{1}{\beta_1\gamma}\frac{d\dot{H}(x)}{dx}$$
$$= \frac{q}{\beta_1\gamma}\left[\dot{H}_{0n}\frac{\text{ch}q(b-x)}{\text{sh}qb} - \dot{H}_{0(n-1)}\frac{\text{ch}qx}{\text{sh}qb}\right] \tag{5.6.6}$$

第 n 根导线在 $x=0$ 和 $x=b$ 两个侧竖直表面上的电场强度分别为

$$\dot{E}_{0n} = \frac{q}{\beta_1 \gamma}\left(\dot{H}_{0n}\frac{\mathrm{ch}qb}{\mathrm{sh}qb} - \dot{H}_{0(n-1)}\frac{1}{\mathrm{sh}qb}\right)$$

和

$$\dot{E}_{0(n-1)} = \frac{q}{\beta_1 \gamma}\left(\dot{H}_{0n}\frac{1}{\mathrm{sh}qb} - \dot{H}_{0(n-1)}\frac{\mathrm{ch}qb}{\mathrm{sh}qb}\right)$$

第 n 根导线单位长度上的复电磁功率等于穿过第 n 和第 $n+1$ 根导线平面的复电磁功率之差，即

$$\tilde{S}_{0n} = \frac{a}{\beta_1}\left(\dot{E}_{0n}\dot{H}_{0n}^* - \dot{E}_{0(n-1)}\dot{H}_{0(n-1)}^*\right)$$

将 $\dot{E}_{0n}$ 和 $\dot{E}_{0(n-1)}$ 的表达式代入上式中，并注意到磁场强度 $\dot{H}_{0(n-1)}$ 和 $\dot{H}_{0n}$ 同相位，于是得到

$$\tilde{S}_{0n} = \frac{aq}{\beta_1^2 \gamma}\left[\frac{\mathrm{ch}qb}{\mathrm{sh}qb}\left(H_{0n} - H_{0(n-1)}\right)^2 + 2H_{0n}H_{0(n-1)}\frac{\mathrm{ch}qb - 1}{\mathrm{sh}qb}\right] \tag{5.6.7}$$

对上式进行数学处理后，得到

$$\begin{aligned}\tilde{S}_{0n} &= \frac{ak_1}{\beta_1^2 \gamma}\left[\left(H_{0n} - H_{0(n-1)}\right)^2 \times \frac{(\mathrm{sh}2k_1b + \sin 2k_1b) + \mathrm{j}(\mathrm{sh}2k_1b - \sin 2k_1b)}{\mathrm{ch}2k_1b - \cos 2k_1b}\right] \\ &+ \frac{ak_1}{\beta_1^2 \gamma}\left[2H_{0n}H_{0(n-1)}\frac{(\mathrm{sh}k_1b - \sin k_1b) + \mathrm{j}(\mathrm{sh}k_1b + \sin k_1b)}{\mathrm{ch}k_1b - \cos k_1b}\right]\end{aligned} \tag{5.6.8}$$

整个线圈的复电磁功率等于各根导线的复电磁功率之和，即

$$\tilde{S} = \pi D n_\mathrm{a} \sum_{n=1}^{n_\mathrm{r}} \tilde{S}_{0n} \tag{5.6.9}$$

式中，D 为线圈的平均直径。

如果假定线圈的所有导线串联，即假定 $w = n_\mathrm{a} n_\mathrm{r}$，那么得到

$$\begin{aligned}\tilde{S} &= \frac{\pi D w a b k_1 H_{ym}^2}{b\beta_1^2 \gamma}\left(1 - \frac{\sigma_1}{n_\mathrm{r}}\right)^2 \\ &\times \left[\frac{(\mathrm{sh}2k_1b + \sin 2k_1b) + \mathrm{j}(\mathrm{sh}2k_1b - \sin 2k_1b)}{\mathrm{ch}2k_1b - \cos 2k_1b} + g\frac{(\mathrm{sh}k_1b - \sin k_1b) + \mathrm{j}(\mathrm{sh}k_1b + \sin k_1b)}{\mathrm{ch}k_1b - \cos k_1b}\right]\end{aligned}$$

$$\tag{5.6.10}$$

式中，$g = \dfrac{2(n_r^2-1)}{3} + \dfrac{2\sigma_1 n_r^2}{(1-\sigma_1)^2}$；$\sigma_1 = \dfrac{H_{y0}}{H_{ym}}$；$H_{ym}$ 为线圈两边的磁场强度（图 5.6.3）。

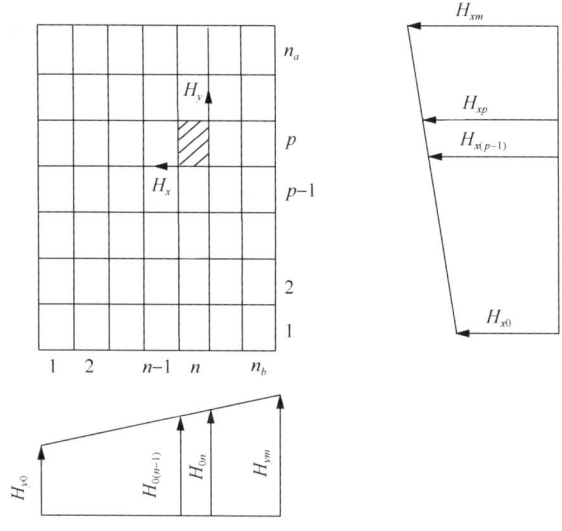

图 5.6.3　线圈总截面漏磁场强度分布

显然，式(5.6.10)右边的实部就是线圈导线中的损耗，它包含了负载电流引起的欧姆损耗和漏磁场引起的涡流损耗。

对于各种纵向漏磁场分布引起的涡流损耗计算，式(5.6.10)都是适用的。例如，如果三线圈变压器的中间线圈无电流，那么该线圈横截面所有点的磁场强度为常数，即 $\sigma_1 = 1$。在双线圈变压器的各线圈中，或者在多线圈变压器的边缘线圈中，磁场强度由零到最大值呈线性变化，即 $\sigma_1 = 0$。

5.7　有效减小涡流损耗

涡流损耗不仅会使变压器的工作效率降低，而且常常会使处于较强漏磁场中的线饼、压板和支持构件产生过热现象。过热将使得变压器不能满负荷工作，特别是对于大容量的电力变压器来说，有效地减小涡流损耗和解决散热问题都是在变压器设计中需要十分重视的问题。

从前面几节中的分析看出，漏磁场是产生涡流损耗的根本原因。显然，减小漏磁场或者改善漏磁场分布是减小涡流损耗的最有效的方法之一。但是，事物总是一分为二的，减小漏磁场在减小涡流损耗的同时，却会减小变压器的漏电抗，这将使得变压器的短路电流增大，限制了变压器的应用范围。

在保证变压器的漏电抗满足设计要求的前提下，通常可以采用主动和被动两种措施来减小涡流损耗：①主动措施是通过改善漏磁场的空间分布并控制漏磁通沿着引起最小损耗的路径闭合；②被动措施是通过选择压板、夹件、支持构件的结构及其尺寸，以及用不导电和不导磁的材料代替导电和导磁的材料。下面分别介绍这两种措施的实现方法。

(1) 已经知道，横向漏磁场和纵向漏磁场都会在线圈导线中引起涡流损耗，特别是横向漏磁场还会在油箱壁中产生很大的涡流损耗。因此，在变压器设计中应让所有线圈的磁势分布使横向漏磁场尽可能小。

控制漏磁通流通路径的最有效方法是，采用磁分支路。例如，在线圈端部存在很强的漏磁场时，可以在线圈端部放置一条用硅钢片制成的磁分支路，通过吸引磁力线使之达到改善漏磁场分布的目的。对于压板、夹件、支持构件等元件，如果采用磁分支路使漏磁通绕过它们，就能大大降低漏磁场引起的涡流损耗。在变压器设计中，通常使用沿着油箱壁放置磁分支路的技术，就可以减小油箱壁中的涡流损耗。

(2) 减小涡流损耗的被动措施主要是在垂直于漏磁场方向尽量选择小尺寸截面的导线，导线在空间进行换位(包括采用并联导线进行换位和采用换位导线)，以及每相线圈采用独立的压板等。

此外，采用塑料、玻璃纤维等绝缘材料来制造压板、夹件及其他非导磁元件，都能明显地降低漏磁场所引起的涡流损耗。例如。采用铝合金(非导磁材料)来制造油箱。

第6章 导体平板的电磁屏蔽

在一定条件下,可以用一个等效电流层来近似代替导电薄板中的涡流对整个电磁场的影响。例如,以等效电流层代替发电机端部绕组和气隙,会使物理模型大为简化,能够适用于解析法求解。这种方法称为简化边界方法。本章将以导体平板的电磁屏蔽为例,来介绍这种方法的应用。

6.1 非磁性导体平板的屏蔽——正入射

如图 6.1.1 所示,设非磁性导体平板的表面尺寸很大,可以近似地看成是无限大;但是平板的厚度很薄,小于透入深度。金属平板位于 $x=0$ 平面。又设入射波为沿 y 轴极化的平面电磁波,电场强度有效值为 E,如波传播方向为 $+x$ 方向,即

$$\dot{E}_{y1} = E_1 \mathrm{e}^{-\mathrm{j}kx} \tag{6.1.1}$$

$$\dot{H}_{z1} = \frac{E_1}{\sqrt{\mu_0/\varepsilon_0}} \mathrm{e}^{-\mathrm{j}kx} \tag{6.1.2}$$

式中, $k = \omega\sqrt{\mu_0\varepsilon_0}$ 。

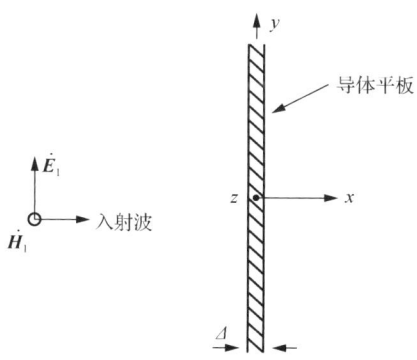

图 6.1.1 正入射于非磁性导体平板的平面波

入射波到达导体平板后在板内产生 y 向感应电流,从而产生感应电磁波,其电场强度记为 $\dot{E}_{y2}$ 。由于边界条件的要求, $\dot{E}_{y2}$ 与 $\dot{E}_{y1}$ 应有相同的函数形式。设导体平板左侧($x<0$)的 $\dot{E}_{y2}$ 记为 $\dot{E}_{y2}^-$,板右侧($x>0$)的 $\dot{E}_{y2}$ 记为 $\dot{E}_{y2}^+$,则

$$\dot{E}_{y2}^{-} = ae^{jkx} \quad (x<0) \tag{6.1.3}$$

$$\dot{E}_{y2}^{+} = be^{-jkx} \quad (x>0) \tag{6.1.4}$$

相应地，在导体平板左、右两侧，感应电磁波的磁场强度 $\dot{H}_{z2}$ 分别为

$$\dot{H}_{z2}^{-} = -\frac{a}{\sqrt{\mu_0/\varepsilon_0}} e^{jkx} \quad (x<0) \tag{6.1.5}$$

$$\dot{H}_{z2}^{+} = \frac{b}{\sqrt{\mu_0/\varepsilon_0}} e^{-jkx} \quad (x>0) \tag{6.1.6}$$

根据边界条件，当 $x=0$ 时，有

$$\dot{E}_{y2}^{-}\big|_{x=0} = \dot{E}_{y2}^{+}\big|_{x=0} \tag{6.1.7}$$

$$(\dot{H}_{z2}^{-} - \dot{H}_{z2}^{+})\big|_{x=0} = \dot{K} \tag{6.1.8}$$

式中，$\dot{K}$ 为 y 方向的感应电流密度。将式(6.1.3)和式(6.1.4)代入式(6.1.7)中，式(6.1.5)和式(6.1.6)代入式(6.1.8)中，分别得到

$$a = b \tag{6.1.9}$$

$$-\frac{a}{\sqrt{\mu_0/\varepsilon_0}} - \frac{b}{\sqrt{\mu_0/\varepsilon_0}} = \dot{K} \tag{6.1.10}$$

从式(6.1.9)和式(6.1.10)中，求得

$$a = b = -\sqrt{\frac{\mu_0}{\varepsilon_0}} \frac{\dot{K}}{2} \tag{6.1.11}$$

导体平板中的总电场强度为

$$\dot{E}_y = \dot{E}_{y1}\big|_{x=0} + \dot{E}_{y2}^{-}\big|_{x=0}$$

$$= E_1 - \frac{1}{2}\sqrt{\frac{\mu_0}{\varepsilon_0}} \dot{K}$$

从欧姆定律，有

$$\dot{K} = \frac{\dot{E}_y}{\rho_s}$$

式中，ρ_s 为导体平板的表面电阻系数，其定义为

$$\rho_s = \lim_{\substack{\gamma \to \infty \\ \Delta \to 0}} \frac{1}{\gamma\Delta}$$

式中，Δ 为导体平板厚度。于是

$$\dot{K} = \frac{1}{\rho_s}\left(E_1 - \frac{1}{2}\sqrt{\frac{\mu_0}{\varepsilon_0}}\dot{K}\right)$$

解得

$$\dot{K} = \frac{E_1}{\rho_s + \frac{1}{2}\sqrt{\frac{\mu_0}{\varepsilon_0}}} \tag{6.1.12}$$

根据以上分析结果，可以求得导体平板对电场的屏蔽作用。在没有导体平板屏蔽时，入射波在 $x>0$ 区域内任一点 x_1 的电场强度为

$$\dot{E}_{y1}\big|_{x=x_1} = E_1 \mathrm{e}^{-jkx_1}$$

在 $x=x_1$ 处，感应电磁波的电场强度为

$$\dot{E}_{y2}^+\big|_{x=x_1} = b\mathrm{e}^{-jkx_1} = -\frac{1}{2}\sqrt{\frac{\mu_0}{\varepsilon_0}}\frac{E_1}{\rho_s + \frac{1}{2}\sqrt{\frac{\mu_0}{\varepsilon_0}}}\mathrm{e}^{-jkx_1}$$

那么，在 $x=x_1$ 处的总电场强度为

$$\begin{aligned}\dot{E}_y\big|_{x=x_1} &= \dot{E}_{y1}\big|_{x=x_1} + \dot{E}_{y2}^+\big|_{x=x_1} \\ &= E_1\mathrm{e}^{-jkx_1} - \frac{\frac{1}{2}\sqrt{\frac{\mu_0}{\varepsilon_0}}}{\rho_s + \frac{1}{2}\sqrt{\frac{\mu_0}{\varepsilon_0}}}E_1\mathrm{e}^{-jkx_1} \\ &= \frac{\rho_s}{\rho_s + \frac{1}{2}\sqrt{\frac{\mu_0}{\varepsilon_0}}}E_1\mathrm{e}^{-jkx_1}\end{aligned}$$

最后，得电场的屏蔽系数为

$$S_\mathrm{e} = 20\log\left|\frac{\dot{E}_{y1}}{\dot{E}_y}\right|_{x=x_1} = 20\log\left(1+\frac{\frac{1}{2}\sqrt{\frac{\mu_0}{\varepsilon_0}}}{\rho_\mathrm{s}}\right) \tag{6.1.13}$$

同理,磁场的屏蔽系数也为

$$S_\mathrm{e} = 20\log\left(1+\frac{\frac{1}{2}\sqrt{\frac{\mu_0}{\varepsilon_0}}}{\rho_\mathrm{s}}\right) \tag{6.1.14}$$

6.2 非磁性导体平板的屏蔽——斜入射(垂直极化)

如图 6.2.1 所示,当入射波的电场强度 E 垂直于入射面时,有

$$\dot{E}_{0z} = E_0 \mathrm{e}^{-\mathrm{j}k(x\cos\theta + y\sin\theta)} \tag{6.2.1}$$

$$\dot{H}_{0x} = \frac{k\sin\theta}{\omega\mu_0}\dot{E}_{0z} \tag{6.2.2}$$

$$\dot{H}_{0y} = -\frac{k\cos\theta}{\omega\mu_0}\dot{E}_{0z} \tag{6.2.3}$$

式中,$k = \sqrt{\mu_0 \varepsilon_0}$。

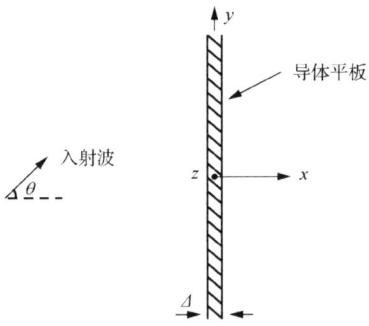

图 6.2.1 斜入射(垂直极化)于非磁性导体平板的平面波

由于边界条件要求,感应电磁波的电场和磁场与入射波的电场和磁场应有相同的形式。在导体平板左侧($x<0$)的感应电磁波为

$$\dot{E}_{1z}^{(\mathrm{i})} = a\mathrm{e}^{-\mathrm{j}k(-x\cos\theta + y\sin\theta)} \tag{6.2.4}$$

$$\dot{H}_{1x}^{(\mathrm{i})} = \frac{k\sin\theta}{\omega\mu_0}\dot{E}_{1z}^{(\mathrm{i})} \tag{6.2.5}$$

第6章 导体平板的电磁屏蔽

$$\dot{H}_{1y}^{(i)} = \frac{k\cos\theta}{\omega\mu_0}\dot{E}_{1z}^{(i)} \tag{6.2.6}$$

在导体平板右侧 $(x>0)$ 的感应电磁波为

$$\dot{E}_{2z}^{(i)} = b\mathrm{e}^{-\mathrm{j}k(x\cos\theta+y\sin\theta)} \tag{6.2.7}$$

$$\dot{H}_{2y}^{(i)} = \frac{-k\cos\theta}{\omega\mu_0}\dot{E}_{2z}^{(i)} \tag{6.2.8}$$

$$\dot{H}_{2x}^{(i)} = \frac{k\sin\theta}{\omega\mu_0}\dot{E}_{2z}^{(i)} \tag{6.2.9}$$

根据边界条件，当 $x=0$ 时，有

$$\dot{E}_{1z}^{(i)}\Big|_{x=0} = \dot{E}_{2z}^{(i)}\Big|_{x=0} \tag{6.2.10}$$

$$(\dot{H}_{2y}^{(i)} - \dot{H}_{1y}^{(i)})\Big|_{x=0} = \dot{K} \tag{6.2.11}$$

式中，$\dot{K}$ 为 z 方向的感应电流密度。将式(6.2.4)和式(6.2.7)代入式(6.2.10)中，式(6.2.6)和式(6.2.8)代入式(6.2.11)中，分别得到

$$a = b \tag{6.2.12}$$

$$-\frac{kb\cos\theta}{\omega\mu_0} - \frac{ka\cos\theta}{\omega\mu_0} = K \tag{6.2.13}$$

式中，K 为 z 方向的感应电流密度的幅值，且有

$$\dot{K} = K\mathrm{e}^{-\mathrm{j}ky\sin\theta}$$

从式(6.2.12)和式(6.2.13)，求得

$$a = b = -\sqrt{\frac{\mu_0}{\varepsilon_0}}\frac{1}{\cos\theta}\frac{K}{2} = -\frac{1}{2}\frac{\omega\mu_0}{k\cos\theta}K \tag{6.2.14}$$

导体平板中的总电场强度为

$$\begin{aligned}\dot{E}_z &= \dot{E}_{0z}\Big|_{x=0} + \dot{E}_{1z}^{(i)} \\ &= E_0\mathrm{e}^{-\mathrm{j}ky\sin\theta} - \frac{1}{2}\frac{\omega\mu_0}{k\sin\theta}K\mathrm{e}^{-\mathrm{j}ky\sin\theta} \\ &= \left(E_0 - \frac{1}{2}\frac{1}{\cos\theta}\sqrt{\frac{\mu_0}{\varepsilon_0}}K\right)\mathrm{e}^{-\mathrm{j}ky\sin\theta}\end{aligned}$$

从欧姆定律，得到

$$\dot{K} = \frac{\dot{E}_z}{\rho_s}$$

式中，ρ_s 为导体平板的表面电阻系数，其定义为

$$\rho_s = \lim_{\substack{\gamma \to \infty \\ \Delta \to 0}} \frac{1}{\gamma \Delta}$$

其中，Δ 为导体平板的厚度。于是

$$\dot{K} = K e^{-jky\sin\theta} = \frac{1}{\rho_s} \left(E_0 - \frac{1}{2} \frac{1}{\cos\theta} \sqrt{\frac{\mu_0}{\varepsilon_0}} K \right) e^{-jky\sin\theta}$$

解得

$$K = \frac{E_0}{\rho_s + \dfrac{1}{2} \dfrac{1}{\cos\theta} \sqrt{\dfrac{\mu_0}{\varepsilon_0}}} \tag{6.2.15}$$

根据以上分析结果，可以求得导体平板对电场的屏蔽作用。在没有导体平板屏蔽时，入射波在 $x>0$ 区域内任一点 (x_1, y_1) 处的电场强度为

$$\left. \dot{E}_{0z} \right|_{(x_1, y_1)} = E_0 e^{-jk(x_1\cos\theta + y_1\sin\theta)}$$

在点 (x_1, y_1) 处感应电磁波的电场强度为

$$\left. \dot{E}_{2z}^{(i)} \right|_{(x_1, y_1)} = b e^{-jk(x_1\cos\theta + y_1\sin\theta)}$$

$$= -\frac{1}{2} \frac{1}{\cos\theta} \sqrt{\frac{\mu_0}{\varepsilon_0}} \frac{E_0}{\rho_s + \dfrac{1}{2} \dfrac{1}{\cos\theta} \sqrt{\dfrac{\mu_0}{\varepsilon_0}}} e^{-j(x_1\cos\theta + y_1\sin\theta)}$$

那么，在点 (x_1, y_1) 处的总电场强度为

$$\left. \dot{E}_z \right|_{(x_1, y_1)} = \left. \dot{E}_{0z} \right|_{(x_1, y_1)} + \left. \dot{E}_{2z}^{(i)} \right|_{(x_1, y_1)}$$

$$= \frac{\rho_s}{\rho_s + \dfrac{1}{2} \dfrac{1}{\cos\theta} \sqrt{\dfrac{\mu_0}{\varepsilon_0}}} E_0 e^{-j(x_1\cos\theta + y_1\sin\theta)}$$

最后，得电场屏蔽系数为

$$S_\mathrm{e} = 20\log\left|\frac{\dot{E}_{0z}}{\dot{E}_z}\right|_{(x_1,y_1)} = 20\log\left(1+\frac{\dfrac{1}{2}\dfrac{1}{\cos\theta}\sqrt{\dfrac{\mu_0}{\varepsilon_0}}}{\rho_\mathrm{s}}\right) \quad (6.2.16)$$

(i) 当正入射 $\theta = 0$ 时，有

$$S_\mathrm{e} = 20\log\left(1+\frac{\dfrac{1}{2}\sqrt{\dfrac{\mu_0}{\varepsilon_0}}}{\rho_\mathrm{s}}\right) \quad (6.2.17)$$

(ii) 当 $\theta = 90°$ 时，有

$$S_\mathrm{e} = \infty \quad (6.2.18)$$

现在，求磁场的屏蔽系数，在 $x > 0$ 区域中任一点 (x_1, y_1) 处入射波的磁场强度为

$$\dot{H}_{0x}\big|_{(x_1,y_1)} = \frac{k\sin\theta}{\omega\mu_0}E_0\mathrm{e}^{-\mathrm{j}k(x_1\cos\theta+y_1\sin\theta)}$$

$$\dot{H}_{0y}\big|_{(x_1,y_1)} = -\frac{k\cos\theta}{\omega\mu_0}E_0\mathrm{e}^{-\mathrm{j}k(x_1\cos\theta+y_1\sin\theta)}$$

在点 (x_1, y_1) 处感应电磁波的磁场强度为

$$\dot{H}_{2x}^{(\mathrm{i})}\big|_{(x_1,y_1)} = \frac{k\sin\theta}{\omega\mu_0}\left(-\frac{1}{2}\frac{\omega\mu_0}{k\cos\theta}\frac{E_0}{\rho_\mathrm{s}+\dfrac{1}{2}\dfrac{1}{\cos\theta}\sqrt{\dfrac{\mu_0}{\varepsilon_0}}}\right)\mathrm{e}^{-\mathrm{j}k(x_1\cos\theta+y_1\sin\theta)}$$

$$\dot{H}_{2y}^{(\mathrm{i})}\big|_{(x_1,y_1)} = -\frac{k\cos\theta}{\omega\mu_0}\left(-\frac{1}{2}\frac{\omega\mu_0}{k\cos\theta}\frac{E_0}{\rho_\mathrm{s}+\dfrac{1}{2}\dfrac{1}{\cos\theta}\sqrt{\dfrac{\mu_0}{\varepsilon_0}}}\right)\mathrm{e}^{-\mathrm{j}k(x_1\cos\theta+y_1\cos\theta)}$$

那么，在点 (x_1, y_1) 处总磁场强度为

$$\dot{H}_x\big|_{(x_1,y_1)} = \dot{H}_{0x}\big|_{(x_1,y_1)} + \dot{H}_{2x}^{(\mathrm{i})}\big|_{(x_1,y_1)}$$

$$= \frac{\rho_\mathrm{s}}{\rho_\mathrm{s}+\dfrac{1}{2}\dfrac{1}{\cos\theta}\sqrt{\dfrac{\mu_0}{\varepsilon_0}}}\frac{k\cos\theta}{\omega\mu_0}E_0\mathrm{e}^{-\mathrm{j}k(x_1\cos\theta+y_1\sin\theta)}$$

$$\dot{H}_y\big|_{(x_1,y_1)} = \dot{H}_{0y}\big|_{(x_1,y_1)} + \dot{H}_{2y}^{(i)}\big|_{(x_1,y_1)}$$

$$= \frac{\rho_s}{\rho_s + \dfrac{1}{2}\dfrac{1}{\cos\theta}\sqrt{\dfrac{\mu_0}{\varepsilon_0}}}\left(-\frac{k\cos\theta}{\omega\mu_0}\right)E_0 \mathrm{e}^{-\mathrm{j}k(x_1\cos\theta+y_1\sin\theta)}$$

不难看出，磁场的屏蔽系数为

$$S_\mathrm{m} = 20\log\left(1 + \frac{\dfrac{1}{2}\dfrac{1}{\cos\theta}\sqrt{\dfrac{\mu_0}{\varepsilon_0}}}{\rho_s}\right) \tag{6.2.19}$$

6.3 非磁性导体平板的屏蔽——斜入射（平行极化）

如图 6.3.1 所示，当入射波的电场 **E** 平行于入射面时，有

$$\dot{H}_{0z} = H_0 \mathrm{e}^{-\mathrm{j}k(x\cos\theta+y\sin\theta)} \tag{6.3.1}$$

$$\dot{E}_{0x} = -\frac{k}{\omega\varepsilon_0}\sin\theta \dot{H}_{0z} \tag{6.3.2}$$

$$\dot{E}_{0y} = \frac{k}{\omega\varepsilon_0}\cos\theta \dot{H}_{0z} \tag{6.3.3}$$

式中，$k = \omega\sqrt{\mu_0\varepsilon_0}$。

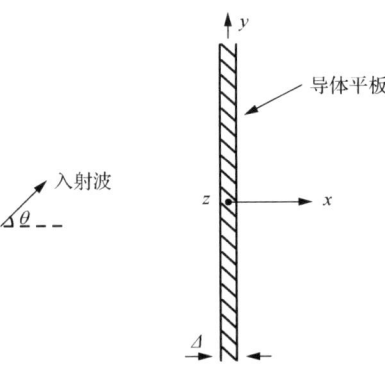

图 6.3.1 斜入射（平行极化）于非磁性导体平板的平面波

在导体平板左侧（$x<0$），感应电磁波

$$\dot{H}_{1z}^{(i)} = a\mathrm{e}^{-\mathrm{j}k(-x_1\cos\theta+y\sin\theta)} \tag{6.3.4}$$

$$\dot{E}_{1x}^{(i)} = -\frac{k}{\omega\varepsilon_0}\sin\theta H_{1z}^{(i)} \tag{6.3.5}$$

$$\dot{E}_{1y}^{(i)} = -\frac{k}{\omega\varepsilon_0}\cos\theta H_{1z}^{(i)} \tag{6.3.6}$$

在导体平板右侧$(x>0)$，感应电磁波，

$$\dot{H}_{2z}^{(i)} = b\mathrm{e}^{-\mathrm{j}k(x\cos\theta+y\sin\theta)} \tag{6.3.7}$$

$$\dot{E}_{2x}^{(i)} = -\frac{k}{\omega\varepsilon_0}\sin\theta\dot{H}_{2z} \tag{6.3.8}$$

$$\dot{E}_{2y}^{(i)} = \frac{k}{\omega\varepsilon_0}\cos\theta\dot{H}_{2z} \tag{6.3.9}$$

根据边界条件，当$x=0$时，有

$$\dot{E}_{1y}^{(i)}\Big|_{x=0} = \dot{E}_{2y}\Big|_{x=0} \tag{6.3.10}$$

$$\left(\dot{H}_{1z}^{(i)} - \dot{H}_{2z}\right)\Big|_{x=0} = \dot{K} \tag{6.3.11}$$

式中，$\dot{K}$为y方向的感应电流密度。将式(6.3.6)和式(6.3.9)代入式(6.3.10)中，式(6.3.4)和式(6.3.7)代入式(6.3.11)中，分别得

$$-a = b \tag{6.3.12}$$

$$a - b = K \tag{6.3.13}$$

式中

$$\dot{K} = K\mathrm{e}^{-\mathrm{j}ky\sin\theta}$$

从式(6.3.12)和式(6.3.13)中，解得

$$a = \frac{K}{2} \text{ 和 } b = -\frac{K}{2} \tag{6.3.14}$$

因此，导体平板中的总电场强度为

$$\dot{E}_y = \dot{E}_{1y}^{(i)}\Big|_{x=0} + \dot{E}_{0y}\Big|_{x=0}$$
$$= \frac{k}{\omega\varepsilon}\cos\theta H_0 \mathrm{e}^{-\mathrm{j}ky\sin\theta} + \frac{k}{\omega\varepsilon}\cos\theta\left(-\frac{K}{2}\right)\mathrm{e}^{-\mathrm{j}ky\sin\theta}$$

$$\dot{E}_y\big|_{x=0} = \left(H_0 - \frac{K}{2}\right)\frac{k}{\omega\varepsilon_0}\cos\theta\, e^{-jky\sin\theta}$$

从欧姆定律，有

$$\dot{K} = \frac{\dot{E}_y}{\rho_s}$$

式中，ρ_s 为导体平板的表面电阻率，其定义为

$$\rho_s = \lim_{\substack{\gamma\to\infty \\ \Delta\to 0}} \frac{1}{\gamma\Delta}$$

其中，Δ 为导体平板厚度。于是

$$\dot{K} = K e^{-jky\sin\theta} = \frac{1}{\rho_s}\left(H_0 - \frac{K}{2}\right)\frac{k}{\omega\varepsilon_0}\cos\theta\, e^{-jky\sin\theta}$$

解得

$$K = \frac{H_0\cos\theta\sqrt{\dfrac{\mu_0}{\varepsilon_0}}}{\rho_s + \dfrac{1}{2}\cos\theta\sqrt{\dfrac{\mu_0}{\varepsilon_0}}} \tag{6.3.15}$$

根据以上分析结果，可求得导体平板对磁场的屏蔽作用。在没有导体平板屏蔽时，入射波在 $x>0$ 区域内任一点 (x_1, y_1) 的磁场强度为

$$\dot{H}_{0z}\big|_{(x_1,y_1)} = H_0 e^{-jk(x_1\cos\theta + y_1\sin\theta)}$$

在同一点 (x_1, y_1) 处，感应电磁波的磁场强度为

$$\dot{H}_{2z}^{(i)}\big|_{(x_1,y_1)} = b e^{-jk(x_1\cos\theta + y_1\sin\theta)}$$

$$= -\frac{1}{2}\frac{\cos\theta\sqrt{\dfrac{\mu_0}{\varepsilon_0}}}{\rho_s + \dfrac{1}{2}\cos\theta\sqrt{\dfrac{\mu_0}{\varepsilon_0}}} H_0 e^{-jk(x_1\cos\theta + y_1\sin\theta)}$$

那么，在同一点 (x_1, y_1) 处的总磁场强度为

$$\dot{H}_z\big|_{(x_1,y_1)} = \dot{H}_{0z}\big|_{(x_1,y_1)} + \dot{H}_{2z}^{(i)}\big|_{(x_1,y_1)}$$

$$= \frac{\rho_s}{\rho_s + \frac{1}{2}\cos\theta\sqrt{\frac{\mu_0}{\varepsilon_0}}} H_0 e^{-jk(x_1\cos\theta + y_1\sin\theta)}$$

最后，得磁场屏蔽系数为

$$S_m = 20\log\left|\frac{\dot{H}_{0z}}{\dot{H}_z}\right|_{(x_1,y_1)} = 20\log\left(1 + \frac{\frac{1}{2}\cos\theta\sqrt{\frac{\mu_0}{\varepsilon_0}}}{\rho_s}\right) \quad (6.3.16)$$

(i) 当正入射，即 $\theta = 0$ 时，有

$$S_m = 20\log\left(1 + \frac{\frac{1}{2}\sqrt{\frac{\mu_0}{\varepsilon_0}}}{\rho_s}\right) \quad (6.3.17)$$

(ii) 当 $\theta = 90°$ 时，有

$$S_m = 0 \quad (6.3.18)$$

现在，求电场的屏蔽系数，在 $x>0$ 区域中任一点 (x_1, y_1) 处入射波的电场强度为

$$\dot{E}_{0x}\big|_{(x_1,y_1)} = -\frac{k}{\omega\varepsilon_0}\sin\theta H_0 e^{-jk(x_1\cos\theta + y_1\sin\theta)}$$

$$\dot{E}_{0y}\big|_{(x_1,y_1)} = \frac{k}{\omega\varepsilon_0}\cos\theta H_0 e^{-jk(x_1\cos\theta + y_1\sin\theta)}$$

在同一点 (x_1, y_1) 处感应电磁波的电场

$$E_{2x}^{(i)} = -\frac{k}{\omega\varepsilon_0}\sin\theta\left(-\frac{1}{2}\frac{\cos\theta\sqrt{\frac{\mu_0}{\varepsilon_0}}}{\rho_s + \frac{1}{2}\cos\theta\sqrt{\frac{\mu_0}{\varepsilon_0}}}\right) H_0 e^{-jk(x_1\cos\theta + y_1\sin\theta)}$$

$$E_{2y}^{(i)} = \frac{k}{\omega\varepsilon_0}\cos\theta\left(-\frac{1}{2}\frac{\cos\theta\sqrt{\frac{\mu_0}{\varepsilon_0}}}{\rho_s + \frac{1}{2}\cos\theta\sqrt{\frac{\mu_0}{\varepsilon_0}}}\right) H_0 e^{-jk(x_1\cos\theta + y_1\sin\theta)}$$

那么，在同一点 (x_1, y_1) 处总电场强度为

$$\dot{E}_x\big|_{(x_1,y_1)} = \dot{E}_{0x}\big|_{(x_1,y_1)} + \dot{E}_{2x}^{(i)}\big|_{(x_1,y_1)}$$

$$= -\frac{\rho_s}{\rho_s + \frac{1}{2}\cos\theta\sqrt{\frac{\mu_0}{\varepsilon_0}}}\frac{k}{\omega\varepsilon_0}\sin\theta H_0 e^{-jk(x_1\cos\theta + y_1\sin\theta)}$$

$$\dot{E}_y\big|_{(x_1,y_1)} = \dot{E}_{0y}\big|_{(x_1,y_1)} + \dot{E}_{2y}^{(i)}\big|_{(x_1,y_1)}$$

$$= \frac{\rho_s}{\rho_s + \frac{1}{2}\cos\theta\sqrt{\frac{\mu_0}{\varepsilon_0}}}\frac{k}{\omega\varepsilon_0}\cos\theta H_0 e^{-jk(x_1\cos\theta + y_1\sin\theta)}$$

不难求得，电场的屏蔽系数为

$$S_e = 20\log\left(1 + \frac{\frac{1}{2}\cos\theta\sqrt{\frac{\mu_0}{\varepsilon_0}}}{\rho_s}\right) \tag{6.3.19}$$

总之，一个任意极化的平面入射波可作为对垂直极化波和平行极化波的叠加来处理。

6.4 两层非磁性导体平板的屏蔽——正入射

如图 6.4.1 所示，设入射波为

$$\dot{E}_{y0} = E_0 e^{-jkx} \tag{6.4.1}$$

$$\dot{H}_{z0} = \frac{E_0}{\sqrt{\mu_0/\varepsilon_0}} e^{-jkx} \tag{6.4.2}$$

式中，$k = \omega\sqrt{\mu_0\varepsilon_0}$。

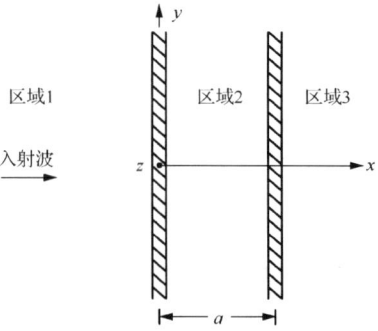

图 6.4.1 两层非磁性导体平板的屏蔽

第6章 导体平板的电磁屏蔽

首先，分别写出在三个区域中感应电磁波的电场强度 $E^{(i)}$ 和磁场强度 $\dot{H}^{(i)}$：

(1) 在 $x<0$ 区域 1 中，有

$$\dot{E}_{y1}^{(i)} = A\mathrm{e}^{jkx} \qquad (x<0) \tag{6.4.3}$$

$$\dot{H}_{z1}^{(i)} = -\frac{A}{\sqrt{\mu_0/\varepsilon_0}}\mathrm{e}^{-jkx} \qquad (x<0) \tag{6.4.4}$$

(2) 在 $0<x<a$ 区域 2 中，有

$$\dot{E}_{y2}^{(i)} = B\mathrm{e}^{-jkx} + C\mathrm{e}^{jkx} \qquad (0<x<a) \tag{6.4.5}$$

$$\dot{H}_{z2}^{(i)} = \frac{B}{\sqrt{\mu_0/\varepsilon_0}}\mathrm{e}^{-jkx} - \frac{C}{\sqrt{\mu_0/\varepsilon_0}}\mathrm{e}^{jkx} \qquad (0<x<a) \tag{6.4.6}$$

(3) 在 $x>a$ 区域 3 中，有

$$\dot{E}_{y3}^{(i)} = D\mathrm{e}^{-jkx} \qquad (x>a) \tag{6.4.7}$$

$$\dot{H}_{z3}^{(i)} = \frac{D}{\sqrt{\mu_0/\varepsilon_0}}\mathrm{e}^{-jkx} \qquad (x>a) \tag{6.4.8}$$

利用分界上的边界条件来确定系数 A、B、C、D。当 $x=0$ 时，有

$$A = B + C \tag{6.4.9}$$

$$-\frac{A}{\sqrt{\mu_0/\varepsilon_0}} - \frac{B}{\sqrt{\mu_0/\varepsilon_0}} + \frac{C}{\sqrt{\mu_0/\varepsilon_0}} = \dot{K}_1 \tag{6.4.10}$$

式中，$\dot{K}_1$ 为导体平板 1 中 y 方向的感应电流密度。当 $x=a$ 时，有

$$B\mathrm{e}^{-jka} + C\mathrm{e}^{jka} = D\mathrm{e}^{-jka} \tag{6.4.11}$$

$$\frac{B}{\sqrt{\mu_0/\varepsilon_0}}\mathrm{e}^{-jka} - \frac{C}{\sqrt{\mu_0/\varepsilon_0}}\mathrm{e}^{jka} - \frac{D}{\sqrt{\mu_0/\varepsilon_0}}\mathrm{e}^{-jka} = \dot{K}_2 \tag{6.4.12}$$

式中，$\dot{K}_2$ 为导体平板 2 中 y 方向的感应电流密度。

联立方程(6.4.9)～方程(6.4.12)，解之得

$$A = -\frac{1}{2}\sqrt{\frac{\mu_0}{\varepsilon_0}}(\dot{K}_1 + \dot{K}_2\mathrm{e}^{-jka})$$

$$B = -\frac{1}{2}\sqrt{\frac{\mu_0}{\varepsilon_0}}\dot{K}_1$$

$$C = -\frac{1}{2}\sqrt{\frac{\mu_0}{\varepsilon_0}}\dot{K}_2 e^{-jka}$$

$$D = -\frac{1}{2}\sqrt{\frac{\mu_0}{\varepsilon_0}}(\dot{K}_1 + \dot{K}_2 e^{jka})$$

因此，在导体平板 1 内，感应电磁波的电场强度为

$$\dot{E}_{y1}^{(i)}\Big|_{x=0} = \dot{E}_{y2}^{(i)}$$
$$= -\frac{1}{2}\sqrt{\frac{\mu_0}{\varepsilon_0}}(\dot{K}_1 + \dot{K}_2 e^{-jka}) \tag{6.4.13}$$

而在导体平板 1 内，总的电场强度为

$$\dot{E}_y\Big|_{x=0} = (\dot{E}_{y0} + \dot{E}_{y1}^{(i)})\Big|_{x=0}$$
$$= E_0 - \frac{1}{2}\sqrt{\frac{\mu_0}{\varepsilon_0}}(\dot{K}_1 + \dot{K}_2 e^{-jka})$$

$$\dot{K}_1 = \frac{\dot{E}_y\big|_{x=0}}{\rho_{s1}} = \frac{1}{\rho_{s1}}\left[E_0 - \frac{1}{2}\sqrt{\frac{\mu_0}{\varepsilon_0}}(\dot{K}_1 + \dot{K}_2 e^{-jka})\right] \tag{6.4.14}$$

在导体平板 2 内，感应电磁波的电场强度为

$$\dot{E}_{y2}^{(i)}\Big|_{x=a} = \dot{E}_{y3}^{(i)}\Big|_{x=a}$$
$$= -\frac{1}{2}\sqrt{\frac{\mu_0}{\varepsilon_0}}(\dot{K}_1 + \dot{K}_2 e^{jka})e^{-jka}$$
$$= -\frac{1}{2}\sqrt{\frac{\mu_0}{\varepsilon_0}}(\dot{K}_1 e^{-jka} + \dot{K}_2) \tag{6.4.15}$$

而在导体平板 2 内，总的电场强度为

$$\dot{E}_y\Big|_{x=a} = (\dot{E}_{y0} + \dot{E}_{y2}^{(i)})\Big|_{x=a}$$
$$= E_0 e^{-jka} - \frac{1}{2}\sqrt{\frac{\mu_0}{\varepsilon_0}}(\dot{K}_1 e^{-jka} + \dot{K}_2)$$

$$\dot{K}_2 = \frac{\dot{E}_y\big|_{x=a}}{\rho_{s2}} = \frac{1}{\rho_{s2}}\left[E_0 e^{-jka} - \frac{1}{2}\sqrt{\frac{\mu_0}{\varepsilon_0}}(\dot{K}_1 e^{-jka} + \dot{K}_2)\right] \quad (6.4.16)$$

联立方程(6.4.14)和方程(6.4.16)，解得

$$\dot{K}_1 = \frac{j\sqrt{\dfrac{\mu_0}{\varepsilon_0}}\sin ka + \rho_{s2}e^{jka}}{\left(\rho_{s1} + \dfrac{1}{2}\sqrt{\dfrac{\mu_0}{\varepsilon_0}}e^{jka}\right)\left(j\sqrt{\dfrac{\mu_0}{\varepsilon_0}}\sin ka + \rho_{s2}e^{jka}\right) + \dfrac{\rho_{s1}}{2}\sqrt{\dfrac{\mu_0}{\varepsilon_0}}e^{-jka}} E_0$$

$$\dot{K}_2 = \frac{\rho_{s1}}{\left(\rho_{s1} + \dfrac{1}{2}\sqrt{\dfrac{\mu_0}{\varepsilon_0}}e^{jka}\right)\left(j\sqrt{\dfrac{\mu_0}{\varepsilon_0}}\sin ka + \rho_{s2}e^{jka}\right) + \dfrac{\rho_{s1}}{2}\sqrt{\dfrac{\mu_0}{\varepsilon_0}}e^{-jka}} E_0$$

在区域 3 中任一点 $x=x_1$ 处，入射波的电场强度为

$$\dot{E}_{y0}\big|_{x=x_1} = E_0 e^{-jkx_1} \quad (6.4.17)$$

在 $x=x_1$ 处，感应电磁波的电磁强度为

$$\begin{aligned}
\dot{E}_{y3}^{(i)}\big|_{x=x_1} &= -\frac{1}{2}\sqrt{\frac{\mu_0}{\varepsilon_0}}(\dot{K}_1 + \dot{K}_2 e^{jka})e^{-jkx_1} \\
&= -\frac{1}{2}\sqrt{\frac{\mu_0}{\varepsilon_0}} \frac{j\sqrt{\dfrac{\mu_0}{\varepsilon_0}}\sin ka + \rho_{s2}e^{jka} + \rho_{s1}e^{jka}}{\left(\rho_{s1} + \dfrac{1}{2}\sqrt{\dfrac{\mu_0}{\varepsilon_0}}e^{jka}\right)\left(j\sqrt{\dfrac{\mu_0}{\varepsilon_0}}\sin ka + \rho_{s2}e^{jka}\right) + \dfrac{\rho_{s1}}{2}\sqrt{\dfrac{\mu_0}{\varepsilon_0}}e^{-jka}} E_0 e^{-jkx_1}
\end{aligned}$$

$$(6.4.18)$$

那么，在 $x=x_1$ 处的总电场强度为

$$\begin{aligned}
\dot{E}_y\big|_{x=x_1} &= (\dot{E}_{y0} + \dot{E}_{y3}^{(i)})\big|_{x=x_1} \\
&= \frac{\rho_{s1}\rho_{s2}e^{jka}}{\left(\rho_{s1} + \dfrac{1}{2}\sqrt{\dfrac{\mu_0}{\varepsilon_0}}e^{jka}\right)\left(j\sqrt{\dfrac{\mu_0}{\varepsilon_0}}\sin ka + \rho_{s2}e^{jka}\right) + \dfrac{\rho_{s1}}{2}\sqrt{\dfrac{\mu_0}{\varepsilon_0}}e^{-jka}} E_0 e^{-jkx_1}
\end{aligned} \quad (6.4.19)$$

最后，得电场屏蔽系数为

$$S_e = 20\log\left|\frac{\dot{E}_{y0}}{\dot{E}_y}\right|_{x=x_1}$$

$$= 20\log\left|\frac{\left(\rho_{s1} + \frac{1}{2}\sqrt{\frac{\mu_0}{\varepsilon_0}}\right)\left(j\sqrt{\frac{\mu_0}{\varepsilon_0}}\sin ka + \rho_{s2}e^{jka}\right) + \frac{\rho_{s1}}{2}\sqrt{\frac{\mu_0}{\varepsilon_0}}e^{-jka}}{\rho_{s1}\rho_{s2}e^{jka}}\right| \quad (6.4.20)$$

当 $\rho_{s2} \to \infty$ 时，有

$$S_e = 20\log\left|1 + \frac{\frac{1}{2}\sqrt{\frac{\mu_0}{\varepsilon_0}}}{\rho_{s1}}\right| \quad (6.4.21)$$

而当 $\rho_{s1} \to \infty$ 时，有

$$S_e = 20\log\left|1 + \frac{\frac{1}{2}\sqrt{\frac{\mu_0}{\varepsilon_0}}}{\rho_{s2}}\right| \quad (6.4.22)$$

当 $\rho_{s1} = \rho_{s2} = \rho_s$ 时，有

$$S_e = 20\log\frac{\sqrt{\rho_s^2\left(\rho_s + \sqrt{\frac{\mu_0}{\varepsilon_0}}\right)^2 + \frac{\mu_0}{\varepsilon_0}\left(\rho_s + \frac{1}{2}\sqrt{\frac{\mu_0}{\varepsilon_0}}\right)^2\sin^2 ka}}{\rho_s^2} \quad (6.4.23)$$

当 $ka = n\pi$ ($n=1, 2, \cdots$) 时，$\sin ka = 0$，有

$$S_e = 20\log\frac{\left(\rho_s + \sqrt{\frac{\mu_0}{\varepsilon_0}}\right)}{\rho_s}$$

$$= 20\log\left(1 + \frac{\sqrt{\frac{\mu_0}{\varepsilon_0}}}{\rho_s}\right) \quad (6.4.24)$$

这时 S_e 最小，应当避免。

当 $ka = \dfrac{(2n+1)\pi}{2}$ (n=0, 1, $\cdots$) 时，$\left|\sin\dfrac{(2n+1)\pi}{2}\right| = 1$，有

$$S_\mathrm{e} = 20\log \dfrac{\sqrt{\rho_\mathrm{s}^2\left(\rho_\mathrm{s} + \sqrt{\dfrac{\mu_0}{\varepsilon_0}}\right)^2 + \dfrac{\mu_0}{\varepsilon_0}\left(\rho_\mathrm{s} + \dfrac{1}{2}\sqrt{\dfrac{\mu_0}{\varepsilon_0}}\right)^2}}{\rho_\mathrm{s}^2} \tag{6.4.25}$$

这时 S_e 最大，当 n=0 时，有

$$ka = \dfrac{\pi}{2} \tag{6.4.26}$$

第7章 导体薄圆管的电磁屏蔽

本章将介绍简化边界方法在分析导体薄圆管电磁屏蔽效应中的应用。

7.1 非磁性导体薄圆管的屏蔽作用——对 z 纵向偏振

如图 7.1.1 所示,设非磁性导体薄圆管的平均半径为 R,壁的厚度很薄,小于透入深度;导体薄圆管的长度 l 远大于 R,可以近似地看成无限长;管轴沿 z 轴。又设管外入射波为沿 z 轴极化(或对 z 是纵向偏振)的平面电磁波,电场强度有效值为 E_1,如波传播方向为 $(+x)$ 方向,即

$$\dot{E}_{z1} = E_1 \mathrm{e}^{-\mathrm{j}kx} \tag{7.1.1}$$

式中,$k = \omega\sqrt{\mu_0 \varepsilon_0}$。应用波的变换,能将入射波的电场表示为

$$\dot{E}_{z1} = E_1 \sum_{n=-\infty}^{\infty} \mathrm{j}^{-n} J_n(k\rho) \mathrm{e}^{\mathrm{j}n\phi} \tag{7.1.2}$$

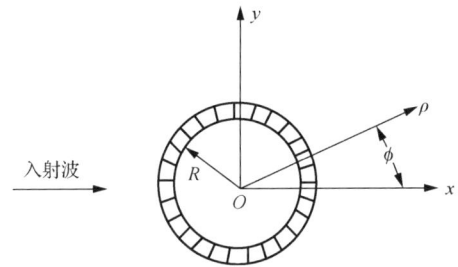

图 7.1.1 正入射于非磁性导体薄圆管的平面波

入射波到达管壁后在管壁内产生轴向感应电流,从而产生感应电磁波,其电场强度记为 $\dot{E}_{z2}$。由于边界条件的要求,$\dot{E}_{z2}$ 与 $\dot{E}_{z1}$ 应有相同的函数形式。设管壁内的 $\dot{E}_{z2}$ 记为 $\dot{E}_{z2}^{(\mathrm{i})}$,管壁外部的 $\dot{E}_{z2}$ 记为 $\dot{E}_{z2}^{(\mathrm{o})}$,则

$$\dot{E}_{z2}^{(\mathrm{i})} = \sum_{n=-\infty}^{\infty} a_n J_n(k\rho) \mathrm{e}^{\mathrm{j}n\phi} \quad (\rho < R) \tag{7.1.3}$$

$$\dot{E}_{z2}^{(\mathrm{o})} = \sum_{n=-\infty}^{\infty} b_n H_n^{(1)}(k\rho) \mathrm{e}^{\mathrm{j}n\phi} \quad (\rho > R) \tag{7.1.4}$$

根据边界条件要求，当 $\rho = R$ 时，有

$$(\dot{\boldsymbol{H}}_2^{(o)} - \dot{\boldsymbol{H}}_2^{(i)}) = \dot{\boldsymbol{K}} \times \boldsymbol{n} \tag{7.1.5}$$

$$\dot{\boldsymbol{E}}_2^{(o)} = \dot{\boldsymbol{E}}_2^{(i)} \tag{7.1.6}$$

式 (7.1.5) 中，$\dot{\boldsymbol{K}}$ 为轴向感应面电流密度。$\dot{\boldsymbol{H}}_2$ 的切向分量 $\dot{H}_{2\phi}$ 在管壁内外分别为

$$\begin{aligned}
\dot{H}_{2\phi}^{(i)}\Big|_{\rho=R} &= \frac{1}{\mathrm{j}\omega\mu_0}\frac{\partial \dot{E}_{z2}^{(i)}}{\partial \rho}\Big|_{\rho=R} \\
&= \frac{1}{\mathrm{j}\omega\mu_0}\sum_{n=-\infty}^{\infty} k a_n J_n{'}(kR)\mathrm{e}^{\mathrm{j}n\phi} \\
&= \frac{1}{\mathrm{j}\mu_0 c}\sum_{n=-\infty}^{\infty} a_n J_n{'}(kR)\mathrm{e}^{\mathrm{j}n\phi} \quad (\rho < R)
\end{aligned}$$

$$\begin{aligned}
\dot{H}_{2\phi}^{(o)}\Big|_{\rho=R} &= \frac{1}{\mathrm{j}\omega\mu_0}\frac{\partial \dot{E}_{z2}^{(o)}}{\partial \rho}\Big|_{\rho=R} \\
&= \frac{1}{\mathrm{j}\mu_0 c}\sum_{n=-\infty}^{\infty} b_n H_n^{(1)'}(kR)\mathrm{e}^{\mathrm{j}n\phi} \quad (\rho > R)
\end{aligned}$$

式中，$c\left(=\dfrac{1}{\sqrt{\mu_0\varepsilon_0}}\right)$ 为真空中的光速。

将上述 $\dot{H}_{2\phi}^{(i)}$ 和 $\dot{H}_{2\phi}^{(o)}$ 代入式 (7.1.5) 中，得到

$$\frac{1}{\mathrm{j}\mu_0 c}\sum_{n=-\infty}^{\infty}[b_n H_n^{(1)'}(kR) - a_n J_n{'}(kR)]\mathrm{e}^{\mathrm{j}n\phi} = \dot{K}$$

且，有如下定义：

$$\dot{K} = \sum_{n=-\infty}^{\infty} f_n(R)\mathrm{e}^{\mathrm{j}n\phi}$$

则

$$\frac{1}{\mathrm{j}\mu_0 c}\left[b_n H_n^{(1)'}(kR) - a_n J_n{'}(kR)\right] = f_n(R) \tag{7.1.7}$$

将式 (7.1.3) 和式 (7.1.4) 代入式 (7.1.6) 中，得到

$$b_n H_n^{(1)}(kR) = a_n J_n(kR) \tag{7.1.8}$$

由式(7.1.7)和式(7.1.8)，并利用关系式

$$J_n(x) H_n^{(1)\prime}(x) - J_n{}'(x) H_n^{(1)}(x) = \mathrm{j}\frac{2}{\pi x}$$

求得

$$a_n = -\frac{\pi}{2} kR \frac{c}{\varepsilon_0} \frac{k^2}{\omega^2} f_n(R) H_n^{(1)}(kR)$$

$$= -\frac{\pi}{2} kR c \mu_0 f_n(R) H_n^{(1)}(kR)$$

$$b_n = -\frac{\pi}{2} kR c \mu_0 f_n(R) J_n(kR)$$

将 a_n 和 b_n 分别代入式(7.1.3)和式(7.1.4)中，得到

$$\dot{E}_{z2}^{(\mathrm{i})} = -\frac{k\pi}{2} Rc\mu_0 \sum_{n=-\infty}^{\infty} f_n(R) H_n^{(1)}(kR) J_n(k\rho) \mathrm{e}^{\mathrm{j}n\phi} \qquad (\rho < R) \tag{7.1.9}$$

$$\dot{E}_{z2}^{(\mathrm{o})} = -\frac{k\pi}{2} Rc\mu_0 \sum_{n=-\infty}^{\infty} f_n(R) J_n(kR) H_n^{(1)}(k\rho) \mathrm{e}^{\mathrm{j}n\phi} \qquad (\rho > R) \tag{7.1.10}$$

在 $\rho = R$ 处，有

$$\dot{E}_{z2}^{(\mathrm{i})} = \dot{E}_{z2}^{(\mathrm{o})} = -\frac{k\pi}{2} Rc\mu_0 \sum_{n=-\infty}^{\infty} f_n(R) J_n(kR) H_n^{(1)}(kR) \mathrm{e}^{\mathrm{j}n\phi} \tag{7.1.11}$$

入射波的电场强度为

$$\dot{E}_z^{z1}\Big|_{\rho=R} = E_1 \sum_{n=-\infty}^{\infty} \mathrm{j}^{-n} J_n(kR) \mathrm{e}^{\mathrm{j}n\phi} \tag{7.1.12}$$

因此，管壁中的总电场强度为

$$\dot{E}_z = \dot{E}_{z1}\Big|_{\rho=R} + \dot{E}_{z2}\Big|_{\rho=R}$$

$$= -\frac{k\pi}{2} Rc\mu_0 \sum_{n=-\infty}^{\infty} f_n(R) J_n(kR) H_n^{(1)}(kR) \mathrm{e}^{\mathrm{j}n\phi} + E_1 \sum_{n=-\infty}^{\infty} \mathrm{j}^{-n} J_n(kR) \mathrm{e}^{\mathrm{j}n\phi} \tag{7.1.13}$$

从欧姆定律，有

$$\dot{K} = \sum_{n=-\infty}^{\infty} f_n(R)\mathrm{e}^{\mathrm{j}n\phi} = \frac{\dot{E}_z}{\rho_\mathrm{s}} \tag{7.1.14}$$

式中，ρ_s 为导体薄圆管的表面电阻系数，其定义为

$$\rho_\mathrm{s} = \lim_{\substack{\gamma\to\infty \\ \Delta\to 0}} \frac{1}{\gamma\Delta} \tag{7.1.15}$$

其中，Δ 为管壁厚度。于是，有

$$\sum_{n=-\infty}^{\infty} f_n(R)\mathrm{e}^{\mathrm{j}n\phi} = \frac{1}{\rho_\mathrm{s}}\left[-\frac{k\pi}{2}Rc\mu_0 \sum_{n=-\infty}^{\infty} f_n(R)J_n(kR)H_n^{(1)}(kR)\mathrm{e}^{\mathrm{j}n\phi} \right. \\ \left. + E_1 \sum_{n=-\infty}^{\infty} \mathrm{j}^{-n} J_n(kR)\mathrm{e}^{\mathrm{j}n\phi} \right] \tag{7.1.16}$$

由此解得

$$f_n(R) = E_1 \frac{\dfrac{1}{\rho_s}\mathrm{j}^{-n}J_n(kR)}{1+\dfrac{k\pi}{2}R\dfrac{c\mu_0}{\rho_s}J_n(kR)H_n^{(1)}(kR)} \tag{7.1.17}$$

根据以上分析结果，可以求得导体薄圆管对电场的屏蔽作用。在没有屏蔽时入射波在管轴上的电场强度为

$$\dot{E}_{z1}\big|_{\rho=0} = E_1 \sum_{n=-\infty}^{\infty} \mathrm{j}^{-n} J_n(0)\mathrm{e}^{\mathrm{j}n\phi} = E_1$$

可以看到，只能取 $n=0$。感应电磁波电场强度为

$$\dot{E}_{z2}^{(i)} = -\frac{k\pi}{2}Rc\mu_0 f_0(R) H_0^{(1)}(kR) \tag{7.1.18}$$

从式(7.1.17)中，得到

$$f_0(R) = E_1 \frac{\dfrac{1}{\rho_s}J_0(kR)}{1+\dfrac{k\pi R}{2}\dfrac{c\mu_0}{\rho_s}J_0(kR)H_0^{(1)}(kR)}$$

$$= E_1 \frac{J_0(kR)}{\rho_s + Z(\omega,R)} \tag{7.1.19}$$

式中，$Z(\omega,R) = \dfrac{k\pi R}{2} c\mu_0 J_0(kR) H_0^{(1)}(kR)$。

在管轴上的感应电场强度为

$$\dot{E}_{z2}^{(i)} = -E_1 \frac{Z(\omega,R)}{\rho_s + Z(\omega,R)} \tag{7.1.20}$$

而在管轴上的总电场强度为

$$\begin{aligned}
\dot{E}_z\big|_{\rho=0} &= (\dot{E}_{z1} + \dot{E}_{z2}^{(i)})\big|_{\rho=0} \\
&= E_1 - E_1 \frac{Z(\omega,R)}{\rho_s + Z(\omega,R)} \\
&= E_1 \frac{\rho_s}{\rho_s + Z(\omega,R)}
\end{aligned} \tag{7.1.21}$$

因此，电场的屏蔽系数为

$$S_e = 20\log\left|\frac{\dot{E}_{z1}}{\dot{E}_z}\right|_{\rho=0} = 20\log\left|1 + \frac{1}{\rho_s}Z(\omega,R)\right| \tag{7.1.22}$$

可以看出，当 kR 为 $J_0(x)$ 的根 x_0 时，即 $x_0 = kR = 2.405, 5.520, 8.654$ 等数值时，$Z(\omega,R) = 0$，$S = 0$，即对电场没有屏蔽作用。在设计套管时必须避免 $\omega R = cx_0$ 这一关系成立，x_0 为 $J_0(x)$ 的根。实际上，只要 kR 与 x_0 稍有差别，$Z(\omega,R)$ 的数值变化不大，因而影响对电场屏蔽效果的主要因素是表面电阻率 ρ_s，减少表面电阻率 ρ_s 相当于增加壁厚 Δ。当 Δ 增加到大于透入深度后，管壁对电场将有衰减作用，而在 Δ 小于透入深度时，衰减作用没有考虑，因而出现屏蔽系数为零的情况。

现在，考虑导体套管对磁场的屏蔽作用。不难得到，磁场的屏蔽系数可为

$$S_m = 20\log\left|1 + \frac{1}{\rho_s}Z_1(\omega,R)\right| \tag{7.1.23}$$

式中，$Z_1(\omega,R) = \dfrac{k\pi R}{2} c\mu_0 H_1^{(1)}(kR) J_1(kR)$。如果 kR 等于 $J_1(x)$ 的根 x_1，则对磁场无屏蔽作用。关于式(7.1.23)的详细导出过程如下。

入射波在管轴上的磁场强度为

$$\begin{aligned}
\dot{H}_{y1}\big|_{\rho=0} &= -\sqrt{\frac{\varepsilon_0}{\mu_0}} \dot{E}_{z1}\big|_{\rho=0} \\
&= -\sqrt{\frac{\varepsilon_0}{\mu_0}} E_1 \sum_{n=-\infty}^{\infty} \mathrm{j}^{-n} J_n(0) \mathrm{e}^{\mathrm{j}n\phi} = -\sqrt{\frac{\varepsilon_0}{\mu_0}} E_1
\end{aligned} \tag{7.1.24}$$

不难得到，在管轴上感应电磁波的磁场强度为

$$\dot{H}_{y2}\big|_{\rho=0} = \mathrm{j}\frac{k\pi}{2}Rf_1(R)H_1^{(1)}(kR) \tag{7.1.25}$$

由式(7.1.17)，有

$$f_1(R) = E_1 \frac{\dfrac{1}{\rho_s}\mathrm{j}^{-1}J_1(kR)}{1+\dfrac{k\pi}{2}R\dfrac{c\mu_0}{\rho_s}J_1(kR)H_1^{(1)}(kR)} \tag{7.1.26}$$

将 $f_1(R)$ 代入式(7.1.25)中，得到

$$\dot{H}_{y2}\big|_{\rho=0} = E_1\sqrt{\frac{\varepsilon_0}{\mu_0}}\frac{Z_1(\omega,R)}{\rho_s+Z_1(\omega,R)} \tag{7.1.27}$$

式中，$Z_1(\omega,R) = c\mu_0\dfrac{k\pi R}{2}J_1(kR)H_1^{(1)}(kR)$。

在管轴上总的磁场强度为

$$\dot{H}_y\big|_{\rho=0} = \dot{H}_{y1}\big|_{\rho=0} + \dot{H}_{y2}\big|_{\rho=0} = -\sqrt{\frac{\varepsilon_0}{\mu_0}}\frac{\rho_s}{\rho_s+Z_1(\omega,R)}E_1 \tag{7.1.28}$$

因此，磁场磁屏蔽系数为

$$S_\mathrm{m} = 20\log\left|\frac{\dot{H}_{y1}}{\dot{H}_y}\right|_{\rho=0} = 20\log\left|1+\frac{1}{\rho_s}Z_1(\omega,R)\right| \tag{7.1.29}$$

7.2 非磁性导体薄圆管的屏蔽作用——对 z 横向偏振

设非磁性导体薄圆管的平均半径为 R，壁的厚度很薄，小于透入深度；管的长度 l 远大于 R，可近似地看成无限长；管轴沿 z 轴。又设管外入射波对 z 是横向偏振的，磁场强度振幅为 H，如波沿 x 方向传播，即

$$\begin{aligned}\dot{H}_{z1} &= H_1\mathrm{e}^{-\mathrm{j}kx} \\ &= H_1\sum_{n=-\infty}^{\infty}\mathrm{j}^{-n}J_n(k\rho)\mathrm{e}^{\mathrm{j}n\phi}\end{aligned} \tag{7.2.1}$$

式中，$k = \omega\sqrt{\mu_0\varepsilon_0}$。

入射波到达管壁后在管壁内产生周向感应电流，从而产生感应电磁波，其磁场强度设为 $\dot{H}_{z2}$。由于边界条件的要求，$\dot{H}_{z2}$ 与 $\dot{H}_{z1}$ 应有相同的函数形式。设管壁内部的 $\dot{H}_{z2}$ 记为 $\dot{H}_{z2}^{(i)}$，管壁外部的 $\dot{H}_{z2}$ 记为 $\dot{H}_{z2}^{(o)}$，则

$$\dot{H}_{z2}^{(i)} = \sum_{n=-\infty}^{\infty} a_n J_n(k\rho) e^{jn\phi} \tag{7.2.2}$$

$$\dot{H}_{z2}^{(o)} = \sum_{n=-\infty}^{\infty} b_n H_n^{(1)}(k\rho) e^{jn\phi} \tag{7.2.3}$$

根据边界条件要求，当 $\rho = R$ 时，有

$$-\dot{H}_{z2}^{(i)} + \dot{H}_{z2}^{(o)} = \dot{K} \tag{7.2.4}$$

$$\dot{E}_{\phi 2}^{(i)} = \dot{E}_{\phi 2}^{(o)} \tag{7.2.5}$$

式中，$\dot{K}$ 为导体薄圆管中沿周向的感应面电流密度。在管壁内部和外部，$\dot{E}_2$ 的切向分量 $\dot{E}_{\phi 2}$ 分别为

$$\dot{E}_{\phi 2}^{(i)} = \frac{1}{j\omega\varepsilon_0} (\nabla \times \dot{\boldsymbol{H}}_2^{(i)})_\phi$$

$$= \frac{jk}{\omega\varepsilon_0} \sum_{n=-\infty}^{\infty} a_n J_n'(k\rho) e^{jn\phi} \quad (\rho < R)$$

$$\dot{E}_{\phi 2}^{(o)} = \frac{jk}{\omega\varepsilon_0} \sum_{n=-\infty}^{\infty} b_n H_n^{(1)\prime}(k\rho) e^{jn\phi} \quad (\rho > R)$$

将上述 $\dot{E}_{\phi 2}^{(i)}$ 和 $\dot{E}_{\phi 2}^{(o)}$ 代入式(7.2.5)中，得到

$$\sum_{n=-\infty}^{\infty} a_n J_n'(kR) e^{jn\phi} = \sum_{n=-\infty}^{\infty} b_n H_n^{(1)\prime}(kR) e^{jn\phi}$$

或者

$$a_n J_n'(kR) = b_n H_n^{(1)\prime}(kR) \tag{7.2.6}$$

将式(7.2.2)和式(7.2.3)代入式(7.2.4)中，得到

$$-\sum_{n=-\infty}^{\infty} a_n J_n(kR) e^{jn\phi} + \sum_{n=-\infty}^{\infty} b_n H_n^{(1)}(kR) e^{jn\phi} = \dot{K}$$

且有如下定义：

$$\dot{K} = \sum_{n=-\infty}^{\infty} f_n(R) e^{jn\phi}$$

则

$$-a_n J_n(kR) + b_n H_n^{(1)}(kR) = f_n(R) \tag{7.2.7}$$

由式(7.2.6)和式(7.2.7)，并利用关系式

$$J_n(x) H_n^{(1)'}(x) - J_n'(x) H_n^{(1)}(x) = j\frac{2}{\pi x}$$

求得

$$a_n = j\frac{\pi kR}{2} H_n^{(1)'}(kR) f_n(R)$$

$$b_n = j\frac{\pi kR}{2} J_n'(kR) f_n(R)$$

将 a_n 和 b_n 分别代入式(7.2.2)和式(7.2.3)中，得到

$$\dot{H}_{z2}^{(i)} = j\frac{\pi kR}{2} \sum_{n=-\infty}^{\infty} f_n(R) H_n^{(1)'}(kR) J_n(k\rho) e^{jn\phi} \tag{7.2.8}$$

$$\dot{H}_{z2}^{(o)} = j\frac{\pi kR}{2} \sum_{n=-\infty}^{\infty} f_n(R) J_n'(kR) H_n^{(1)}(k\rho) e^{jn\phi} \tag{7.2.9}$$

在 $\rho = R$ 处，有

$$\dot{E}_{\phi 2}^{(i)} = \dot{E}_{\phi 2}^{(o)} = \frac{jk}{\omega \varepsilon_0} \sum_{n=-\infty}^{\infty} j\frac{\pi kR}{2} f(R) J_n'(kR) H_n^{(1)}(kR) e^{jn\phi}$$

$$= -\frac{\pi k^2 R}{2\omega \varepsilon_0} \sum_{n=-\infty}^{\infty} f_n(R) J_n'(kR) H_n^{(1)'}(kR) e^{jn\phi}$$

而入射波的电场强度为

$$\dot{E}_{\phi 1} = \frac{1}{j\omega \varepsilon_0} (\nabla \times \dot{H}_1)_\phi$$

$$= \frac{jk}{\omega \varepsilon_0} H_1 \sum_{n=-\infty}^{\infty} j^{-n} J_n'(kR) e^{jn\phi}$$

因此，在管壁中的总电场强度 ϕ 分量为

$$\dot{E}_\phi\big|_{\rho=R} = \dot{E}_{\phi 1}\big|_{\rho=R} + \dot{E}_{\phi 2}\big|_{\rho=R}$$
$$= \frac{jk}{\omega\varepsilon_0}H_1 \sum_{n=-\infty}^{\infty} j^{-n} J_n{}'(kR)e^{jn\phi} - \frac{\pi k^2 R}{2\omega\varepsilon_0} \sum_{n=-\infty}^{\infty} f_n(R)J_n{}'(kR)H_n^{(1)}(kR)e^{jn\phi} \quad (7.2.10)$$

由欧姆定律，有

$$\dot{K} = \sum_{n=-\infty}^{\infty} f_n(R)e^{jn\phi} = \frac{\dot{E}_\phi\big|_{\rho=R}}{\rho_s}$$

式中，ρ_s 为导体薄圆管的表面电阻系数，其定义为

$$\rho_s = \lim_{\substack{\gamma\to\infty \\ \Delta\to 0}} \frac{1}{\gamma\Delta}$$

其中，Δ 为管壁厚度。于是

$$\sum_{n=-\infty}^{\infty} f_n(R)e^{jn\phi} = \frac{1}{\rho_s}\left[\frac{jk}{\omega\varepsilon_0}H_1 \sum_{n=-\infty}^{\infty} j^{-n} J_n{}'(kR)e^{jn\phi}\right.$$
$$\left. -\frac{\pi k^2 R}{2\omega\varepsilon_0}\sum_{n=-\infty}^{\infty} f_n(R)J_n{}'(kR)H_n^{(1)}(kR)e^{jn\phi}\right]$$

由此解得

$$f_n(R) = H_1 \frac{\dfrac{1}{\rho_s}\dfrac{jk}{\omega\varepsilon_0}j^{-n}J_n{}'(kR)}{1+\dfrac{1}{\rho_s}\dfrac{\pi k^2 R}{2\omega\varepsilon_0}J_n{}'(kR)H_n^{(1)'}(kR)} \quad (7.2.11)$$

根据以上分析结果，可以求得导体薄圆管对电场的屏蔽作用。在没有屏蔽时入射波在管轴上的磁场强度为

$$\dot{H}_{z1}\big|_{\rho=0} = H_1 \sum_{n=-\infty}^{\infty} j^{-n} J_n(0)e^{jn\phi} = H_1$$

可见只能取 $n=0$。感应电磁波的磁场强度为

$$\dot{H}_{z2}^{(i)}\big|_{\rho=0} = j\frac{\pi kR}{2}H_0^{(1)'}(kR)f_0(R)$$
$$= -j\frac{\pi kR}{2}H_1^{(1)'}(kR)f_0(R)$$

从式(7.2.11)，得到

$$f_0(R) = H_1 \frac{\frac{jk}{\omega\varepsilon_0}J_0'(kR)}{\rho_s + Z(\omega,R)} = -H_1 \frac{\frac{jk}{\omega\varepsilon_0}J_1(kR)}{\rho_s + Z_1(\omega,R)}$$

式中，$Z_1(\omega,R) = \frac{\pi k^2 R}{2\omega\varepsilon_0}J_0'(kR)H_0^{(1)'}(kR) = \frac{k\pi c\mu_0 R}{2}J_1(kR)H_1^{(1)}(kR)$。

在管轴上的感应磁场强度为

$$\dot{H}_{z2}^{(i)} = -H_1 \frac{Z_1(\omega,R)}{\rho_s - Z_1(\omega,R)}$$

在管轴上的总磁场强度为

$$\begin{aligned}\dot{H}_z\big|_{\rho=0} &= (\dot{H}_{z1} + \dot{H}_{z2}^{(i)})\big|_{\rho=0} \\ &= H_1\left[1 - \frac{Z_1(\omega,R)}{\rho_s + Z_1(\omega,R)}\right] \\ &= H_1 \frac{\rho_s}{\rho_s + Z_1(\omega,R)}\end{aligned}$$

因此，磁场的屏蔽系数为

$$S_m = 20\log\left|\frac{\dot{H}_{z1}}{\dot{H}_z}\right|_{\rho=0}\right| = 20\log\left|1 + \frac{1}{\rho_s}Z_1(\omega,R)\right| \tag{7.2.12}$$

现在，考虑导体薄圆管对电场的屏蔽作用。入射波在管轴上的电场强度为

$$\dot{E}_{y1}\big|_{\rho=0} = \sqrt{\frac{\mu_0}{\varepsilon_0}}\dot{H}_{z1}\big|_{\rho=0} = \sqrt{\frac{\mu_0}{\varepsilon_0}}H_1\sum_{n=-\infty}^{\infty}j^{-n}J_n(0)e^{jn\phi} = \sqrt{\frac{\mu_0}{\varepsilon_0}}H_1 \tag{7.2.13}$$

不难求得，在管轴上感应电磁波的电场强度为

$$\dot{E}_{y2}\big|_{\rho=0} = -\frac{\pi kR}{2}\sqrt{\frac{\mu_0}{\varepsilon_0}}f_1(R)H_1^{(1)'}(kR) \tag{7.2.14}$$

由式(7.2.11)，求得

$$f_1(R) = H_1 \frac{\frac{k}{\omega\varepsilon_0}J_1'(kR)}{\rho_s + \frac{\pi k^2 R}{2\omega\varepsilon_0}J_1'(kR)H_1^{(1)'}(kR)} \tag{7.2.15}$$

将 $f_1(R)$ 代入式(7.2.14)中，得到

$$\dot{E}_{y2}\big|_{\rho=0} = -H_1\sqrt{\frac{\mu_0}{\varepsilon_0}}\frac{Z(\omega,R)}{\rho_s + Z(\omega,R)} \qquad (7.2.16)$$

式中，$Z(\omega,R)=\dfrac{\pi k^2 R}{2\omega\varepsilon_0}J_1'(kR)H_1^{(1)\prime}(kR)$。

在管轴上总的电场强度为

$$\dot{E}_y\big|_{\rho=0} = \dot{E}_{y1}\big|_{\rho=0} + \dot{E}_{y2}\big|_{\rho=0} = H_1\sqrt{\frac{\mu_0}{\varepsilon_0}}\left[1-\frac{Z(\omega,R)}{\rho_s+Z(\omega,R)}\right]$$
$$= H_1\sqrt{\frac{\mu_0}{\varepsilon_0}}\frac{\rho_s}{\rho_s+Z(\omega,R)} \qquad (7.2.17)$$

因此，电场屏蔽系数为

$$S_e = 20\log\left|\frac{\dot{E}_{y1}}{\dot{E}_y}\right|_{\rho=0}$$
$$= 20\log\left|1+\frac{1}{\rho_s}Z(\omega,R)\right| \qquad (7.2.18)$$

总之，一个任意偏振的入射波可作为对 z 的纵向偏振波和对 z 的横向偏振波的叠加来处理。

7.3 非磁性导体薄圆管的屏蔽作用——与线电流相平行

设非磁性导体薄圆管的平均半径为 R，壁的厚度很薄，小于透入深度；管的长度 l 远大于 R，可以近似地看成无限长；管轴沿 z 轴。设有一根平行于非磁性导体薄圆管的线电流 $\dot{I}$，如图 7.3.1 所示。

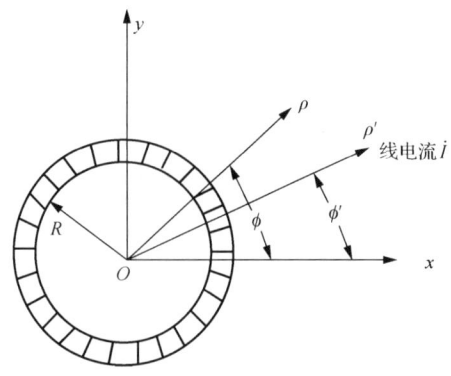

图 7.3.1　平行于非磁性导体薄圆管的线电流

显然，入射波的电场强度是

$$\dot{E}_z = \frac{-k^2 \dot{I}}{4\omega\varepsilon_0} H_0^{(2)}\left(k|\rho - \rho'|\right) \tag{7.3.1}$$

式中，$k = \omega\sqrt{\mu_0\varepsilon_0}$。对于 $\rho < \rho'$，应用汉克尔函数的加法定理，得到

$$\dot{E}_{z1} = \frac{-k^2 \dot{I}}{4\omega\varepsilon_0} \sum_{n=-\infty}^{\infty} H_n^{(2)}(k\rho') J_n(k\rho) \mathrm{e}^{\mathrm{j}n(\phi-\phi')} \tag{7.3.2}$$

入射波入射到管壁后在管壁内产生轴向感应电流，从而产生感应电磁波，其电场强度记为 $\dot{E}_{z2}$。由于边界条件的要求，$\dot{E}_{z2}$ 与 $\dot{E}_{z1}$ 应有相同的函数形式。设管壁内部的 $\dot{E}_{z2}$ 记为 $\dot{E}_{z2}^{(\mathrm{i})}$，管壁外部的 $\dot{E}_{z2}$ 记为 $\dot{E}_{z2}^{(\mathrm{o})}$，则

$$\dot{E}_{z2}^{(\mathrm{i})} = -\frac{k^2 \dot{I}}{4\omega\varepsilon_0} \sum_{n=-\infty}^{\infty} a_n H_n^{(2)}(k\rho') J_n(k\rho) \mathrm{e}^{\mathrm{j}n(\phi-\phi')} \quad (\rho < R) \tag{7.3.3}$$

$$\dot{E}_{z2}^{(\mathrm{o})} = -\frac{k^2 \dot{I}}{4\omega\varepsilon_0} \sum_{n=-\infty}^{\infty} b_n H_n^{(2)}(k\rho') H_n^{(2)}(k\rho) \mathrm{e}^{\mathrm{j}n(\phi-\phi')} \quad (\rho > R) \tag{7.3.4}$$

根据边界条件，当 $\rho = R$ 时，有

$$\dot{H}_{\phi 2}^{(\mathrm{o})} - \dot{H}_{\phi 2}^{(\mathrm{i})} = \dot{K} \tag{7.3.5}$$

$$\dot{E}_{z2}^{(\mathrm{o})} = \dot{E}_{z2}^{(\mathrm{i})} \tag{7.3.6}$$

式 (7.3.5) 中，$\dot{K}$ 为轴向面电流密度。在管壁内部和外部，$\dot{H}_2$ 的周向分量 $\dot{H}_{\phi 2}$ 分别为

$$\begin{aligned}
\dot{H}_{\phi 2}^{(\mathrm{i})}(\rho,\phi) &= \frac{1}{\mathrm{j}\omega\mu_0} \frac{\partial \dot{E}_{z2}^{(\mathrm{i})}}{\partial \rho} \\
&= \frac{1}{\mathrm{j}\omega\mu_0} \left(-\frac{k^2 \dot{I}}{4\omega\varepsilon_0}\right) \sum_{n=-\infty}^{\infty} k a_n H_n^{(2)}(k\rho') J_n'(k\rho) \mathrm{e}^{\mathrm{j}n(\phi-\phi')} \quad (\rho < R)
\end{aligned}$$

和

$$\begin{aligned}
\dot{H}_{\phi 2}^{(\mathrm{o})}(\rho,\phi) &= \frac{1}{\mathrm{j}\omega\mu_0} \frac{\partial \dot{E}_{z2}^{(\mathrm{o})}}{\partial \rho} \\
&= \frac{1}{\mathrm{j}\omega\mu_0} \left(-\frac{k^2 \dot{I}}{4\omega\varepsilon_0}\right) \sum_{n=-\infty}^{\infty} k b_n H_n^{(2)}(k\rho') H_n^{(2)'}(k\rho) \mathrm{e}^{\mathrm{j}n(\phi-\phi')} \quad (\rho > R)
\end{aligned}$$

当取 $\rho = R$ 时，将上述 $\dot{H}_{\phi2}^{(i)}(\rho,R)$ 和 $\dot{H}_{\phi2}^{(o)}(\rho,R)$ 代入式(7.3.5)中，得到

$$-\frac{k\dot{I}}{j4}\sum_{n=-\infty}^{\infty}b_n H_n^{(2)}(k\rho')H_n^{(2)\prime}(kR)e^{jn(\phi-\phi')}$$

$$+\frac{k\dot{I}}{j4}\sum_{n=-\infty}^{\infty}a_n H_n^{(2)}(k\rho')J_n{}'(kR)e^{jn(\phi-\phi')} = \dot{K}$$

式中，定义 $\dot{K} = \sum_{n=-\infty}^{\infty} f_n(R)e^{jn(\phi-\phi')}$。

那么，求得

$$a_n H_n^{(2)}(k\rho')J_n{}'(kR) - b_n H_n^{(2)}(k\rho')H_n^{(2)\prime}(kR) = \frac{4j}{k\dot{I}}f_n(R) \tag{7.3.7}$$

将式(7.3.3)和式(7.3.4)代入式(7.3.5)中，得到

$$a_n J_n(kR) = b_n H_n^{(2)}(kR) \tag{7.3.8}$$

由式(7.3.7)和式(7.3.8)，并利用关系式

$$J_n(x)H_n^{(2)\prime}(x) - J_n{}'(x)H_n^{(2)}(x) = \frac{2}{j\pi x}$$

求得

$$a_n = \frac{2\pi kR}{k\dot{I}}\frac{H_n^{(2)}(kR)}{H_n^{(2)}(k\rho')}f_n(R)$$

$$b_n = \frac{2\pi kR}{k\dot{I}}\frac{J_n(kR)}{H_n^{(2)}(k\rho')}f_n(R)$$

将 a_n 和 b_n 分别代入式(7.3.3)和式(7.3.4)中，得到

$$\dot{E}_{z2}^{(i)} = -\frac{k^2 R}{2\varepsilon_0}\sum_{n=-\infty}^{\infty}f_n(R)H_n^{(2)}(kR)J_n(k\rho)e^{jn(\phi-\phi')} \quad (\rho < R) \tag{7.3.9}$$

$$\dot{E}_{z2}^{(o)} = -\frac{k^2 R}{2\varepsilon_0}\sum_{n=-\infty}^{\infty}f_n(R)J_n(kR)H_n^{(2)}(k\rho)e^{jn(\phi-\phi')} \quad (\rho > R) \tag{7.3.10}$$

在 $\rho = R$ 处，有

$$\dot{E}_{z2}^{(1)} = \dot{E}_{z2}^{(o)} = -\frac{k^2 R}{2\varepsilon_0} \sum_{n=-\infty}^{\infty} f_n(R) J_n(kR) H_n^{(2)}(kR) e^{jn(\phi-\phi')}$$

而入射波的电场强度为

$$\dot{E}_{z1}\big|_{\rho=R} = -\frac{k^2 \dot{I}}{4\pi\varepsilon_0} \sum_{n=-\infty}^{\infty} H_n^{(2)}(k\rho') J_n(kR) e^{jn(\phi-\phi')}$$

因此，在管壁中的总电场强度为

$$\dot{E}_z = (\dot{E}_{z1} + \dot{E}_{z2})\big|_{\rho=R}$$
$$= -\frac{k^2 \dot{I}}{4\pi\varepsilon_0} \sum_{n=-\infty}^{\infty} H_n^{(2)}(k\rho') J_n(kR) e^{jn(\phi-\phi_1)} - \frac{k^2 R}{2\varepsilon_0} \sum_{n=-\infty}^{\infty} f_n(R) J_n(kR) H_n^{(2)}(kR) e^{jn(\phi-\phi')}$$

从欧姆定律，有

$$\dot{K} = \sum_{n=-\infty}^{\infty} f_n(R) e^{jn(\phi-\phi')} = \frac{\dot{E}_z\big|_{\rho=R}}{\rho_s}$$

式中，ρ_s 为导体薄圆管的表面电阻系数，其定义为

$$\rho_s = \lim_{\substack{\gamma \to \infty \\ \Delta \to 0}} \frac{1}{\gamma \Delta}$$

其中，Δ 为管壁厚度。于是

$$\sum_{n=-\infty}^{\infty} f_n(R) e^{jn(\phi-\phi')} = -\frac{1}{\rho_s} \frac{k^2 \dot{I}}{4\pi\varepsilon_0} \sum_{n=-\infty}^{\infty} H_n^{(2)}(k\rho') J_n(kR) e^{jn(\phi-\phi')}$$
$$- \frac{1}{\rho_s} \frac{k^2 R}{2\varepsilon_0} \sum_{n=-\infty}^{\infty} f_n(R) J_n(kR) H_n^{(2)}(kR) e^{jn(\phi-\phi')}$$

由此解得

$$f_n(R) = \frac{-\dfrac{1}{\rho_s} \dfrac{k^2 \dot{I}}{4\pi\varepsilon_0} H_n^{(2)}(k\rho') J_n(kR)}{1 + \dfrac{1}{\rho_s} \dfrac{k^2 R}{2\varepsilon_0} J_n(kR) H_n^{(2)}(kR)} \tag{7.3.11}$$

根据以上分析结果，可以求得导体薄圆管对电场的屏蔽作用。在没有屏蔽时入射波在管轴上的电场强度为

$$\dot{E}_{z1}\Big|_{\rho=0} = -\frac{k^2\dot{I}}{4\pi\varepsilon_0}\sum_{n=-\infty}^{\infty}H_n^{(2)}(k\rho')J_n(0)\mathrm{e}^{\mathrm{j}n(\phi-\phi')}$$

$$= -\frac{k^2\dot{I}}{4\pi\varepsilon_0}H_0^{(2)}(k\rho')$$

可见只能取 $n=0$。感应电磁波的电场强度为

$$\dot{E}_{z2}^{(\mathrm{i})}\Big|_{\rho=0} = -\frac{k^2R}{2\varepsilon_0}\sum_{n=-\infty}^{\infty}f_n(R)H_n^{(2)}(kR)J_n(0)\mathrm{e}^{\mathrm{j}n(\phi-\phi')}$$

$$= -\frac{k^2R}{2\varepsilon_0}f_0(R)H_0^{(2)}(kR)$$

从式(7.3.11)，得到

$$f_0(R) = -\frac{\dfrac{k^2\dot{I}}{4\pi\varepsilon_0}H_0^{(2)}(k\rho')J_0(kR)}{\rho_\mathrm{s}+\dfrac{k^2R}{2\varepsilon_0}J_0(kR)H_0^{(2)}(kR)}$$

$$= -\frac{\dfrac{k^2\dot{I}}{4\pi\varepsilon_0}H_0^{(2)}(k\rho')J_0(kR)}{\rho_\mathrm{s}+Z(\omega,R)}$$

式中，$Z(\omega,R)=\dfrac{k^2R}{2\varepsilon_0}J_0(kR)H_0^{(2)}(kR)$。

在管轴上的感应电场强度为

$$\dot{E}_{z2}^{(\mathrm{i})} = \frac{k^2\dot{I}}{4\pi\varepsilon_0}\frac{Z(\omega,s)}{\rho_\mathrm{s}+Z(\omega,s)}H_0^{(2)}(k\rho')$$

在管轴上的总电场强度为

$$\dot{E}_z\Big|_{\rho=0} = \dot{E}_{z1}\Big|_{\rho=0} + \dot{E}_{z2}\Big|_{\rho=0}$$

$$= -\frac{k^2\dot{I}}{4\pi\varepsilon_0}H_0^{(2)}(k\rho')\frac{\rho_\mathrm{s}}{\rho_\mathrm{s}+Z(\omega,s)}$$

因此，电场的屏蔽系数为

$$S_{\mathrm{e}} = 20\log\left|\frac{\dot{E}_{z1}}{\dot{E}_z}\right|_{\rho=0}$$
$$= 20\log\left|1 + \frac{Z(\omega,R)}{\rho_{\mathrm{s}}}\right| \tag{7.3.12}$$

不难看出，当 kR 为 $J_0(x)$ 的根 x_0 时，即 $x_0 = kR = 2.405, 5.520, 8.654$ 等数值时，$Z(\omega,R) = 0, S_{\mathrm{e}} = 0$，即对电场没有屏蔽作用。在设计套管时必须避免 $\omega R = cx_0$ 这一关系成立，x_0 为 $J_0(x)$ 的根。实际上，只要 kR 与 x_0 稍有差别，$Z(\omega,R)$ 的数值变化不大，因而影响对电场屏蔽效果的主要因素是表面电阻率 ρ_{s}，减少表面电阻率 ρ_{s} 相当于增加壁厚 Δ。当 Δ 增加到大于透入深度后，管壁对电场将有衰减作用，而在 Δ 小于透入深度时，没有考虑衰减作用，因而出现屏蔽系数为零的情况。

附　　录

附录 1　高斯误差函数

高斯误差函数定义为

$$\mathrm{erf}x = \frac{2}{\sqrt{\pi}} \int_0^x \mathrm{e}^{-\tau^2} \mathrm{d}\tau$$

其级数形式为

$$\mathrm{erf}x = \frac{2}{\sqrt{\pi}} \left(x - \frac{x^3}{3} + \frac{x^5}{10} + \cdots \right)$$

$$= \frac{2}{\sqrt{\pi}} \sum_{n=0}^{\infty} \frac{(-1)^n x^{2n+1}}{n!(2n+1)} \quad (|x| < \infty)$$

$$\frac{\mathrm{derf}x}{\mathrm{d}x} = \frac{2}{\sqrt{\pi}} \mathrm{e}^{-x^2}$$

$$\mathrm{erf}(0) = 0$$

$$\mathrm{erf}(\infty) = 1$$

$$\mathrm{erf}(-x) = -\mathrm{erf}x$$

$$\mathrm{erfc}x = 1 - \mathrm{erf}x$$

$$\mathrm{i}^n \mathrm{erfc}x = \int_x^{\infty} \mathrm{i}^{n-1} \mathrm{erfc}\, \tau \mathrm{d}\tau \quad (n = 1, 2, 3, \cdots)$$

$$\mathrm{i}^1 \mathrm{erfc}x = \frac{1}{\sqrt{\pi}} \mathrm{e}^{-x^2} - x\mathrm{erfc}x$$

$$\mathrm{i}^2 \mathrm{erfc}x = \frac{1}{4} \left[(1 + 2x^2)\mathrm{erfc}x - \frac{2}{\sqrt{\pi}} x \mathrm{e}^{-x^2} \right]$$

$$i^n \text{erfc}(0) = \frac{1}{2^n \Gamma\left(\dfrac{n}{2}+1\right)}$$

$$\frac{d(i^n \text{erfc} x)}{dx} = -(i^{n-1} \text{erfc} x)$$

当 x 很小时，

$$\text{erf} x = \frac{2}{\sqrt{\pi}} \sum_{n=0}^{\infty} \frac{(-1)^n x^{2n+1}}{n!(2n+1)} \approx \frac{2}{\sqrt{\pi}} x$$

当 x 很大时，

$$\text{erf} x = 1 - \frac{e^{-x^2}}{\sqrt{\pi}} \left(\frac{1}{x} - \frac{1}{2x^3} + \frac{1 \times 3}{2^2 x^5} - \frac{1 \times 3 \times 5}{2^3 x^7} + \cdots \right)$$

附录2 杜阿密尔积分

当 $t < 0$ 时，如果两个时间函数 $f_1(t)$ 和 $f_2(t)$ 都满足如下条件：

$$f_1(t) = f_2(t) = 0$$

则这两个函数 $f_1(t)$ 和 $f_2(t)$ 的卷积（以符号 $f_1(t) * f_2(t)$ 表示）就可以简化成下列积分式：

$$f_1(t) * f_2(t) = \int_{0_-}^{t} f_1(t-\tau) f_2(\tau) d\tau$$

显然，卷积符合交换律，即

$$f_1(t) * f_2(t) = f_2(t) * f_1(t)$$

拉普拉斯变换的卷积定理。假定 $f_1(t)$ 和 $f_2(t)$ 都满足拉普拉斯变换存在定理中的条件，且 $L[f_1(t)] = F_1(s)$，$L[f_2(t)] = F_2(s)$，则 $f_1(t) * f_2(t)$ 的拉普拉斯变换一定存在，且

$$L[f_1(t) * f_2(t)] = F_1(s) F_2(s)$$

或者

$$L^{-1}[F_1(s) F_2(s)] = f_1(t) * f_2(t)$$

这个性质表明，两个函数卷积的拉普拉斯变换等于这两个函数拉普拉斯变换的乘积，或者两个函数拉普拉斯变换乘积的反拉普拉斯变换等于这两个函数的卷积，把后者也称为杜阿密尔积分。

假设某个线性系统在激励为 $\delta(t)$ 时的传递函数为 $G(s)$，若以 $g(t)$ 表示 $G(s)$ 的拉普拉斯逆变换，即

$$g(t) = L^{-1}[G(s)]$$

称 $g(t)$ 为该系统的脉冲响应函数。显然，在激励为 $x(t)$ 时，该系统的响应 $y(t)$ 的拉普拉斯变换为

$$Y(s) = G(s)X(s)$$

式中，$X(s)$ 为激励 $x(t)$ 的拉普拉斯变换。

根据拉普拉斯变换的卷积定理，可得

$$\begin{aligned} y(t) = L^{-1}[Y(s)] &= g(t) * x(t) \\ &= \int_{0_-}^{t} g(\tau)x(t-\tau)\mathrm{d}\tau \\ &= \int_{0_-}^{t} g(t-\tau)x(\tau)\mathrm{d}\tau \end{aligned}$$

即系统的响应等于其激励 $x(t)$ 与 $g(t)$ 的卷积。

上述结果表明，只要已知某一个线性系统的脉冲响应函数 $g(t)$，用杜阿密尔积分式就可以求出它对任何激励 $x(t)$ 所产生的响应。

附录 3 无穷级数的收敛

一般说来，在实际应用中的级数是收敛的，但对变量或所涉及的某些值，它们却可能是发散的。因此，如果要逐项微分或积分级数，应该先对级数的收敛性加以检验，即肯定逐项微分或积分运算的可行性，以避免可能发生的错误结果。关于无穷级数的收敛性检验，可参阅专门的数学著作或教材。这里，我们只考虑在涡流分析中用到的一些比较重要级数的收敛性。

(1) 级数 1： $\sum_{n=1}^{\infty} \dfrac{\cos n\theta}{n}$。

已知 $\sum_{n=1}^{\infty} \dfrac{\cos n\theta}{n}$ 收敛于每一个不包括 $\theta = 2m\pi$（m 是整数）的区间内。

当 $\theta = 2m\pi$ 时，它变成 $\sum_{n=1}^{\infty} \frac{1}{n}$，发散于 $+\infty$。

以 $(\pi + \theta)$ 代替 θ，可以证明：$\sum_{n=1}^{\infty} (-1)^n \frac{\cos n\theta}{n}$ 收敛于每一个不包括 $(2m+1)\pi$ 的区间内。

(2) 级数 2： $\sum_{n=1}^{\infty} \frac{\sin(2\pi nt/h)}{n}$。

应用狄利克雷检验法，可以证明这个级数一致收敛于 $0 < t < h$，$h < t < 2h, \cdots$ 之内。在 $t = 0$，nh 的附近它是收敛的（通常的意义）。令 $\theta = 2\pi t/h$ 时，则级数为 $\sum_{n=1}^{\infty} \frac{\sin n\theta}{n}$，它对一切 θ 为收敛，且在范围 $t \geqslant 0$ 内也一样。

如果以 $(\pi + \theta)$ 代替 θ，可以证明：$\sum_{n=1}^{\infty} (-1)^n \frac{\sin n\theta}{n}$ 在 $t \geqslant 0$ 内收敛。

(3) 级数 3： $\sum_{n=1}^{\infty} (-1)^n e^{-n^2 kt} \frac{\sin(n\pi r/a)}{n\pi r/a}$。

令 $\pi r/a = \theta$，则级数变为 $\frac{1}{\theta} \sum_{n=1}^{\infty} (-1)^n e^{-n^2 kt} \frac{\sin n\theta}{n}$。如果 $r > 0$，则 $\theta > 0$，那么按级数 2，这个级数是收敛的。因为如果 $k > 0$，$t \geqslant 0$，则 $e^{-n^2 kt} \leqslant 1$。

(4) 级数 4： $\sum_{n=1}^{\infty} e^{-\frac{\alpha_n^2 t}{a^2}} \frac{J_0(\alpha_n r/a)}{\alpha_n J_1(\alpha_n)}$。

因为 $J_0(\alpha_n) = 0$，若 $r = a$，级数在 $t \geqslant 0$ 内收敛于零。

由于当 u, v, n 充分大时，有

$$J_0(u) \sim \sqrt{\frac{2}{\pi u}} \left[\cos\left(u - \frac{\pi}{4}\right) + o(u^{-1}) \right]$$

$$J_1(v) \sim \sqrt{\frac{2}{\pi v}} \left[\cos\left(v - \frac{3\pi}{4}\right) + o(v^{-1}) \right]$$

$$\alpha_n \sim \left(n - \frac{1}{4}\right)\pi$$

所以，在 $0 < r < a$ 内，令 $u = \alpha_n r/a$，$v = \alpha_n$，$\theta = \pi r/a$，$\beta = \frac{\pi}{4}(1 + r/a)$，则

$$\frac{J_0(\alpha_n r/a)}{\alpha_n J_1(\alpha_n)} \sim \frac{(-1)^n \sqrt{a/r}}{\left(n-\frac{1}{4}\right)\pi} \cos(n\theta - \beta)$$

因此，我们现在考虑如下级数的收敛性：

$$\sum_{n=N}^{\infty} (-1)^n \frac{\cos\beta\cos n\theta + \sin\beta\sin n\theta}{\left(n-\frac{1}{4}\right)\pi}$$

式中，N 为很大的值。

根据级数 1，含 $\cos n\theta$ 的级数对一切的 θ 收敛，除 $(2m+1)\pi$ 之外。因为 $0 < r < a$，θ 不会有 $(2m+1)\pi$ 值，所以级数收敛。根据级数 2，含 $\sin n\theta$ 的级数对一切 θ 收敛，所以在区间 $0 < r < a$ 内收敛。当 $r = 0$ 时，$J_0(\alpha_n r/a) = 1$，所以

$$\frac{J_0(\alpha_n r/a)}{\alpha_n J_1(\alpha_n)} \sim \frac{(-1)^{n-1}}{\sqrt{2n-\frac{1}{2}}}$$

现在 $\sum_{n=N}^{\infty} \frac{(-1)^{n-1}}{\sqrt{2n-\frac{1}{2}}}$ 为交错级数，其项递减且当 $n \to +\infty$ 时趋于零，所以它为收敛。

于是，已经证明了 $\sum_{u=N}^{\infty} \frac{J_0(\alpha_n r/a)}{\alpha_n J_1(\alpha_n)}$ 收敛于闭区间 $0 \leqslant r \leqslant a$ 内。因 $\sum_{n=1}^{N-1} e^{-\frac{\alpha_n^2 t}{a^2}} \frac{J_0(\alpha_n r/a)}{\alpha_n J_1(\alpha_n)}$ 收敛，所以 $\sum_{n=1}^{\infty} e^{-\frac{\alpha_n^2 t}{a^2}} \frac{J_0(\alpha_n r/a)}{\alpha_n J_1(\alpha_n)}$ 收敛。

(5) 级数 5：$\sum_{n=1}^{\infty} e^{-\frac{\alpha_n^2 t}{a^2}} \frac{J_0(\alpha_n r/a)}{\alpha_n^3 J_1(\alpha_n)}$。

这个级数是级数 4 每项乘以 $\frac{1}{\alpha_n^2} \sim \frac{1}{\pi^2}\left(n-\frac{1}{4}\right)^2$ 的结果（n 很大），所以它与级数 4 有相同的收敛性质。

(6) 级数 6：$\sum_{n=1}^{\infty} \frac{\cos 2nt}{4n^2-1}$。

由于 $\sum_{n=1}^{\infty} \frac{|\cos 2nt|}{4n^2-1} \leqslant \sum_{n=1}^{\infty} \frac{1}{4n^2-1}$，而已知级数 $\sum_{n=1}^{\infty} \frac{1}{n^2}$ 为收敛，所以原级数绝对收敛。由于收敛性与 t 无关，所以是一致收敛的。

附录4 若干傅里叶级数的和

1. $\displaystyle\sum_{n=1}^{\infty}\frac{\cos nx}{n}=-\ln\left(2\sin\frac{x}{2}\right)\quad (0<x<2\pi)$

2. $\displaystyle\sum_{n=1}^{\infty}\frac{\sin nx}{n}=\frac{\pi-x}{2}\quad (0<x<2\pi)$

3. $\displaystyle\sum_{n=1}^{\infty}\frac{\cos nx}{n^2}=\frac{3x^2-6\pi x+2\pi^2}{12}\quad (0\leqslant x\leqslant 2\pi)$

4. $\displaystyle\sum_{n=1}^{\infty}\frac{\sin nx}{n^2}=-\int_0^x\ln\left(2\sin\frac{x}{2}\right)dx\quad (0\leqslant x\leqslant 2\pi)$

5. $\displaystyle\sum_{n=1}^{\infty}\frac{\cos nx}{n^3}=\int_0^x dz\int_0^z\ln\left(2\sin\frac{t}{2}\right)dt+\sum_{n=1}^{\infty}\frac{1}{n^3}\quad (0\leqslant x\leqslant 2\pi)$

6. $\displaystyle\sum_{n=1}^{\infty}\frac{\sin nx}{n^3}=\frac{x^3-3\pi x^2+2\pi^2 x}{12}\quad (0\leqslant x\leqslant 2\pi)$

7. $\displaystyle\sum_{n=1}^{\infty}(-1)^{n+1}\frac{\cos nx}{n}=\ln\left(2\cos\frac{x}{2}\right)\quad (-\pi\leqslant x\leqslant\pi)$

8. $\displaystyle\sum_{n=1}^{\infty}(-1)^{n+1}\frac{\sin nx}{n}=\frac{x}{2}\quad (-\pi<x<\pi)$

9. $\displaystyle\sum_{n=1}^{\infty}(-1)^{n+1}\frac{\cos nx}{n^2}=\frac{\pi^2-3x^2}{12}\quad (-\pi\leqslant x\leqslant\pi)$

10. $\displaystyle\sum_{n=1}^{\infty}(-1)^{n+1}\frac{\sin nx}{n^2}=-\int_0^x\ln\left(2\cos\frac{x}{2}\right)dx\quad (-\pi\leqslant x\leqslant\pi)$

11. $\displaystyle\sum_{n=0}^{\infty}\frac{\cos(2n+1)x}{2n+1}=-\frac{1}{2}\ln\left(\tan\frac{x}{2}\right)\quad (0<x<\pi)$

12. $\displaystyle\sum_{n=0}^{\infty}\frac{\sin(2n+1)x}{2n+1}=\frac{\pi}{4}\quad (0<x<\pi)$

13. $\displaystyle\sum_{n=0}^{\infty}\frac{\cos(2n+1)x}{(2n+1)^2}=\frac{\pi^2-2\pi x}{8}\quad (0\leqslant x<\pi)$

14. $\displaystyle\sum_{n=0}^{\infty}\frac{\sin(2n+1)x}{(2n+1)^2}=-\frac{1}{2}\int_0^x\ln\left(\tan\frac{x}{2}\right)dx\quad (0\leqslant x<\pi)$

15. $\displaystyle\sum_{n=0}^{\infty}(-1)^n\frac{\cos(2n+1)x}{2n+1}=\frac{\pi}{4}\quad \left(-\frac{\pi}{2}<x<\frac{\pi}{2}\right)$

16. $\sum_{n=0}^{\infty}(-1)^n\dfrac{\sin(2n+1)x}{2n+1}=-\dfrac{1}{2}\ln\left[\tan\left(\dfrac{\pi}{4}-\dfrac{x}{2}\right)\right]$ $\left(-\dfrac{\pi}{2}<x<\dfrac{\pi}{2}\right)$

17. $\sum_{n=0}^{\infty}(-1)^n\dfrac{\cos(2n+1)x}{(2n+1)^2}=-\dfrac{1}{2}\int_0^{\frac{\pi}{2}-x}\ln\left(\tan\dfrac{x}{2}\right)\mathrm{d}x$ $\left(-\dfrac{\pi}{2}\leqslant x\leqslant\dfrac{\pi}{2}\right)$

18. $\sum_{n=0}^{\infty}(-1)^n\dfrac{\sin(2n+1)x}{(2n+1)^2}=\dfrac{\pi x}{4}$ $\left(-\dfrac{\pi}{2}\leqslant x\leqslant\dfrac{\pi}{2}\right)$

19. $\sum_{m=1}^{\infty}\sin\dfrac{m\pi x}{a}\cos\dfrac{m\pi x'}{a}=\dfrac{1}{2}\sin\dfrac{\pi x}{a}\left(\cos\dfrac{\pi x'}{a}-\cos\dfrac{\pi x}{a}\right)^{-1}$

20. $\sum_{n=1,3,\cdots}^{\infty}\dfrac{2}{b}\cos\dfrac{n\pi\eta}{b}\cos\dfrac{n\pi x}{b}+\sum_{n=2,4,\cdots}^{\infty}\dfrac{2}{b}\sin\dfrac{n\pi\eta}{b}\sin\dfrac{n\pi x}{b}=\delta(x-\eta)$ （这是狄拉克函数的展开式。详见：李湘平，钟正华. 用边缘荷载格林函数方法计算含裂纹 Reissner 型有限板的弯曲[J]. 计算结构力学及其应用，1992，9(2)：139-147。）

21. $\sum_{n=1}^{\infty}\dfrac{\cos nx\cos nx'}{n}=-\dfrac{1}{2}\ln\left(2|\sin x-\sin x'|\right)$

22. $\sum_{n=1}^{\infty}\dfrac{\cos nx}{n(n-1)}=(1-\cos x)\ln\left(2\sin\dfrac{x}{2}\right)+\left(\dfrac{\pi}{2}-\dfrac{x}{2}\right)\sin x+\cos x$

附录5 若干常用不定积分和定积分公式

1. $\int \sin mu\sin nu\,\mathrm{d}u=-\dfrac{\sin(m+n)u}{2(m+n)}+\dfrac{\sin(m-n)u}{2(m-n)}+C$

2. $\int \cos mu\cos nu\,\mathrm{d}u=\dfrac{\sin(m+n)u}{2(m+n)}+\dfrac{\sin(m-n)u}{2(m-n)}+C$

3. $\int \sin mu\cos nu\,\mathrm{d}u=-\dfrac{\cos(m+n)u}{2(m+n)}-\dfrac{\cos(m-n)u}{2(m-n)}+C$

4. $\int \sin^2 mu\,\mathrm{d}u=-\dfrac{\sin 2mu}{4m}+\dfrac{u}{2}+C$

5. $\int \cos^2 mu\,\mathrm{d}u=\dfrac{\sin 2mu}{4m}+\dfrac{u}{2}+C$

6. $\int \sin\eta x\sin\lambda(x-a)\mathrm{d}x$
$=\dfrac{1}{2}\left[\dfrac{1}{\lambda-\eta}\sin(\lambda x-\eta x-\lambda a)-\dfrac{1}{\lambda+\eta}\sin(\lambda x+\eta x-\lambda a)\right]$ $(\lambda\neq\eta)$

$\int \sin\eta x\sin\lambda(x-a)\mathrm{d}x=\dfrac{1}{2}x\cos\lambda a-\dfrac{1}{4\lambda}\sin(2\lambda x-\lambda a)$ $(\lambda=\eta)$

7. $\int_{-\pi}^{\pi} \cos nx \, dx = \int_{-\pi}^{\pi} \sin nx \, dx = 0$

8. $\int_{-\pi}^{\pi} \cos mx \sin nx \, dx = 0$

9. $\int_{-\pi}^{\pi} \cos mx \cos nx \, dx = \begin{cases} 0 & (m \neq n) \\ \pi & (m = n) \end{cases}$

10. $\int_{-\pi}^{\pi} \sin mx \sin nx \, dx = \begin{cases} 0 & (m \neq n) \\ \pi & (m = n) \end{cases}$

11. $\int_{0}^{\pi} \sin mx \sin nx \, dx = \int_{0}^{\pi} \cos mx \cos nx \, dx = \begin{cases} 0 & (m \neq n) \\ \dfrac{\pi}{2} & (m = n) \end{cases}$

12. $\int_{0}^{a} \cos \dfrac{(2m-1)\pi x}{2a} \cos \dfrac{n\pi x}{b} \, dx = \dfrac{(-1)^{m+1}}{2\pi a} \cos \dfrac{n\pi a}{b} \cdot \dfrac{2m-1}{\left(\dfrac{2m-1}{2a}\right)^2 - \left(\dfrac{n}{b}\right)^2}$

13. $\int_{0}^{a} \cos \dfrac{(2m-1)\pi x}{2a} \, dx = \dfrac{(-1)^{m+1} 2a}{(2m-1)\pi}$

14. $\int_{0}^{a} \cos \dfrac{m\pi x}{b} \cos \dfrac{n\pi x}{a} \, dx = \dfrac{(-1)^n}{\pi b} \dfrac{m}{\left(\dfrac{m}{b}\right)^2 - \left(\dfrac{n}{a}\right)^2} \sin \dfrac{m\pi a}{b}$

15. $\int_{0}^{b} \cos \dfrac{m\pi x}{b} \cos \dfrac{n\pi x}{a} \, dx = \dfrac{(-1)^{m+1}}{\pi a} \dfrac{n}{\left(\dfrac{m}{b}\right)^2 - \left(\dfrac{n}{a}\right)^2} \sin \dfrac{m\pi b}{a}$

16. $\int_{0}^{a} \sin^2 \dfrac{n\pi x}{a} \, dx = \dfrac{a}{2}$

17. $\int_{0}^{d} x \sin \dfrac{n\pi x}{a} \, dx = \left(\dfrac{a}{n\pi}\right)^2 \left(\sin \dfrac{n\pi d}{a} - \dfrac{n\pi d}{a} \cos \dfrac{n\pi d}{a}\right)$

18. $\int_{0}^{a} \sin \dfrac{m\pi x}{a} \sin \dfrac{n\pi x}{b} \, dx = \dfrac{(-1)^m mb^2 a}{\pi} \cdot \dfrac{1}{(na)^2 - (mb)^2} \sin \dfrac{n\pi a}{b}$

19. $\int_{0}^{a} \cos \dfrac{(2m-1)\pi x}{2a} \sin \dfrac{n\pi x}{a} \, dx = \dfrac{a}{\pi} \cdot \dfrac{4n}{(2n)^2 - (2m-1)^2}$

20. $\int_{0}^{\pi} \dfrac{\cos nx}{1 - 2a \cos x + a^2} \, dx = \begin{cases} \dfrac{\pi a^n}{1 - a^2} & (a^2 < 1) \\ \dfrac{\pi}{a^n(a^2 - 1)} & (a^2 > 1) \end{cases}$

附录6 本征值及本征函数

在应用分离变量法解电磁场偏微分方程时，都会遇到分离常数，而且这些分离常数必须取一些特定数值(否则，只能得到恒等于零的无意义解)。把这些特定值称作问题的本征值。不同的本征值对应于不同的常微分方程，这些常微分方程的特解都会有本征值，因而称这一系列的特解为本征函数。而把相应的常微分方程与其定解条件的结合称为本征值问题。分离变量法解常微分方程中最常遇到的是二次线性常微分方程，它的普遍形式是

$$\frac{\mathrm{d}}{\mathrm{d}x}\left[p(x)\frac{\mathrm{d}u}{\mathrm{d}x}\right]-q(x)u+\lambda w(x)u=0 \qquad (附6.1)$$

这里 $p(x)$、$q(x)$ 和 $w(x)$ 都是连续函数，并且有

$$p(x)>0, \qquad w(x)>0$$

方程(附6.1)是施图姆-刘维尔(Sturm-Liouville)方程的齐次形式。λ 是一个参数，即分离变量时引入的分离常数。为了满足原来电磁场偏微分方程的给定边界条件，则只有当 λ 为特定值时，方程(附6.1)才有解。λ 的这些值称为本征值，所对应的满足边界条件的非零解称为本征函数。

例如，当 $p(x)=x$、$q(x)=n^2/x$、$\lambda=k^2$、$w(x)=1$ 时，方程(附6.1)可化为典型的贝塞尔方程：

$$\frac{\mathrm{d}}{\mathrm{d}x}\left(x\frac{\mathrm{d}u}{\mathrm{d}x}\right)+\left(k^2 x-\frac{n^2}{x}\right)u=0$$

当 $p(x)=1-x^2$、$q(x)=0$、$w(x)=1$ 时，则方程(附6.1)可化为勒让德方程：

$$\frac{\mathrm{d}}{\mathrm{d}x}\left[(1-x^2)\frac{\mathrm{d}u}{\mathrm{d}x}\right]+\lambda u=0$$

从施图姆-刘维尔方程(附6.1)来看，并非在所有的 λ 值下都有解。从数学上可以证明它在第一类、第二类及第三类边界条件下的本征值和本征函数必然存在，读者可参阅有关的数学书籍。在本书中，我们所关心的是以下几个重要的共同性质：

(1) 如果 $p(x)$、$q(x)$ 都是连续函数，而且 $p(x)$ 还是连续可微的，则存在无穷多个本征值：

$$\lambda_1 \leqslant \lambda_2 \leqslant \lambda_3 \leqslant \cdots$$

相应地有本征函数：

$$u_1(x),\ u_2(x),\ u_3(x),\ \cdots$$

(2) 当 $q(x) \geqslant 0$ 时，所有的本征值 λ_n 都是正实数。

(3) 对应于不同的本征值 λ_m 及 λ_n 的本征函数在 a、b 区间以 $w(x)$ 为权，相互正交：

$$\int_a^b u_m(x)u_n(x)w(x)\mathrm{d}x = 0 \quad (m \neq n) \tag{附 6.2}$$

(4) 在一个区间内具有分段连续的一阶和二阶导数，并满足本征值问题的边界条件的任意函数 $f(x)$，可以展开为一个绝对而一致收敛，以相应的本征函数组为基的无穷级数，在数学上可表示为

$$f(x) = \sum_{n=1}^{\infty} a_n u_n(x) \tag{附 6.3}$$

这也称为广义傅里叶级数展开。在式(附 6.3)中，a_n 为展开系数：

$$a_n = \frac{\int_a^b f(x)u_n(x)w(x)\mathrm{d}x}{\int_a^b [u_n(x)]^2 w(x)\mathrm{d}x} \tag{附 6.4}$$

式(附 6.4)中的

$$N[u_n(x)] = \int_a^b [u_n(x)]^2 w(x)\mathrm{d}x \tag{附 6.5}$$

称为本征函数的模值。式中，$w(x)$ 称为权函数。

以上所讨论的都只限于一维的情况，在更普遍的三维情况下，也是相应成立的。

对于无穷区域问题，这时离散的本征值将变为连续的，待求函数将由本征函数的级数展开变为积分表示。这里我们不作讨论。

附录7　勒让德方程和勒让德函数

与贝塞尔函数一样，勒让德函数在应用分离变量法求静电场、恒定磁场和电磁波问题解中都有很重要的应用，但是在涡流场中却很少见到用勒让德函数表示的解。考虑到这一点，我们把关于勒让德方程和勒让德函数方面的内容放在附录中，没有放在第 1 章中。这样做不会使读者在阅读第 1 章时花费太多的时间，能

尽快地过渡到阅读后续章节内容，但又不失数学知识的完整性。本附录将简要地介绍关于勒让德方程和勒让德函数方面的内容，它对阅读第 4 章中的铁磁球体问题有着极大的裨益。

如下常微分方程是二阶勒让德方程

$$(1-x^2)\frac{d^2 u}{dx^2} - 2x\frac{du}{dx} + n(n+1)u = 0 \quad (-1 \leqslant x \leqslant 1) \quad \text{(附 7.1)}$$

1. 勒让德方程的解

当 n 为整数时，勒让德方程（附 7.1）的一个解是

$$P_n(x) = \frac{1}{2^n n!}\frac{d^n}{dx^n}(x^2-1)^n \quad \text{(附 7.2)}$$

这是一个多项式，称为 n 次的勒让德多项式（或称为第一类勒让德函数）。式（附 7.2）称为勒让德多项式的罗德利克（Rodrigues）表达式。

特别是，当 $n = 0, 1, 2, 3, 4, 5$ 时，分别有

$$P_0(x) = 1, \qquad P_1(x) = x$$

$$P_2(x) = \frac{1}{2}(3x^2 - 1), \qquad P_3(x) = \frac{1}{2}(5x^3 - 3x)$$

$$P_4(x) = \frac{1}{8}(35x^4 - 30x^2 + 3), \qquad P_5(x) = \frac{1}{8}(63x^5 - 70x^3 + 15x)$$

它们的图形如图附 7.1 所示。

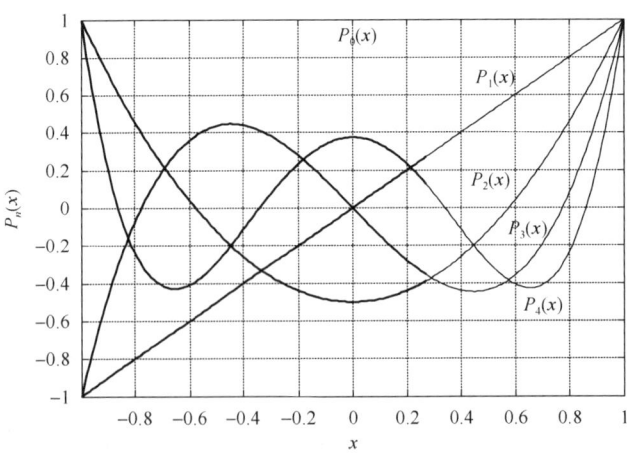

图附 7.1　第一类勒让德函数

勒让德方程(附 7.1)的另一个解称为第二类勒让德函数,记作 $Q_n(x)$。这些函数在 $|x|=1$ 上没有定义,所以它们在闭区间 $[-1,1]$ 上是无界的。当 n 是整数时,第二类勒让德函数也变成多项式,且可以把它们表示为

$$Q_n(x) = P_n(x)\left(\frac{1}{2}\ln\frac{1+x}{1-x}\right) - \frac{2n-1}{1-n}P_{n-1}(x) - \frac{2n-5}{3(n-1)}P_{n-3}(x) - \cdots \quad (附\ 7.3)$$

特别是,当 $n=0,\ 1,\ 2$ 时,分别有

$$Q_0(x) = \frac{1}{2}\ln\frac{1+x}{1-x}$$

$$Q_1(x) = \frac{x}{2}\ln\frac{1+x}{1-x} - 1$$

$$Q_2(x) = \frac{3x^2-1}{4}\ln\frac{1+x}{1-x} - \frac{3x}{2}$$

它们的图形如图附 7.2 所示。

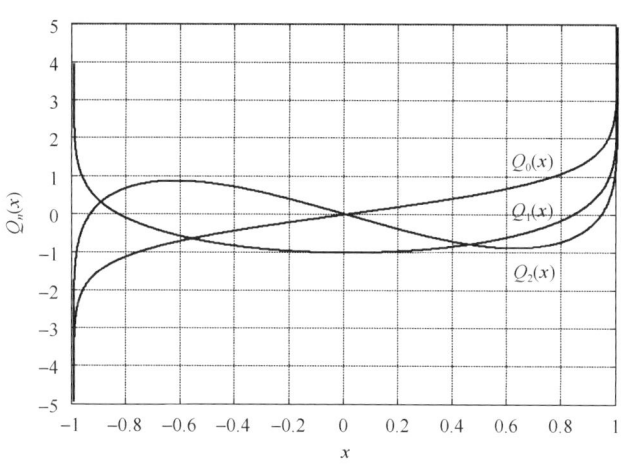

图附 7.2　第二类勒让德函数

这样,当 n 为整数时,方程(附 7.1)的通解为

$$u = C_1 P_n(x) + C_2 Q_n(x) \quad (附\ 7.4)$$

值得指出的是,当 n 为非整数时,情况较为复杂,通常被认为是超几何方程。

2. 勒让德多项式的正交性

不难从数学上证明，勒让德多项式系列 $\{P_n(x): n=0,1,2,\cdots\}$ 是一个正交函数族。勒让德多项式的正交性表示为

$$\int_{-1}^{1} P_m(x) P_n(x) \mathrm{d}x = \begin{cases} 0 & (m \neq n) \\ \dfrac{2}{2n+1} & (m = n) \end{cases} \quad \text{（附 7.5）}$$

而把定积分 $\int_{-1}^{1} P_n^2(x)\mathrm{d}x$ 的值 $\dfrac{2}{2n+1}$ 称为勒让德多项式模值的平方。式（附 7.5）的证明可参阅南京工学院数学教研组编《数学物理方程与特殊函数（第二版）》，高等教育出版社，1982年，p.137-139。

设函数 $f(x)$ 满足附录 6 所述按本征函数展开的条件，则 $f(x)$ 按勒让德多项式展开可以表示为

$$f(x) = \sum_{n=0}^{\infty} c_n P_n(x) \quad (-1 < x < 1) \quad \text{（附 7.6）}$$

式中，系数 c_n 为

$$c_n = \frac{2n+1}{2} \int_{-1}^{1} f(x) P_n(x) \mathrm{d}x \quad (n=0,1,2,\cdots) \quad \text{（附 7.7）}$$

3. 勒让德多项式的递推公式

不同阶勒让德多项式之间有如下递推公式：

$$(n+1) P_{n+1}(x) - (2n+1) x P_n(x) + n P_{n-1}(x) = 0 \quad \text{（附 7.8）}$$

$$P_1(x) - x P_0(x) = 0 \quad \text{（附 7.9）}$$

$$P_n(x) = P'_{n+1}(x) + P'_{n-1}(x) - 2x P'_n(x) \quad \text{（附 7.10）}$$

$$P'_1(x) = P_0(x) \quad \text{（附 7.11）}$$

与贝塞尔函数的递推公式的导出过程一样，上述勒让德多项式的递推公式也能用其母函数求出。n 阶勒让德多项式 $P_n(x)$ 的母函数是

$$\left(1 - 2xt + t^2\right)^{-\frac{1}{2}} = \sum_{n=0}^{\infty} P_n(x) t^n \quad \text{（附 7.12）}$$

式中，$|x|\leqslant 1$，$|t|<1$。如果把式(附 7.12)的左边在 $t=0$ 附近展开成麦克劳林级数，得到

$$P_n(x) = \frac{1}{n!}\frac{\partial^n}{\partial t^n}\left(1-2xt+t^2\right)^{-\frac{1}{2}}\bigg|_{t=0}$$

$$= \frac{1}{2^n n!}\frac{\mathrm{d}^n}{\mathrm{d}x^n}\left(x^2-1\right)^n \tag{附 7.13}$$

从式(附 7.12)能够求出如下一些关系：

$$P_n(-x) = (-1)^n P_n(x) \tag{附 7.14}$$

$$P_n(\pm 1) = (\pm 1)^n \tag{附 7.15}$$

4. 连带勒让德方程与连带勒让德函数

m 次 n 阶连带勒让德方程是

$$\left(1-x^2\right)\frac{\mathrm{d}^2 y}{\mathrm{d}x^2} - 2x\frac{\mathrm{d}y}{\mathrm{d}x} + \left[n(n+1) - \frac{m^2}{1-x^2}\right]y = 0 \tag{附 7.16}$$

它的两个解 $P_n^m(x)$ 和 $Q_n^m(x)$ 分别为

$$\begin{cases} P_n^m(x) = \left(1-x^2\right)^{\frac{m}{2}}\dfrac{\mathrm{d}^m P_n(x)}{\mathrm{d}x^m} & (m\leqslant n, |x|\leqslant 1) \\ Q_n^m(x) = \left(1-x^2\right)^{\frac{m}{2}}\dfrac{\mathrm{d}^m Q_n(x)}{\mathrm{d}x^m} & (m\leqslant n, |x|\leqslant 1) \end{cases} \tag{附 7.17}$$

分别称为 m 次 n 阶第一类、第二类连带勒让德函数。

(1) 对称性和正交性：

$$P_n^m(-x) = (-1)^{m+n} P_n^m(x) \tag{附 7.18}$$

$$\int_{-1}^{1} P_l^m(x) P_k^m(x)\mathrm{d}x = \begin{cases} 0 & (l,k\geqslant m, l\neq k) \\ \dfrac{(l+m)!}{(l-m)!}\dfrac{2}{2l+1} & (m<l=k) \end{cases} \tag{附 7.19}$$

(2) 几个常用的公式：

$$P_n^m(x) = (1-x^2)^{m/2}\frac{1}{2^n n!}\frac{\mathrm{d}^{n+m}}{\mathrm{d}x^{n+m}}(x^2-1)^n \tag{附 7.20}$$

$$P_n^m(\pm 1) = 0 \qquad \text{(附 7.21)}$$

$$P_n^m(0) = \begin{cases} 0 & (n-m=2k+1) \\ \dfrac{(-1)^k(2n-2k)!}{2^n k!(n-m)!} & (n-m=2k) \end{cases} \qquad \text{(附 7.22)}$$

(3) 若干低阶连带勒让德函数：

$$P_1^1(x) = (1-x^2)^{1/2}, \qquad P_2^1(x) = 3(1-x^2)^{1/2}x$$

$$P_2^2(x) = 3(1-x^2), \qquad P_3^1(x) = \frac{3}{2}(1-x^2)^{1/2}(5x^2-1)$$

$$P_3^2(x) = 15(1-x^2)x, \qquad P_3^3(x) = 15(1-x^2)^{3/2}$$

附录 8 曲线坐标系中的矢量微分公式

1. 直角坐标系

$$\nabla \psi = \boldsymbol{e}_x \frac{\partial \psi}{\partial x} + \boldsymbol{e}_y \frac{\partial \psi}{\partial y} + \boldsymbol{e}_z \frac{\partial \psi}{\partial z}$$

$$\nabla \cdot \boldsymbol{A} = \frac{\partial A_x}{\partial x} + \frac{\partial A_y}{\partial y} + \frac{\partial A_z}{\partial z}$$

$$\nabla \times \boldsymbol{A} = \begin{vmatrix} \boldsymbol{e}_x & \boldsymbol{e}_y & \boldsymbol{e}_z \\ \dfrac{\partial}{\partial x} & \dfrac{\partial}{\partial y} & \dfrac{\partial}{\partial z} \\ A_x & A_y & A_z \end{vmatrix} = \boldsymbol{e}_x \left(\frac{\partial A_z}{\partial y} - \frac{\partial A_y}{\partial z} \right) + \boldsymbol{e}_y \left(\frac{\partial A_x}{\partial z} - \frac{\partial A_z}{\partial x} \right) + \boldsymbol{e}_z \left(\frac{\partial A_y}{\partial x} - \frac{\partial A_x}{\partial y} \right)$$

$$\nabla^2 \psi = \frac{\partial^2 \psi}{\partial x^2} + \frac{\partial^2 \psi}{\partial y^2} + \frac{\partial^2 \psi}{\partial z^2}$$

$$\nabla^2 \boldsymbol{A} = \frac{\partial^2 \boldsymbol{A}}{\partial x^2} + \frac{\partial^2 \boldsymbol{A}}{\partial y^2} + \frac{\partial^2 \boldsymbol{A}}{\partial z^2} = \nabla^2 A_x \boldsymbol{e}_x + \nabla^2 A_y \boldsymbol{e}_y + \nabla^2 A_z \boldsymbol{e}_z$$

2. 圆柱坐标系

$$\frac{\partial \boldsymbol{e}_\rho}{\partial \phi} = \boldsymbol{e}_\phi, \quad \frac{\partial \boldsymbol{e}_\phi}{\partial \phi} = -\boldsymbol{e}_\rho, \quad \nabla \cdot \boldsymbol{e}_\rho = \frac{1}{\rho}, \quad \nabla \times \boldsymbol{e}_\phi = \frac{\boldsymbol{e}_z}{\rho}$$

$$\nabla \psi = \boldsymbol{e}_\rho \frac{\partial \psi}{\partial \rho} + \boldsymbol{e}_\phi \frac{1}{\rho}\frac{\partial \psi}{\partial \phi} + \boldsymbol{e}_z \frac{\partial \psi}{\partial z}$$

$$\nabla \cdot \boldsymbol{A} = \frac{1}{\rho}\frac{\partial(\rho A_\rho)}{\partial \rho} + \frac{1}{\rho}\frac{\partial A_\phi}{\partial \phi} + \frac{\partial A_z}{\partial z}$$

$$\nabla \times \boldsymbol{A} = \frac{1}{\rho}\begin{vmatrix} \boldsymbol{e}_\rho & \rho\boldsymbol{e}_\phi & \boldsymbol{e}_z \\ \dfrac{\partial}{\partial \rho} & \dfrac{\partial}{\partial \phi} & \dfrac{\partial}{\partial z} \\ A_\rho & \rho A_\phi & A_z \end{vmatrix}$$

$$= \boldsymbol{e}_\rho\left(\frac{1}{\rho}\frac{\partial A_z}{\partial \phi} - \frac{\partial A_\phi}{\partial z}\right) + \boldsymbol{e}_\phi\left(\frac{\partial A_\rho}{\partial z} - \frac{\partial A_z}{\partial \rho}\right) + \boldsymbol{e}_z\frac{1}{\rho}\left[\frac{\partial(\rho A_\phi)}{\partial \rho} - \frac{\partial A_\rho}{\partial \phi}\right]$$

$$\nabla^2 \psi = \frac{1}{\rho}\frac{\partial}{\partial \rho}\left(\rho\frac{\partial \psi}{\partial \rho}\right) + \frac{1}{\rho^2}\frac{\partial^2 \psi}{\partial \phi^2} + \frac{\partial^2 \psi}{\partial z^2}$$

$$= \frac{\partial^2 \psi}{\partial \rho^2} + \frac{1}{\rho}\frac{\partial \psi}{\partial \rho} + \frac{1}{\rho^2}\frac{\partial^2 \psi}{\partial \phi^2} + \frac{\partial^2 \psi}{\partial z^2}$$

$$\nabla^2 \boldsymbol{A} = \boldsymbol{e}_\rho\left(\nabla^2 A_\rho - \frac{2}{\rho^2}\frac{\partial A_\phi}{\partial \phi} - \frac{A_\rho}{\rho^2}\right)$$

$$+ \boldsymbol{e}_\phi\left(\nabla^2 A_\phi + \frac{2}{\rho^2}\frac{\partial A_\rho}{\partial \phi} - \frac{A_\phi}{\rho^2}\right) + \boldsymbol{e}_z\nabla^2 A_z$$

$$\nabla\nabla \cdot \boldsymbol{A} = \boldsymbol{e}_\rho\left(\frac{\partial^2 A_\rho}{\partial \rho^2} + \frac{\partial^2 A_z}{\partial \rho \partial z} + \frac{1}{\rho}\frac{\partial^2 A_\phi}{\partial \rho \partial \phi} + \frac{1}{\rho}\frac{\partial A_\rho}{\partial \rho} - \frac{1}{\rho^2}\frac{\partial A_\phi}{\partial \phi} - \frac{A_\rho}{\rho^2}\right)$$

$$+ \boldsymbol{e}_\phi\left(\frac{1}{\rho}\frac{\partial^2 A_z}{\partial \phi \partial z} + \frac{1}{\rho^2}\frac{\partial^2 A_\phi}{\partial \phi^2} + \frac{1}{\rho}\frac{\partial^2 A_\rho}{\partial \rho \partial \phi} + \frac{1}{\rho^2}\frac{\partial A_\rho}{\partial \phi}\right)$$

$$+ \boldsymbol{e}_z\left(\frac{\partial^2 A_z}{\partial z^2} + \frac{1}{\rho}\frac{\partial^2 A_\phi}{\partial \phi \partial z} + \frac{\partial^2 A_\rho}{\partial \rho \partial z} + \frac{1}{\rho}\frac{\partial A_\rho}{\partial z}\right)$$

$$\nabla \times \nabla \times \boldsymbol{A} = \boldsymbol{e}_\rho\left(-\frac{1}{\rho^2}\frac{\partial^2 A_\rho}{\partial \phi^2} - \frac{\partial^2 A_\rho}{\partial z^2} + \frac{\partial^2 A_z}{\partial \rho \partial z} + \frac{1}{\rho}\frac{\partial^2 A_\phi}{\partial \rho \partial \phi} + \frac{1}{\rho^2}\frac{\partial A_\phi}{\partial \phi}\right)$$

$$+ \boldsymbol{e}_\phi\left(-\frac{\partial^2 A_\phi}{\partial z^2} + \frac{1}{\rho}\frac{\partial^2 A_z}{\partial \phi \partial z} - \frac{\partial^2 A_\phi}{\partial \rho^2} - \frac{1}{\rho}\frac{\partial A_\phi}{\partial \rho} + \frac{A_\phi}{\rho^2} - \frac{1}{\rho^2}\frac{\partial A_\rho}{\partial \phi} + \frac{1}{\rho}\frac{\partial^2 A_\rho}{\partial \rho \partial \phi}\right)$$

$$+ \boldsymbol{e}_z\left(-\frac{\partial^2 A_z}{\partial \rho^2} - \frac{1}{\rho^2}\frac{\partial^2 A_z}{\partial \phi^2} + \frac{\partial^2 A_\rho}{\partial \rho \partial z} + \frac{1}{\rho}\frac{\partial^2 A_\phi}{\partial \phi \partial z} + \frac{1}{\rho}\frac{\partial A_\rho}{\partial z} - \frac{1}{\rho}\frac{\partial A_z}{\partial \rho}\right)$$

3. 球坐标系

$$\frac{\partial \boldsymbol{e}_r}{\partial \phi} = \sin\theta \boldsymbol{e}_\phi, \quad \frac{\partial \boldsymbol{e}_r}{\partial \theta} = \boldsymbol{e}_\theta, \quad \frac{\partial \boldsymbol{e}_\theta}{\partial \theta} = -\boldsymbol{e}_r, \quad \frac{\partial \boldsymbol{e}_\theta}{\partial \phi} = \cos\theta \boldsymbol{e}_\phi$$

$$\frac{\partial \boldsymbol{e}_\phi}{\partial \phi} = -\boldsymbol{e}_r \sin\theta - \boldsymbol{e}_\theta \cos\theta, \quad \nabla \cdot \boldsymbol{e}_r = \frac{2}{r}, \quad \nabla \cdot \boldsymbol{e}_\theta = \frac{1}{r\tan\theta}$$

$$\nabla \psi = \boldsymbol{e}_r \frac{\partial \psi}{\partial r} + \boldsymbol{e}_\theta \frac{1}{r}\frac{\partial \psi}{\partial \theta} + \boldsymbol{e}_\phi \frac{1}{r\sin\theta}\frac{\partial \psi}{\partial \phi}$$

$$\nabla \cdot \boldsymbol{A} = \frac{1}{r^2}\frac{\partial (r^2 A_r)}{\partial r} + \frac{1}{r\sin\theta}\frac{\partial (\sin\theta A_\theta)}{\partial \theta} + \frac{1}{r\sin\theta}\frac{\partial A_\phi}{\partial \phi}$$

$$= \frac{\partial A_r}{\partial r} + \frac{2A_r}{r} + \frac{1}{r}\frac{\partial A_\theta}{\partial \theta} + \frac{A_\theta}{r\tan\theta} + \frac{1}{r\sin\theta}\frac{\partial A_\phi}{\partial \phi}$$

$$\nabla \times \boldsymbol{A} = \begin{vmatrix} \boldsymbol{e}_r & r\boldsymbol{e}_\theta & r\sin\theta \boldsymbol{e}_\phi \\ \dfrac{\partial}{\partial r} & \dfrac{\partial}{\partial \theta} & \dfrac{\partial}{\partial \phi} \\ A_r & rA_\theta & r\sin\theta A_\phi \end{vmatrix}$$

$$= \boldsymbol{e}_r \frac{1}{r\sin\theta}\left[\frac{\partial (A_\phi \sin\theta)}{\partial \theta} - \frac{\partial A_\theta}{\partial \phi}\right] + \boldsymbol{e}_\theta \frac{1}{r}\left[\frac{1}{\sin\theta}\frac{\partial A_r}{\partial \phi} - \frac{\partial (rA_\phi)}{\partial r}\right] + \boldsymbol{e}_\phi \frac{1}{r}\left[\frac{\partial (rA_\theta)}{\partial r} - \frac{\partial A_r}{\partial \theta}\right]$$

$$= \boldsymbol{e}_r \left(\frac{1}{r}\frac{\partial A_\phi}{\partial \theta} + \frac{A_\phi}{r\tan\theta} - \frac{1}{r\sin\theta}\frac{\partial A_\theta}{\partial \phi}\right) + \boldsymbol{e}_\theta \left(\frac{1}{r\sin\theta}\frac{\partial A_r}{\partial \phi} - \frac{\partial A_\phi}{\partial r} - \frac{A_\phi}{r}\right) + \boldsymbol{e}_\phi \left(\frac{\partial A_\theta}{\partial r} + \frac{A_\theta}{r} - \frac{1}{r}\frac{\partial A_r}{\partial \theta}\right)$$

$$\nabla^2 \psi = \frac{1}{r^2}\frac{\partial}{\partial r}\left(r^2 \frac{\partial \psi}{\partial r}\right) + \frac{1}{r^2 \sin\theta}\frac{\partial}{\partial \theta}\left(\sin\theta \frac{\partial \psi}{\partial \theta}\right) + \frac{1}{r^2 \sin^2\theta}\frac{\partial^2 \psi}{\partial \phi^2}$$

$$= \frac{\partial^2 \psi}{\partial r^2} + \frac{2}{r}\frac{\partial \psi}{\partial r} + \frac{1}{r^2}\frac{\partial^2 \psi}{\partial \theta^2} + \frac{1}{r^2 \tan\theta}\frac{\partial \psi}{\partial \theta} + \frac{1}{r^2 \sin^2\theta}\frac{\partial^2 \psi}{\partial \phi^2}$$

$$\nabla^2 \boldsymbol{A} = \boldsymbol{e}_r \left[\nabla^2 A_r - \frac{2}{r^2}\left(A_r + \cot\theta A_\theta + \csc\theta \frac{\partial A_\phi}{\partial \phi} + \frac{\partial A_\theta}{\partial \theta}\right)\right]$$

$$+ \boldsymbol{e}_\theta \left[\nabla^2 A_\theta - \frac{1}{r^2}\left(\csc^2\theta A_\theta - 2\frac{\partial A_r}{\partial \theta} + 2\cot\theta \csc\theta \frac{\partial A_\phi}{\partial \phi}\right)\right]$$

$$+ \boldsymbol{e}_\phi \left[\nabla^2 A_\phi - \frac{1}{r^2}\left(\csc^2\theta A_\phi - 2\csc\theta \frac{\partial A_r}{\partial \phi} - 2\cot\theta \csc\theta \frac{\partial A_\theta}{\partial \phi}\right)\right]$$

$$\nabla\nabla\cdot\boldsymbol{A} = \boldsymbol{e}_r\left(\frac{\partial^2 A_r}{\partial r^2} + \frac{2}{r}\frac{\partial A_r}{\partial r} - \frac{2A_r}{r^2} - \frac{A_\theta}{r^2\tan\theta} + \frac{1}{r\tan\theta}\frac{\partial A_\theta}{\partial r}\right.$$

$$\left.+\frac{1}{r}\frac{\partial^2 A_\theta}{\partial\theta\partial r} - \frac{1}{r^2}\frac{\partial A_\theta}{\partial\theta} + \frac{1}{r\sin\theta}\frac{\partial^2 A_\phi}{\partial\phi\partial r} - \frac{1}{r^2\sin\theta}\frac{\partial A_\phi}{\partial\phi}\right)$$

$$+\boldsymbol{e}_\theta\left(\frac{1}{r}\frac{\partial^2 A_r}{\partial r\partial\theta} + \frac{2}{r^2}\frac{\partial A_r}{\partial\theta} - \frac{A_\theta}{r^2\sin^2\theta} + \frac{1}{r^2\tan\theta}\frac{\partial A_\theta}{\partial\theta}\right.$$

$$\left.+\frac{1}{r}\frac{\partial^2 A_\theta}{\partial\theta^2} + \frac{1}{r^2\sin\theta}\frac{\partial^2 A_\phi}{\partial\phi\partial\theta} - \frac{\cos\theta}{r^2\sin^2\theta}\frac{\partial A_\phi}{\partial\phi}\right)$$

$$+\boldsymbol{e}_\phi\left(\frac{1}{r\sin\theta}\frac{\partial^2 A_r}{\partial r\partial\phi} + \frac{2}{r^2\sin\theta}\frac{\partial A_r}{\partial\phi} + \frac{\cos\theta}{r^2\sin^2\theta}\frac{\partial A_\theta}{\partial\phi}\right.$$

$$\left.+\frac{1}{r^2\sin\theta}\frac{\partial^2 A_\phi}{\partial\phi\partial\theta} + \frac{1}{r^2\sin^2\theta}\frac{\partial^2 A_\phi}{\partial\phi^2}\right)$$

$$\nabla\times\nabla\times\boldsymbol{A} = \boldsymbol{e}_r\left(\frac{1}{r}\frac{\partial^2 A_\theta}{\partial r\partial\theta} + \frac{1}{r^2}\frac{\partial A_\theta}{\partial\theta} - \frac{1}{r^2}\frac{\partial^2 A_r}{\partial\theta^2} + \frac{1}{r\tan\theta}\frac{\partial A_\theta}{\partial r} + \frac{A_\theta}{r^2\tan\theta}\right.$$

$$\left.-\frac{1}{r^2\tan\theta}\frac{\partial A_r}{\partial\theta} - \frac{1}{r^2\sin^2\theta}\frac{\partial^2 A_r}{\partial\phi^2} + \frac{1}{r\sin\theta}\frac{\partial^2 A_\phi}{\partial r\partial\phi} + \frac{1}{r^2\sin\theta}\frac{\partial A_\phi}{\partial\phi}\right)$$

$$+\boldsymbol{e}_\theta\left(\frac{1}{r^2\sin^2\theta}\frac{\partial^2 A_\phi}{\partial\phi\partial\theta} + \frac{\cos\theta}{r^2\sin^2\theta}\frac{\partial A_\phi}{\partial\phi} - \frac{1}{r^2\sin^2\theta}\frac{\partial^2 A_\phi}{\partial\phi^2}\right.$$

$$\left.-\frac{2}{r}\frac{\partial A_\theta}{\partial r} + \frac{1}{r}\frac{\partial^2 A_r}{\partial r\partial\theta} - \frac{\partial^2 A_\theta}{\partial r^2}\right)$$

$$+\boldsymbol{e}_\phi\left(\frac{1}{r\sin\theta}\frac{\partial^2 A_r}{\partial\phi\partial r} - \frac{2}{r}\frac{\partial A_\phi}{\partial r} - \frac{1}{r^2}\frac{\partial^2 A_\phi}{\partial\theta^2} - \frac{\partial^2 A_\phi}{\partial r^2} - \frac{1}{r^2\tan^2\theta}\frac{\partial A_\phi}{\partial\theta}\right.$$

$$\left.+\frac{A_\phi}{r^2\sin^2\theta} + \frac{1}{r^2\sin\theta}\frac{\partial^2 A_\theta}{\partial\theta\partial\phi} - \frac{\cos\theta}{r^2\sin^2\theta}\frac{\partial A_\theta}{\partial\phi}\right)$$

参 考 文 献

[1] 斯托尔 R L. 涡流分析[M]. 史乃主译. 哈尔滨: 黑龙江科学技术出版社, 1983.

[2] Agarwal P D. Eddy-current losses in solid and laminated iron[J]. American Institute of Electrical Engineers, 1959, 78(Part II): 169-179.

[3] 马西奎. 电磁场理论及应用(第 2 版)[M]. 西安: 西安交通大学出版社, 2018.

[4] Rosenberg E. Eddy currents in solid iron[J]. Elektrotechnik Maschbau, 1923, 41: 317-325.

[5] 简柏敦. 导电与导磁物质中的电磁场[M]. 北京: 人民教育出版社, 1981.

[6] 依昂金 П A. 电工学的理论基础(第二卷)[M]. 王景熙, 唐忠德译. 北京: 中国水利水电出版社, 1986.

[7] 聂图什尔 A B, 波利瓦诺夫 K M. 电工基础(第三册)[M]. 周孔章等译. 北京: 人民教育出版社, 1958.

[8] 瓦修京斯基 C B. 变压器的理论与计算[M]. 崔立君, 杜思田等译. 北京: 机械工业出版社, 1983.

[9] Gyimesi M, Lavers J D. Magnetic field around an iron torus[J]. IEEE Transactions on Magnetics, 1992, 28(5): 2799-2801.

[10] Fawzi T H, Hussein A M. Analytical solution of transverse electric eddy-current problems with rotational symmetry[J]. IEEE Transactions on Magnetics, 1995, 31(3): 1396-1399.

[11] Namjoshi K V, Lavers J D, Biringer P P. Eddy current power loss in toroidal cores with rectangular cross section[J]. IEEE Transactions on Magnetics, 1998, 34(3): 636-641.

[12] 马西奎, 赵彦珍, 戴栋. 高频电子电路用矩形截面圆环磁芯中涡流损耗的解析解[J]. 中国电机工程学报, 2005, 25(6): 124-128.

[13] 戴栋, 马西奎, 张西波. 部分填充矩形截面环形磁芯的涡流损耗计算[J]. 磁性材料及器件, 2001, 32(4): 24-26.

[14] 胡岩, 靖威. 实心转子电机参数解析计算的研究[J]. 微特电机, 2005, 43(7): 4-9.

[15] 梁振光, 唐任远. 电磁阀铁心涡流损耗的解析解[J]. 中国电机工程学报, 2005, 25(9): 153-157.